高职高专"十四五"规划教材

制药工艺学

主　编　王　菲　吴明珠
副主编　李莎莎　陈孟楠

北　京
冶金工业出版社
2022

内 容 提 要

本书共 9 章,分别为:第一章绪论,第二章化学药物合成工艺,第三章微生物发酵制药工艺,第四章现代中药制药工艺,第五章手性药物的制备技术,第六章制药反应设备,第七章制药工艺放大,第八章药厂"三废"的处理技术,第九章药物制剂工艺。

本书适用于制药类专业,可作为职业院校药物生产、药物制剂、药学、药品质量与安全等专业教材,也可作为药品生产等相关技术人员的参考书。

图书在版编目(CIP)数据

制药工艺学/王菲,吴明珠主编. —北京:冶金工业出版社,
2022.4

高职高专"十四五"规划教材

ISBN 978-7-5024-9023-2

Ⅰ.①制… Ⅱ.①王… ②吴… Ⅲ.①制药工业—工艺学—高等职业教育—教材 Ⅳ.①TQ460.1

中国版本图书馆 CIP 数据核字(2022)第 014226 号

制药工艺学

出版发行 冶金工业出版社		**电 话** (010)64027926	
地 址 北京市东城区嵩祝院北巷 39 号		**邮 编** 100009	
网 址 www.mip1953.com		**电子信箱** service@ mip1953.com	

责任编辑 杨盈园 美术编辑 彭子赫 版式设计 郑小利
责任校对 葛新霞 责任印制 禹 蕊
三河市双峰印刷装订有限公司印刷
2022 年 4 月第 1 版,2022 年 4 月第 1 次印刷
787mm×1092mm 1/16;12.25 印张;292 千字;183 页
定价 39.00 元

投稿电话 (010)64027932 投稿信箱 tougao@cnmip.com.cn
营销中心电话 (010)64044283
冶金工业出版社天猫旗舰店 yjgycbs.tmall.com
(本书如有印装质量问题,本社营销中心负责退换)

前　言

医药工业是一个知识密集型的高技术产业，各种新技术、新产品不断开发，生产工艺不断改进。这就要求制药专业学生必须全面了解目前不同药物生产企业采用最多的新技术和新工艺，了解药品从小试到中试、再到生产放大的整个过程，熟悉药厂的"三废"处理技术，树立绿色环保的生产理念。在此背景下，为顺应我国高等教育教学改革与发展的趋势，围绕专业教学和人才培养目标的要求，深化校企合作，作者与重庆康刻尔制药有限公司共同进行了制药工艺学教材改编工作，以满足高职学生教学的需要。

制药工艺学课程是制药、制剂专业的核心课程，教材内容涉及化学制药工艺、生物制药工艺、中药制药工艺等内容。学生在本教材学习中，应对原料药和制剂的生产工艺进行深入了解和剖析，培养分析和解决制药工业生产中实际问题的能力。

本教材共有9章，布局上，采用以原料药生产工艺为主，以制剂工艺为辅的生产线；以化学药物、生物药物、现代中药原料药生产原理为主，同时介绍原料药生产非常重要的制药设备、中试放大、"三废"处理等。第一章绪论，介绍制药工艺的概念，以及制药工业的现状、发展等，让学生总体上对制药工艺学这门课程有一定了解。第二章至第五章，根据药物类型，对化学制药工艺、生物制药工艺、现代中药制药工艺以及手性药物制备技术进行介绍，每章最后一节通过具体药物介绍生产工艺原理和过程。第六章至第八章，介绍制药工艺中必须了解的反应设备、工艺放大、"三废"处理等。第九章让学生了解从原料药到下游剂型的工艺。每章均遵循重点突出、讲练结合的原则，设置了教学目标、本章总结、习题练习等板块。

本教材由重庆工业职业技术学院王菲、吴明珠担任主编，李莎莎、陈孟楠为副主编，参与编写的人员还有刘克建、唐敏。在本书的编写过程中，得到了重庆工业职业技术学院化学与制药工程学院以及重庆康刻尔制药有限公司各位老师的支持和帮助，他们对教材的编写提出了非常宝贵的意见，在此深表感谢。

限于编者水平有限，书中疏漏之处在所难免，敬请各位同行、专家和广大读者批评指正。

作　者

2021 年 8 月

目 录

第一章 绪 论

【素质目标】

【素质目标】

（1）具有发展我国制药工业的爱国精神和职业精神。
（2）具有学习本课程的端正态度及正确学习方法。

【知识目标】

（1）掌握制药工艺学的概念，制药工艺的分类、研究内容和方法。
（2）熟悉我国制药工业的基本现状、存在问题和发展方向。
（3）了解世界制药工业的发展特点。

【能力目标】

（1）能建立对制药工艺研究内容、发展方向的基本认识。
（2）能构建本课程的学习方法。

药物的研究和开发推动着制药工业的发展，药物的生产和质量与人类的健康紧密相关。如何实现药物的工业化生产是制药工艺学研究的重要内容之一。制药工艺学（pharmaceutical process）是药物（化学药、生物药、中成药）研究、开发和生产的重要组成部分，它是研究、设计和选择最安全、最经济、最简便和最先进的药物生产途径和方法的一门科学，也是综合应用化学、微生物学、药物化学等学科的理论知识，研究药物的制备原理、工艺过程、质量控制，实现药物工业化生产的过程。本章主要介绍制药工艺的分类、研究内容和方法，以世界制药工业的研究现状和发展特点为基础，总结我国医药工业的存在问题并指明发展方向。

第一节 概 述

扫一扫看更清楚

一、制药工艺的研究内容

药物是一类具有预防、治疗、缓解和诊断作用，或用以调节机体生理机能的物质，是一种关系到人类健康的特殊商品。根据其来源和性质，可分为化学药物（chemical drugs）、生物药物（biological medicines）、中药药物（traditional Chinese medicines）三类。化学药物是以结构基本清楚的化学原料为基础，通过合成、分离提取、化学修饰等方法制得的一类药物；生物药物是指以微生物、寄生虫、动物毒素、生物组织作为起始材料，采用生物学工艺或分离纯化技术，并以生物学技术和分析技术控制中间产物和成品质量制成的一类用于预防、治疗和诊断疾病的物质；中药药物是指以中医药理论为指导，有着独特的理论体系和应用形式，用于预防和治疗疾病并具有康复与保健作用的天然药物及其加工代用品，其中中药材、中药饮片和中成药均属于中药。

制药工艺是生产药物的工程技术，在制药链中占有重要地位。制药工艺根据分类不同而不同。按照药物类型对制药工艺进行分类，可分为化学制药工艺、生物制药工艺和中药制药工艺。以化学品起始但不含生物性原料的合成工艺，为化学制药工艺；起始物料含有生物性原料，如生物酶、微生物、细胞、组织器官或生物体的制药工艺，为生物制药工艺；中药制药工艺是以中药材为起始物料进行加工和生产。

（一）化学制药工艺

化学制药工艺主要研究以经济合理、安全可靠的方式实现药物的化学合成过程，是合成药物、半合成药物及全合成药物实现工业生产过程中不可或缺的。研究内容主要是药物的生产工艺原理，以及工艺路线设计、选择与创新，包括生产工艺路线的设计与选择、工艺研究、工艺放大及"三废"治理等。

（二）生物制药工艺

生物制药工艺是一门从事各种生物药物研究、生产和制剂的综合性应用技术，其内容包括生化制药工艺、微生物制药工艺、生物技术制药工艺、制品及相关的生物医药产品的生产工艺等。生化制药工艺包含的技术内容主要涉及生化药物的来源、结构、性质、制备原理、生产工艺、操作技术和质量控制等方面，并且随着现代生物化学、微生物学、分子生物学、细胞生物学和临床医学的发展而不断发展，尤其是现代生物技术、分子修饰和化学工程等先进技术的应用。总而言之，现代生物制药工艺是一门生命科学与工程技术理论和实践紧密结合的崭新的综合性制药工程学科。其具体任务是研究生物药物来源及其原料药物生产的主要途径和工艺过程；生物药物的一般提取、分离、纯化、制造原理和方法；各类生物药物的结构、性质、用途及其工艺和质量控制。

（三）中药制药工艺

中药工艺过程对质量控制有至关重要的意义。传统工艺一般采用净选、粉碎、水煎、酒泡等工艺。现代中药来源于传统中药的经验和临床实践，通过依靠现代先进科学技术手段，遵守严格的规范标准，研究出优质、高效、安全、稳定、质量可控、服用方便，并具有现代剂型的新一代中药，符合并达到国际主流市场标准，可在国际上广泛流通。中药制药的工艺研究一般涉及药材前处理（包括炮制）、工艺合理性选择、提取、分离、纯化、浓缩、干燥、制剂成型工艺研究、中试工艺研究、工艺验证等环节。

此外，还可以按制药生产过程，将制药工艺分为原料药工艺和药物制剂工艺。原料药是制剂中的有效成分，原料药生产工艺是研究由化学合成、植物提取或者生物技术所制备的各种药用粉末、结晶、浸膏等的生产过程。药物制剂工艺是为适应治疗或预防的需要，将原料药制成各种剂型（如片剂、胶囊、丸、膏）的过程。原料药是药品生产的物质基础，但必须加工制成适合服用的药物制剂，才能成为药品。

二、制药工艺的研究方法

在活性药物分子确定之后，制药工艺的开发就开始了。在临床使用前，往往需要百克级化学原料药，这个阶段主要是工艺路线筛选和初期工艺开发，包括工艺确认、中间体和放大等问题。在临床阶段，需要千克级原料药，这个阶段主要是工艺路线的优化和确定关键参数的详细研发，并进行上市注册申请。在工业化生产阶段，可能需要扩产、降低成本，进行工艺优化和变更验证。因此，按制药工艺研究的规模，制药工艺研究可分为小试、中试及工业化试验三个步骤，分别在实验室、中试车间和生产车间进行研究。

（一）小试工艺研究

小试工艺研究即实验室工艺研究，包括考察工艺技术条件、设备及材质要求、劳动保护、安全生产技术、"三废"防治，以及对原辅材料消耗、成本等初步估算。在实验室工艺研究阶段，要求初步弄清各步化学反应的规律并不断对获得的数据进行分析、整理和优化，写出实验室工艺研究总结，为中试放大研究做好技术准备。

（二）中试放大研究

中试放大研究是确定药物生产工艺的重要环节，即将实验室研究中确定的工艺条件进行工业化生产的考察、优化，为生产车间的设计与施工安装、"三废"处理、制订相关物质的质量标准和工艺操作规程等提供数据和资料，并在车间试生产若干批号后制订出生产工艺规程。

（三）工业化生产工艺研究

对已投产的药物特别是产量大、应用面广的品种进行工艺路线和工艺条件的优化和改进，研究和应用更先进的新技术、新路线和生产工艺，提高产品质量和降低生产成本，增强市场竞争力，服务于广大患者。

第二节　世界制药工业的发展现状和特点

制药工业是以药物的研究与开发为基础、以药物的生产和销售为核心的制造业。随着人民生活水平的不断提高，对医药产品的更新换代要求越来越强烈，疗效差的老产品被淘汰，新产品不断出现。创新药物的研究与开发推动了制药工业的发展进程。

一、化学制药工业研究

自20世纪30年代磺胺药物问世以来，各种类型的化学合成药物不断涌现，发展迅速。化学合成药物至今仍然是最有效、最常用、最大量及最重要的治疗药物。只有掌握了化学制药工业的特点，才能针对突出问题创新技术，解决化学制药的难题，良性发展化学制药工业。化学制药工业的特点主要体现在：（1）品种多，更新快。由于长期使用一种药品会产生抗性，从而要求药品不断更新换代。（2）生产工艺复杂，原辅料多，且产量小。（3）药品质量要求非常严格。尽管其他产品也要求质量符合标准，但很难与药品相比，药品质量必须符合《中华人民共和国药典》规定的标准和药品生产质量管理规范的要求。(4) 间歇式生产方式为主，对环境的影响大。(5) 原辅材料和中间体易燃、易爆、有毒性。(6) "三废"（废水、废气、废渣）多，且成分复杂，危害环境。

据报道，现今全球常用的化学原料药达 2000 多种，其中 500 多种是天然或半合成药物，其余的为全合成药物。在全球排名前 50 位的畅销药中 80% 为化学合成药物，化学合成药物占世界医药产品销售额的 75% 以上。从全球化学原料药行业市场规模增长变化来看，总体上呈现逐年增长趋势（图 1-1）。2017 年，全球化学原料药市值达到 1550 亿美元，比 2016 年同期增长 6.16%；2018 年，全球原料药行业达到 1628 亿美元。预计到 2021 年，全球原料药市场规模将上升到 2250 亿美元，年复合增长率将超过 6.5%。

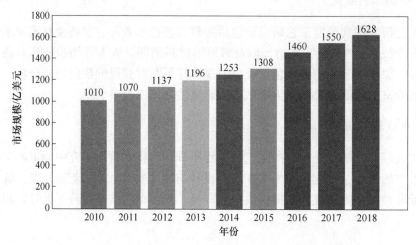

图 1-1　2010~2018 年全球化学原料药行业市场规模统计情况
(资料来源：前瞻产业研究院)

发展化学制药工业的根本目标是保障国民的健康，但化学制药工业所带来的污染又严重威胁人来的健康，解决这一矛盾的出路在于使药物的生产清洁化。在现有条件下加强管理，最大限度地减少污染；使用绿色化学方法，从产品的源头削减或消除对环境有害的污染物。

在化学制药工业中，绿色制药工艺是促进化学制药工业清洁化生产的关键，也是化学制药工业今后的发展方向。目前已开发成功的清洁技术非常有限，大部分化学药品的生产工艺远没有达到"原子经济性"和"三废"零排放的要求。化学制药工业生产一方面必须从技术上减少和消除对大气、土地和水域的污染，即通过品种更替和工艺改革等途径解决环境污染和资源短缺问题；另一方面要全面贯彻《中华人民共和国环境保护法》（2018年修订）、《制药工业污水排放标准》（2008 年修订）和《药品生产质量管理规范》（2010年修订），保证化学合成药物从原料、生产、加工、废弃处理到储存、运输、销售和使用等各个环节的安全，保障化学制药工业成为无污染的、可持续发展的产业。

二、生物制药工业研究

1919 年，匈牙利农业经济学家 K. Erecky 提出生物技术（biotechnology），即是以生物体为原料制造产品的技术。1980 年，经济合作与发展组织给出生物技术的定义：生物技术是应用自然科学与工程学原理，依靠生物性成分（biological agents）的作用将原料进行加工，以提供产品或用于服务社会的技术。其中的生物性成分包括活或死的生物、细胞、组织及其从中提取的生物活性物质，如酶。原料既可以是无机物，也可以是有机物被生物所利用。如果生产的产品为药物，就是生物技术制药（biotechnology pharmaceutical）。然而在制药行业，只有采用现代生物技术（如基因工程和细胞工程技术）生产制造的药物才是生物药物（bio-medicines）。

20世纪90年代以来，全球生物药品销售额以年均30%以上的速度增长，大大高于全球医药行业年均不到10%的增长速度。生物医药产业正快速由最具发展潜力的高技术产业向高技术支柱产业发展。全球生物药市场规模从2014年的1944亿美元，发展到2018年的2618亿美元，年复合增长率为7.7%，高于非生物药市场增速。到2019年全球生物药市场规模达到2867亿美元（图1-2）。生物药市场中单抗是占比最高的细分类别。2018年，单抗占据全球生物药销售额的55.3%；其次是重组治疗性蛋白，销售额占比32.1%；疫苗销售额占比11.5%（图1-3）。

图1-2　2014~2019年全球生物药市场规模

（数据来源：Frost Sullivan、智研咨询整理）

20世纪80年代，由于聚合酶链反应（PCR）技术的发明，现代生物制药技术发展迅速。众多生物技术医药产品进入广泛的大规模产业化时期。市场占有品种主要是疫苗、单克隆抗体、细胞因子、激素、抗血栓因子、基因治疗剂等。生物制药被投资者作为成长性最高的产业之一。无论在过去还是现在，疫苗在大量疾病的防治中起着其他药物无法替代的重要作用，但随着人类疾病谱的改变和发展，目前仍有许

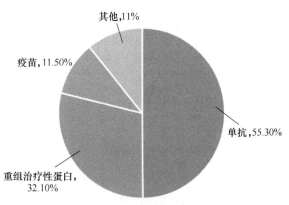

图1-3　2018年全球生物药市场结构

（数据来源：Frost Sullivan、智研咨询整理）

多难治之症（如肿瘤、艾滋病等）的预防和治疗，需要进行更深入的研究。此外，生物药物的新剂型发展得十分迅速。主要的发展方向是研究开发方便合理的给药途径和新剂型，主要有：（1）埋植型缓释注射剂，尤其是纳米粒给药系统具有独特的药物保护作用和控释特性，如采用界面缩囊技术制备胰岛素纳米粒不仅包封率高，还能很好地保护药物，其降糖作用可持续24h。（2）非注射剂型，如吸入、直肠、鼻腔、经口给药等。

三、中药制药工业研究

中药是祖国医药学宝库中的一颗璀璨明珠，数千年来为中华民族的繁衍昌盛做出了不可磨灭的贡献，可用于预防、诊断和治疗疾病及促进机体康复。与化学药和生物药对比，中药新药研发略显不足，新药申报数量和批准数量不多，工业产值增长放缓，这是由于全球经济放缓的大背景及中国加入ICH（人用药品注册技术要求国际协调会议）之后研发规则和标准提高造成的。随着国家一系列促进中医药发展政策的落地，认识中药、学会使用中药已成为一种必然趋势。中药起源于长期的生活实践，经历了漫长的实践过程。中药开发一方面是将中药材制成中药饮片，这个过程离不开炮制技术；另一方面以中药饮片为原料，提取有效成分，制成中成药成品。

从近年的数据可以看出，2010~2016年中成药行业的销售收入逐年增长。其中，2011年增长率高达56.88%，为历年最快增速；2017~2018年，销售收入逐渐下降，2018年实现销售收入5728.2亿元，同比下降15.88%（图1-4）。尽管目前我国中成药行业呈现规模放缓的趋势，但随着政策的推动和市场的调整，行业未来前景可期。按10%增长率保守估计，预计到2025年行业销售收入将达到11163亿元（图1-5）。

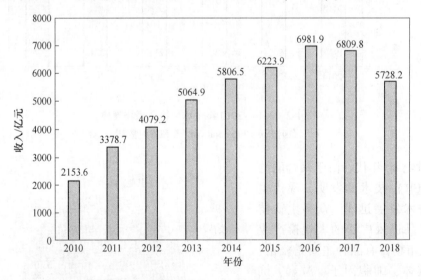

图1-4 2010~2018年中国中成药行业销售收入情况

（资料来源：国家统计局，前瞻产业研究院整理）

传统工艺在中药、天然药物有效成分提取、制剂生产和质量控制等方面存在诸多弊端，严重制约着中药现代化的发展。因此，加大中药、天然药物的创新研究和现代高新技术与手段在制药生产中的应用是中药制药工艺学的研究方向。中药现代化主要涉及4个方

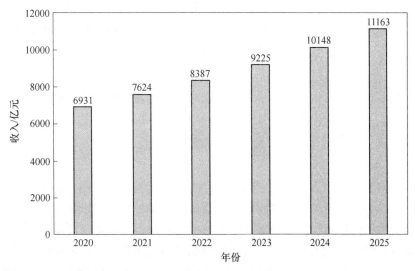

图 1-5 2020-2025 年中国中成药行业销售收入增长预测
（资料来源：国家统计局，前瞻产业研究院整理）

面：一是思想观念现代化。中药现代化首先应该强调指导思想的现代化，必须突破传统思想的束缚。二是生产技术现代化。国内生产企业应进一步提升中药、天然药物制药行业的技术水平，在生产中应尽可能采用现代制药领域中的新技术、新工艺、新辅料和新设备等；加强对先进的符合 GMP（药品生产质量管理规范）要求的生产工艺的研究，提高中药、天然药物产品质量与疗效。三是建立科学的中药天然药物质量标准及其控制体系，实现质量管理现代化。建立切合中药、天然药物特点的质量控制体系，通过《中药材生产质量规范》（GAP）、《药品非临床研究质量管理规范》（GLP）、《药品生产质量管理规范》（GMP）体系，强化质量控制，力求质量稳定可控。四是加强现代中药、天然药物新剂型的研究。在剂型方面应以现代较新的剂型为主，如缓释片、颗粒剂、滴丸剂和控释剂等作为研究重点，使中药、天然药物制剂达到国际市场对产品的要求和标准，在国际医药市场广泛流通。

四、新药研究与开发现状

新药研究与开发是制药工业发展的基础。新药是指未在本国上市的药物，包括新化学实体、新剂型、新组方、新用途、具有特定生物活性的新化合物。

（一）新药研究与开发的特点

1. 高投入、高风险、高利润

高投入导致高产出，高风险带来高回报。新药研发需要投入大量经费与时间，如美国制药公司 2000 年研究开发费用达 264 亿美元，占销售额的 20%。研究难度大，成功几率小，每 35 万个化合物中有 1 个能赚大钱的新药。制药行业的利润率非常高，世界大制药企业的利润率平均达 22%。

2. 专利保护严密

由于新药研究具有高投入、高风险、高利润的特点，决定了在这一领域中必须实行严密的专利保护。对创新药物、药物生产工艺、新剂型、新配方等创新内容给予一定时期的专利保护，以保证新药的研发者得到合理的回报，调动其进行新药研究的积极性。创新药物的保护期自专利申请之日起，15 年左右，个别的药物可适当延长。

3. 品种更新迅速

某一个类型新药的出现，给疾病的治疗带来新的手段，同时也将使某些原有类型的药物失去应用价值，被淘汰出市场，带来品种的更新换代。在同一类型的药物中，后出现的新品种往往具有一定的优点，使先上市的老品种的市场份额下降，两者竞争激烈。

4. 发展潜力巨大

随着人们物质文化生活水平的不断提高，人们对于长寿的渴望更加强烈，对于生活质量的追求更加迫切。肿瘤、心血管疾病等直接威胁人类寿命的严重疾病还没有找到有显著疗效的治疗药物；糖尿病、关节炎等并不直接威胁寿命但影响生活质量的常见病可减轻症状却无法治愈；肥胖、焦虑、健忘、失眠等所谓的小病还没有合适的治疗药物；一些新出现的疾病如 SARS 等还没有治疗药物。人们对药物的需求是目前新药研发能力所远远无法满足的。以新药研究与开发为基础的制药工业是永远的朝阳工业。

（二）新药的研发现状

2001 年以来全球新药研发不断推进，新的靶点、新的分子以及新的治疗方式不断创新，在研药物不断增长并取得突破，为人类健康带来新的希望。2010 年，全球在研药物仅 9737 个，2015 年增长至 12300 个，2010~2015 年年均增长率达到 26.32%；2019 年 4 月中旬已经达到 16181 个项目（图 1-6）。从企业分布来看（图 1-7），医药巨头资金实力雄厚、科研实力强、研发管线布局多，是新药研发的中坚力量。罗氏、诺华、默沙东、强生、礼来和吉利德等近 3 年来获批有望成为重磅新药的品种多，后续有望保持持续成长。

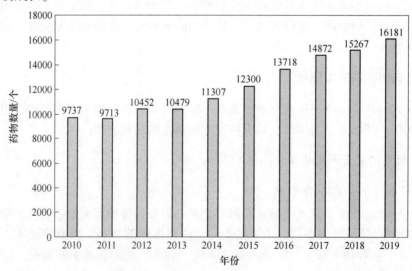

图 1-6 2010~2019 年全球在研药物数量

（资料来源：Pharmaprojects）

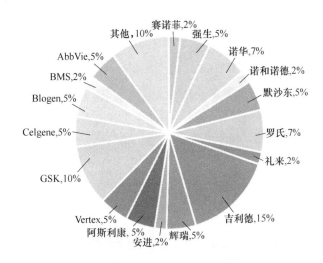

图 1-7 2012 年上市销售 10 亿美元以上重磅新药涉及公司

(资料来源：Pharmaprojects)

第三节 我国制药工业的现状、问题和发展

一、我国制药工业的基本现状

在新医改加速推进以及居民卫生费用支出增加下，我国医药商业发展势头强劲，市场规模稳中有升。2017 年，全国七大类医药商品销售总额达 20016 亿元，扣除不可比因素同比增长 8.4%（图 1-8）。从销售品类来看，西药类占据药品流通市场的主导地位，销售额占七大类医药商品销售总额的 73.2%；中成药类销售额占比也达到两位数，为 15.0%，仅次于西药类；其他医药商品销售额比重不高，均在 5% 以下（图 1-9）。

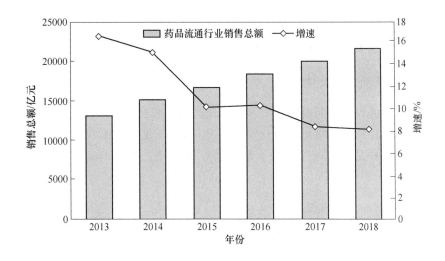

图 1-8 2013~2018 年中国药品流通行业销售总额及增速

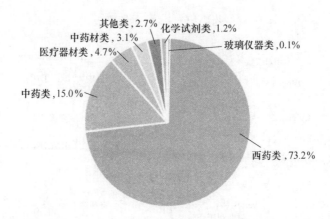

图 1-9　2017 年中国药品流通行业销售品类结构

二、我国制药工业存在的主要问题

（一）生产企业存在"一小、二多、三低"现象

我国虽是制药大国，但并非制药强国。制药企业存在"一小、二多、三低"现象。"一小"是大多数生产企业规模小，其中 90% 是小型企业。"二多"是企业数量多，产品重复多。我国有医药工业企业 3613 家，大多处于低水平重复研究、重复生产、重复建设，如有 828 家生产企业生产诺氟沙星。"三低"是大部分生产企业科技含量低、管理水平低、生产能力利用率低。生产技术水平不高，生产装备陈旧，劳动生产率低，产品质量和成本缺乏国际市场竞争力，污染比较严重。

（二）尚无国际型制药公司

我国制药企业现存主要问题是技术力量和科研力量薄弱，新药研究开发能力很低，几乎没有能进入国际市场的产品。在我国，最大的化学制药企业的年销售额仅为 50 亿元人民币，而世界排名前 10 位的制药公司的年销售额均在 100 亿美元以上。

（三）新药的创新体系有待进一步加强

新药创新基础薄弱，新药研究开发和产业化尚未形成良性循环，以企业为中心的技术创新体系尚未形成，创新药物研究与开发费用投入不足。近年来我国生产的 873 种化学原料药中 97.4% 的品种是"仿制"产品，缺少具有我国自主知识产权的新产品，产品更新慢、重复严重。

（四）年人均药品消费很低

我国是拥有 14 亿人口的大国，年人均药品消费很低，还不到 10 美元。美国等发达国家年人均药品消费已超过 300 美元，西欧年人均药品消费约为 160 美元，中等发达国家年人均药品消费也达到 40~50 美元。

（五）制剂品种单调，生产技术比较落后

我国已是原料药生产大国，但是对药物制剂技术开发研究不够，制剂水平低，大多数制剂产品质量低于国际同品种水平，难于进入国际市场。我国医药产品结构不能满足医药产业发展和临床的需要，特别是缺少具有自主知识产权、安全、有效、质量稳定、国际市场畅销的新产品、新制剂。

三、我国制药工业的发展方向

21世纪的世界经济形态正处于深刻转变之中，以消耗原料、能源和资本为主的工业经济，正在向以知识和信息的生产、分配、使用为主的知识经济转变，为医药产业的发展提供了良好的机遇和巨大的空间。我国医药行业应该向依靠创新、提高竞争力的方向发展，加快向医药强国的目标迈进。应以发展为主题，以结构调整为主线，以市场为导向，以企业为主体，以技术进步为支撑，以特色发展为原则，以保护和增进人民健康、提高生活质量为目的，加快医药行业的发展。

随着我国社会主义市场经济新体制的逐步建立，知识产权监管力度的加强，药品管理法和《新药审批办法》的完善；随着国家基本医疗保险制度改革、卫生体制的改革和医药流通体制的改革的不断深化，我国医药经济将进一步与国际市场全面接轨和融合，我国医药行业面临着前所未有的严峻挑战和千载难逢的发展机遇。

（一）中国制药业的自主创新之路

近年来，世界范围内新药研发费用逐年上涨，而新药研发效率不高，这使得跨国制药企业不得不采取制药产业链梯度转移方式来降低成本。中国已成为亚洲研发外包的首选地，这将对我国制药业发展和产业升级起到积极的促进作用。

（二）企业科学管理发展之路

2018年度全球制药企业50强榜单，中国尚无企业上榜。医药生产企业存在"一小、二多、三低"现象。所以今后的发展方向就是需要改变经营思路，提高管理的科学性；利用新的管理方法和理念管理企业；创新营销渠道；培养企业的自主创新能力，培育和提升企业核心竞争力。

（三）企业兼并与内部重组之路

大企业之间联合或大企业对小企业收购的目的是提高研究开发实力；实现规模生产，降低生产、管理和销售成本；提高市场占有率，进行市场的再分配。企业内部进行机构重组，应突出重点，发展拳头产品和强势领域，把一些非核心的产业剥离出去，以集中资金和人力资源于核心产业。

【本章总结】

		第一章　绪论
第一节 概述	药物概念	药物是一类具有预防、治疗、缓解和诊断作用，或用以调节机体生理机能的物质，是一种关系到人类健康的特殊商品。根据其来源和性质，可分为化学药物，生物药物，中药三类
	制药工艺学概念	制药工艺学是药物（化学药、生物药、中成药）研究、开发和生产中的重要组成部分，它是研究、设计和选择最安全、最经济、最简便和最先进的药物生产途径和方法的一门科学，也是综合应用化学、微生物学、药物化学等学科的理论知识，研究药物的制备原理、工艺过程、质量控制，实现药物工业化生产的过程
	制药工艺分类	按照药物类型分为化学制药、生物制药及中药制药工艺
	制药工艺研究方法	按规模分为小试、中试及工业化试验三个步骤，分别是在实验室、中试车间和生产车间进行
第二节 世界制药工业的发展现状和特点	三类药物制药工业	了解化学药物、生物药物、中药药物的市场规模、发展前景
	新药研究与开发现状	新药研发的特点；当前新药开发现状
第三节 我国制药工业的现状、问题和发展	我国制药工业的主要问题	生产企业存在"一小、二多、三低"现象；尚无国际型的制药公司；新药的创制体系有待进一步加强；制剂品种单调等
	我国制药工业的发展方向	以发展为主题，以结构调整为主线，以市场为导向，以企业为主体，以技术进步为支撑，以特色发展为原则，以保护和增进人民健康、提高生活质量为目的，加快医药行业的发展

【习题练习】

一、选择题

1. 根据药物类型，把制药工艺过程分为（　　）。
   A. 生物制药工艺　　　　　　B. 药物制剂工艺
   C. 化学制药工艺　　　　　　D. A 和 C

2. 现代生物制药技术包含（　　）。
   A. 微生物发酵技术　　　　　B. 酶工程技术
   C. 基因工程技术　　　　　　D. 以上全部

3. 20 世纪 60 年代欧洲和日本一些孕妇因服用外消旋的沙利度胺而造成数以千计的胎儿畸形。沙利度胺属于（　　）。
   A. 生物药物　　　　　　　　B. 化学药物
   C. 中药药物　　　　　　　　D. 以上均不是

4. 1940 年，英国牛津大学 Howard Florey 和 Ernst Chain 对霉菌的培养物过滤后提取得到青霉素，并证明了青霉素的疗效，此处的青霉素属于（　　）。

A. 生物药物 B. 化学药物

C. 中药药物 D. 以上均不是

5. 老百姓喜闻乐见的"明星药",如人参、冬虫夏草、何首乌、鹿茸、海马等受到了越来越多地欢迎。这些药物属于（ ）。

A. 生物药物 B. 化学药物

C. 中药药物 D. 以上均不是

二、填空题

1. _____是对失调的机体呈现有益作用的化学物质,包括有预防、治疗和诊断作用的物质。

2. _____是药品生产的物质基础,但必须加工制成适合于服用的_____,才能成为药品。

3. 制药工艺的研究方法可分为_____、_____、_____3个相互联系的阶段。

4. 根据其来源和性质,药物常分为_____、_____、_____。

5. 制药工艺学是研究药物的_____、_____、_____,实现药物工业化生产。

三、简答题

1. 简述制药工艺的研究内容和方法。

2. 简述化学制药工业的特点。

3. 简述我国制药工业存在的问题和发展方向。

第二章　化学药物合成工艺

【素质目标】

（1）具有设计、优选、改造化学药物合成路线的创新精神。

（2）具有设计某新药工艺路线的探索精神。

（3）具有在工艺过程控制中面对突发状况及时采取解决方法的应对能力。

【知识目标】

（1）掌握化学药物合成工艺路线的设计方法、评价标准。

（2）掌握化学反应的影响因素、工艺过程控制的研究内容。

（3）熟悉逆合成分析法等的基本原理及具体实例。

（4）熟悉原辅材料和中间体的质量控制、反应终点的控制，以及原料药质量的控制过程。

（5）了解化学工艺路线设计、选择、评价的意义。

（6）了解化学合成药物布洛芬的合成方法及其生产工艺原理。

【能力目标】

（1）能设计出某药物的合成路线。

（2）能优选出某药物最理想的合成工艺路线。

（3）能摸索出工艺路线最合理的工艺参数。

（4）能看懂布洛芬生产工艺流程图。

第一节　概　　述

目前，化学药物在市场上占据较大比例，是一种重要的药品。从使用的原料来分，化学药物可分为全合成和半合成药物两类。全合成药物是以化学结构简单的化工产品为起始原料，经过一系列化学反应和物理处理过程制得的复杂化合物；半合成药物是由具有一定基本结构的天然产物经化学结构改造和物理处理过程制得的复杂化合物。

化学药物合成路线是药物生产技术的基础和依据，通常一个药物往往可通过多种不同的途径制备而成，一般将具有工业生产价值的制备途径称为该药物的工艺路线。药物生产工艺路线的研究既包括权宜路线，也包括优化路线。其中，优化路线是具有明确工业化价值的药物合成路线，具备质量可靠、经济有效、过程安全、环境友好等特征，是药物生产工艺路线研究的重点。

当药物的合成路线选择确定后，下一步工作就是该药物合成的工艺条件研究。工艺研究过程也是工艺优化过程，是对影响反应的因素进行分析。工艺研究的目的是提高产品转化率和质量、降低成本、提高反应效率以及减少"三废"排放。工艺优化的结果是确定工艺路线和工艺参数，为制药工程设计提供必要的数据。

第二节 合成路线的设计和评价

一、工艺路线的设计方法

化学药物合成路线的设计策略可分为两类：一类是由原料确定的合成策略。在由天然产物出发进行半合成或全合成某些化合物的衍生物时，通常根据原料来设计合成路线。另一类是由产物确定的合成策略。由目标分子作为设计工作的出发点，通过逆向变换，直到找到合适的原料、试剂以及反应为止，是合成中最为常见的策略。即首先从剖析药物的化学结构入手，然后根据其化学结构特点采取相应的设计方法，下面结合具体药物实例介绍常用的逆合成分析法、模拟类推法、分子对称法、类型反应法等药物工艺路线设计方法。

（一）逆合成分析法

逆合成分析法又称倒推法或追溯求源法。该法是从药物分子的化学结构出发，将其合成过程一步一步逆向推导追溯寻源，直到最后为可得到的化工原料、中间体或其他易得的天然化合物为止。这种逆合成方法是 E. J. Corey 于 1964 年提出的，逆合成的过程是对目标分子进行切断（disconnection），寻找合成子（synthon）及其合成等价物（synthetic equivalent）的过程，可简单概括为以目标分子的结构剖析为基础，反复进行切断、确定合成子、寻找合成等价物三个步骤，直到找出合适的起始原料。切断是目标化合物结构剖析的一种处理方法，想象在目标分子中有价键被打断，形成碎片，进而推出合成所需要的原料。切断的方式有均裂和异裂两种，即切成自由基形式或电正性、电负性形式，后者更为常用。切断的部位极为重要，原则是"能合的地方才能切"，合是目的，切是手段。合成子是已切断的分子的各个组成单元，包括电正性、电负性和自由基形式。合成等价物是具有合成子功能的化学试剂，包括亲电物种和亲核物种两类。

通常药物分子中 C—N、C—S、C—O 等碳—杂键部位是该分子的首先选择切断部位。在 C—C 切断时，通常选择与某些基团相邻或相近的部位作为切断部位，由于该基团的活化作用，使合成反应容易进行。

例如，抗真菌药物益康唑（图 2-1）分子中有 C—O 和 C—N 两个碳—杂键的部位，可从 a、b 两处追溯其合成的前一步中间体。

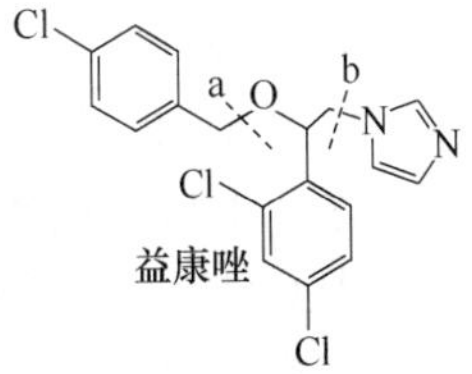

益康唑

图 2-1 剖析益康唑分子结构的切断部位

1. 若按虚线 a 处断开

C—O 键可通过羟基的烷化反应，利用氯甲基（–CH₂Cl）和仲醇作用。益康唑的前体为对氯甲基氯苯和 1-(2,4-二氯苯基)-2-(1-咪唑基)-乙醇。剖析 1-(2,4-二氯苯基)-2-(1-咪唑基)-乙醇的结构，进一步追溯求源，断开 C—N 键，可考虑通过氨基的烷化反应形成，其 1-(2,4-二氯苯基)-2-(1-咪唑基)-乙醇的前体为 1-(2,4-二氯苯基)-2-氯代乙醇和咪唑（图 2-2）。

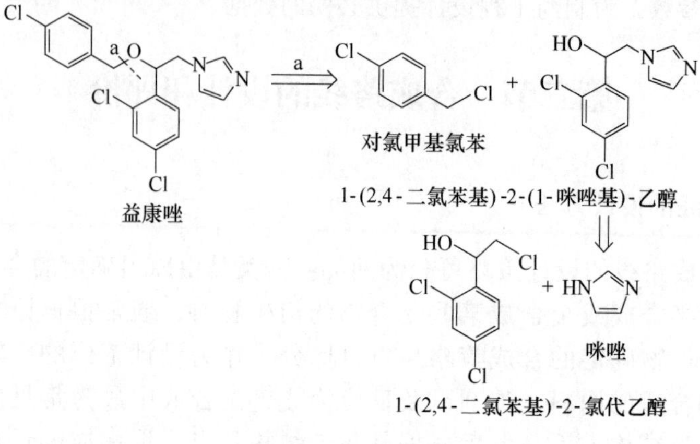

图 2-2　益康唑按虚线 a 处断开的逆合成分析法

2. 若按虚线 b 处断开

C—N 键的形成也采用胺的烷基化反应，其益康唑的前体为 2-(4-氯苯甲氧基)-2-(2,4-二氯苯) 氯乙烷和咪唑。2-4-(氯苯甲氧基)-2-(2,4-二氯苯) 氯乙烷分子中有易断键部位 C—O，其前体为对氯甲基氯苯和 1-(2,4-二氯苯基)-2-氯代乙醇（图 2-3）。

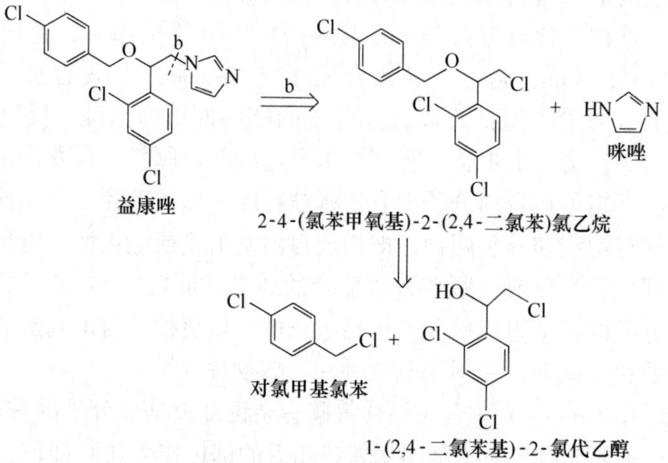

图 2-3　益康唑按虚线 b 处断开的逆合成分析法

益康唑的合成有 a、b 两种连接方法，但 C—O 键与 C—N 键形成的先后次序不同，对合成有较大影响。若用上述 b 法拆键，1-(2,4-二氯苯基)-2-氯代乙醇与对氯甲基氯苯在碱性试剂存在下反应制备中间体 2-(4-氯苯甲氧基)-2-(2,4-二氯苯) 氯乙烷时，不可避免地会发生中间体 2-(4-氯苯甲氧基)-2-(2,4-二氯苯) 氯乙烷的自身分子间的烷基化反应，从而使反应复杂化，降低 2-(4-氯苯甲氧基)-2-(2,4-二氯苯) 氯乙烷的转化率。因此，采用先形成 C—N 键，然后再形成 C—O 键的 a 法连接装配更为有利。

再剖析 1-(2,4-二氯苯基)-2-氯代乙醇，它是一个仲醇，可由相应的酮还原制得。故其前体化合物为 a-氯代-2,4-二氯苯乙酮，它可由 2,4-二氯苯与 a-氯代乙酰氯经傅-克（Friedel-Crafts）反应制得。

逆合成分析法也适合于分子中具有 C≡C、 C=C、C—C 键化合物的合成设计。如以环己烯为目标化合物时，从脱水反应的追溯求源思考方法，可以想到其前驱物质需为环己醇；若从双烯的逆合成考虑，可以想到前驱物为丁二烯与乙烯通过狄尔斯-阿尔德（Diels-Alder）反应得到。

(二) 模拟类推法

对化学结构复杂、合成路线设计困难的药物，可模拟类似化合物的合成方法进行合成路线设计。模拟类推法是从初步的设想开始，通过文献调研，改进他人尚不完善的概念和方法来进行药物工艺路线设计。

例如，黄连素（berberine）的合成路线设计就是一个很好的模拟类推法的例子。它是模拟帕马丁（palmatine）和镇痛药延胡索酸乙素（四氢帕马丁硫酸盐，tetrahydropalamatine sulfate）的合成方法。它们都具有母核二苯并［a，g］喹啉，含有异喹啉环的特点。1969 年 Muller 等发表了巴马汀的合成方法（图 2-4），参照巴马汀的合成路线，从胡椒乙胺与邻甲氧基香兰醛出发合成黄连素的工艺路线，并试验成功（图 2-5）。

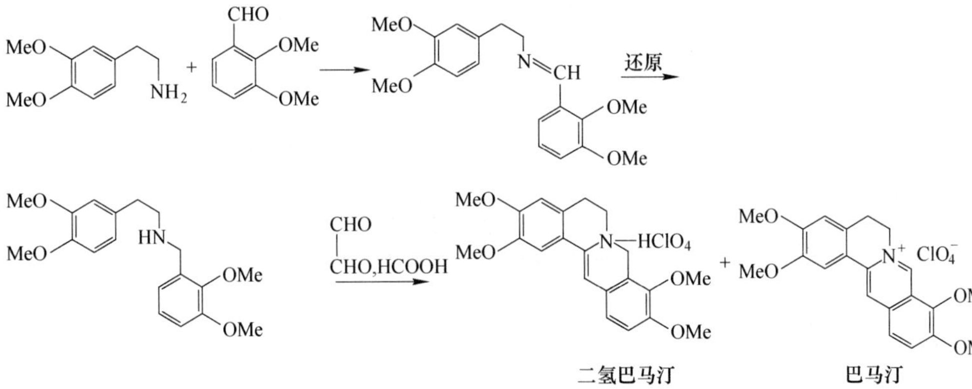

图 2-4 巴马汀的合成路线

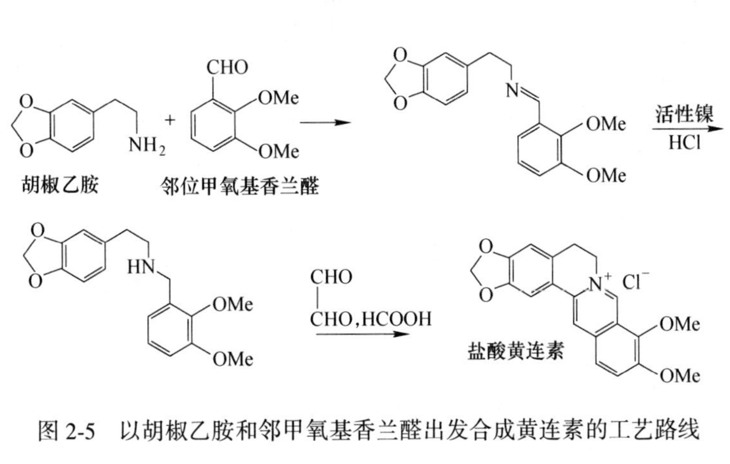

图 2-5 以胡椒乙胺和邻甲氧基香兰醛出发合成黄连素的工艺路线

（三）分子对称法

对称性是科学中一个极其重要的概念，它在药物合成设计中也有相关应用。这是因为一些药物的分子结构存在对称性，可由两个相同的分子经化学合成制得，也可以在同一步反应中将分子的相同部分同时构建起来。因此，对于具有对称性或潜在对称性的药物首选分子对称法进行工艺路线的设计。

例如，1939 年 Dodds 创制的女性激素己烯雌酚，及其后面研究出的衍生物如己烷雌酚都是对称性的分子，均可以利用分子对称法由两个对硝基苯丙烷设计合成。己烯雌酚和己烷雌酚的结构式如图 2-6 所示。

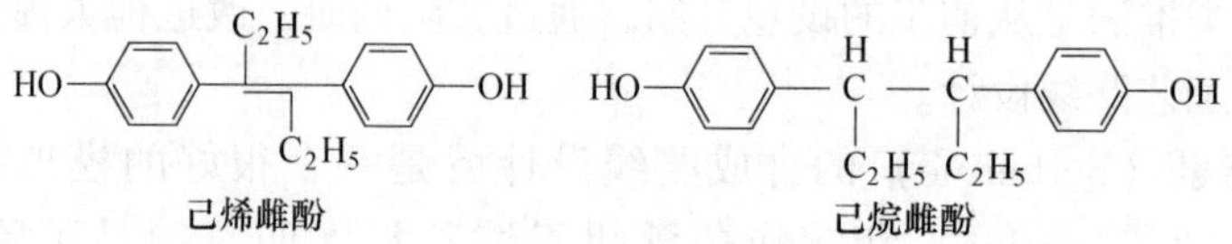

图 2-6 己烯雌酚和己烷雌酚的对称结构

己烷雌酚是由两分子的对硝基苯丙烷在氢氧化钾存在下，用水合肼进行还原、缩合反应生成 3,4-双对氨基苯基己烷，后者经重氮化水解便可得到己烷雌酚（图 2-7）。

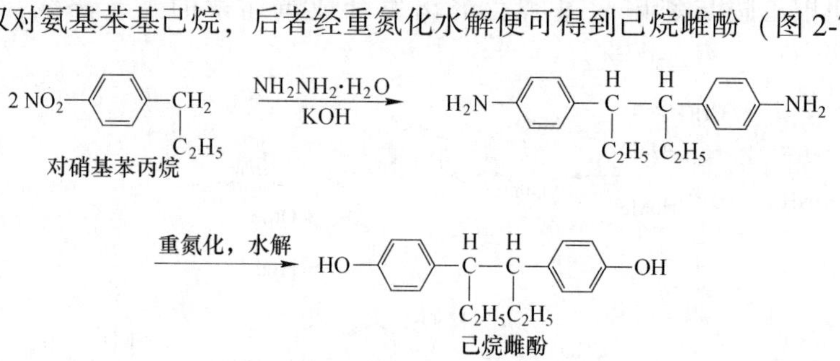

图 2-7 己烷雌酚的合成路线工艺设计

（四）类型反应法

类型反应法是指利用常见的典型有机化学反应与有机合成方法进行合成路线设计的方法。包括各类化学结构的有机合成法，以及官能团的形成、转换或保护等合成反应。因此，对于有明显结构特征和官能团的化合物，可采用此法进行合成路线设计。

例如，抗霉菌药物克霉唑分子的 C—N 键是一个易拆建部位，可由咪唑的亚氨基与卤烷进行烷基化反应制得。因此，首先通过找出易拆建部位得到两个关键中间体邻氯苯基二苯基氯甲烷和咪唑（图 2-8）。咪唑是化工原料，主要是邻氧苯基二苯基氯甲烷的合成。

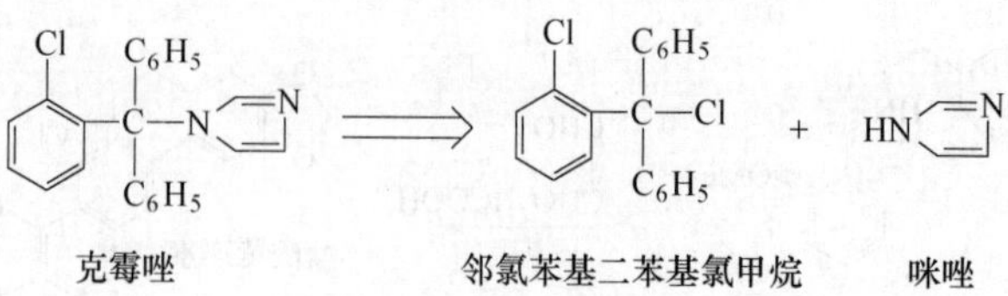

图 2-8 克霉唑的合成路线

邻氯苯基二苯基氯甲烷可由邻氯苯甲酸乙酯与溴苯进行格氏（Grignard）反应，先制出叔醇，然后再用二氯亚砜氯化得到（图2-9）。此法合成的克霉唑质量较好，但这条路线中的格氏反应要求高度无水操作，原料和溶剂质量要求严格，乙醚又易燃易爆，很不安全，加上生产时受雨季湿度的影响，限制了生产规模的扩大。

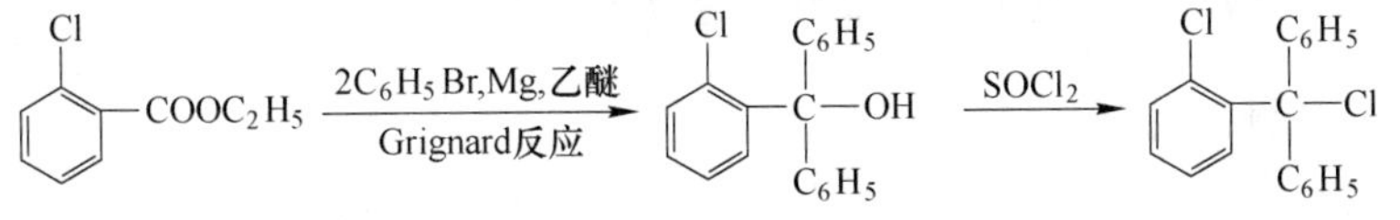

图2-9　由邻氯苯甲酸乙酯与溴苯合成邻氯苯基二苯基氯甲烷

鉴于上述情况，于是参考四氯化碳与苯通过傅-克反应生成三苯基氯甲烷的类型反应法，设计了由邻氯苯基三氯甲烷通过傅-克反应生成化合物的合成路线（图2-10）。此法合成路线较短，原料来源方便，转化率也不低，可为生产所采用。但这条路线仍有一些缺点，主要是邻氯代甲苯的氯化这一步因需引入3个氯原子，故反应温度高、时间长，而且有许多氯化氢气体及未反应的氯气排出，不易吸收，以致造成环境污染、设备腐蚀。

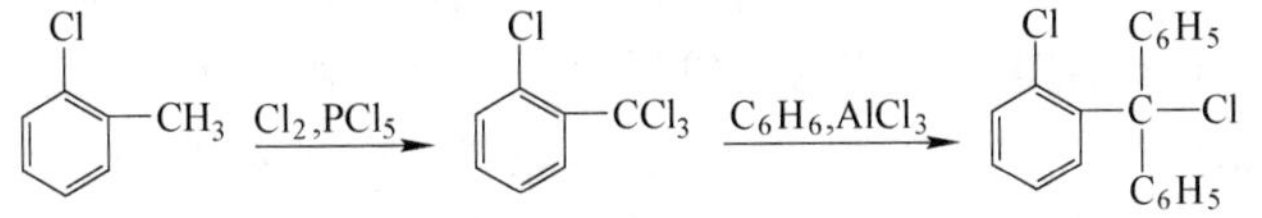

图2-10　邻氯苯基三氯甲烷通过傅-克反应生成邻氯苯基二苯基氯甲烷

应用类型反应法还可设计以邻氯苯甲酸为起始原料，经两步氯化、两步傅-克反应合成中间体邻氯苯基二苯基氯甲烷的路线（图2-11）。这条路线的合成步骤虽多，但无上述氯化反应的缺点，而且原料易得，反应条件温和，各步转化率均较高，成本较低。

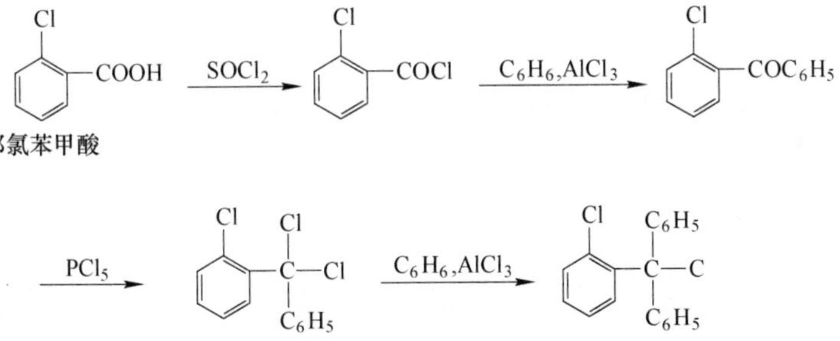

图2-11　以邻氯苯甲酸合成邻氯苯基二苯基氯甲烷

克霉唑的这3条工艺路线各有特点，生产上可根据实际情况，因地制宜加以选用。

应用类型反应法进行药物或其中间体的工艺设计时，若反应单元相同，顺序不同或原辅料不同，反应的难易程度及条件会随之发生变化。如果功能基的形成与转化反应的排列方式在两种以上，不仅要从理论上考虑其合理性，还要从实践的角度，对原辅料、设备和条件进行实验，通过实验设计及其优化，确定最终工艺路线。

二、工艺路线的选择标准

化学药物的合成路线数量较多，每条路线又各具特色，需要通过对比、分析，从中挑选一条或数条具有良好工业化前景的工艺路线。药物合成工艺路线的选择标准有原辅料的来源、化学反应类型、设备选型、安全生产等方面。

（一）原辅材料满足稳廉绿法

原辅材料是药物生产的物质基础，没有稳定的原辅材料供应就不能组织正常的生产。因此，选择工艺路线时，首先应考虑每一合成路线所用的各种原辅材料的来源和供应情况，是否有毒、易燃、易爆，以及是否符合相关法律条文等。所以需要对不同合成路线所需的原料和试剂进行全面了解，包括性质、类似反应的转化率、操作难易程度及市场来源和价格等。

合成药物的化工原辅材料很多，其中大多来自煤焦油产品、石油化工产品、粮食发酵产品、农副业综合利用产品及某些天然原料等。在考虑原辅材料时，应根据产品的生产规模，结合各地原辅材料供应情况进行选择。如生产抗结核病药"异烟肼"需用4-甲基吡啶，后者既可用乙炔与氨合成制得；又可用乙醛与氨合成而得。若制药厂位于生产电石的化工厂附近，因乙炔可以从化工厂直接用管道输送过来，则可采用乙炔为起始原料；若附近没有乙炔供应的制药厂，则宜选用乙醛为起始原料。有些原料一时无法供应，则要考虑自行生产的问题。还可考虑综合利用问题，有些产品的"下脚废料"经过适当处理后可再次利用。有些药物结构较为复杂，如甾体激素，若用简单原料进行全合成来生产，反应步骤过多，总转化率必然很低，不符合工业生产要求，所以甾体化合物应尽量寻找可利用的天然原辅材料进行半合成，如薯蓣中的薯蓣皂素即可作为某些甾体药物的半合成原料。目前除充分利用已有的薯蓣皂素外，还在寻找更多的其他代用品，中国南方剑麻中的剑麻皂素也可用来作为半合成甾体激素的原辅材料。不断寻找新的半合成天然原料也是制药工业中一个重要课题。

国内外各种医药化工原料和试剂目录或手册可为挑选合适的原料和试剂提供重要线索。另外，了解工厂的生产信息，特别是有关药物和化工重要中间体方面的情况，亦对原料选用有很大帮助。

（二）首选"平顶型"化学反应

药物化学合成中同一种化合物往往有很多种合成路线。每条合成路线由许多化学单元反应组成。不同反应的反应条件及转化率、"三废"排放、安全因素都不同。有些反应是属于"平顶型"的，有些是属于"尖顶型"的，如图 2-12 所示。"尖顶型"反应是一类难控制以及反应条件苛刻、副反应多的反应。如需要超低温等苛刻条件的反应。"平顶型"反应易于控制，反应条件为易于实现、副反应少、工人劳动强度低、工艺操作条件较宽的反应。

根据这两种类型的反应特点，在确定合成路线、制订工艺实验研究方案时，必须考察工艺路线到底是由"平顶型"还是"尖顶型"反应组成，为工业化生产寻找必要的生产条件及数据。在工艺路线设计时应尽量避免"尖顶型"类反应，因为化学制药行

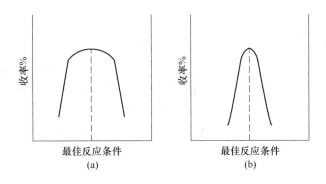

图 2-12　平顶型反应和尖顶型反应

（a）平顶型；（b）尖顶型

业以间歇生产为主。但并不是说"尖顶型"类反应不能用于工业化生产，现在计算机的普及，为自动化控制创造了条件，可以实现"尖顶型"类反应。如在氯霉素的生产中，对硝基乙苯在催化剂下氧化为对硝基苯乙酮时的反应为"尖顶型"反应，现已实现工业化生产。

（三）采用汇聚方式合成，减少合成步骤

在采用汇聚方式合成时，选择的工艺路线应当是合成步骤少、操作简便，而且各步转化率也是高的。一般来说，药物或有机化合物的合成方式主要有两种，即直线型合成和汇聚型合成两种方式。

1. 直线型合成

在直线方式的合成工艺路线中，一个由若干步反应组成的反应步骤，由于各步反应转化率不可能为 100%，其总转化率是各步反应的转化率之积。例如，一个六步反应组成的直线方式，即从原料 A 开始至最终产品 G，若每步转化率均为 90%，则总转化率为 53.1%。

$$A \xrightarrow{90\%} B \xrightarrow{90\%} C \xrightarrow{90\%} D \xrightarrow{90\%} E \xrightarrow{90\%} F \xrightarrow{90\%} G$$

2. 汇聚型合成

在汇聚方式合成的工艺路线中，先以直线方式分别构成几个单元，然后各单元再反应成最终产品。例如，在一个六步反应中，一个单元为从 A 起始 A→B→C，另一个单元 D→E→F，假如每单元中各步反应转化率为 90%，则两单元汇聚组装反应合成 G，其汇聚式路线仅有 3 步连续反应，总转化率可达 72.9%。

$$\left.\begin{array}{l} A \xrightarrow{90\%} B \xrightarrow{90\%} C \\ D \xrightarrow{90\%} E \xrightarrow{90\%} F \end{array}\right\} \xrightarrow{90\%} G$$

根据两种方式的比较，要提高总转化率应尽量采用汇聚方式，减少直线方式的反应。而且汇聚方式装配的另一个优点就是如果偶然失误损失一个批号的中间体，比如 A→B→C 单元，还不至于对整个路线造成影响。在路线长的合成中应尽量采用汇聚方式，也就是通常所说的侧链和母体的合成方式。

（四）单元反应次序合理

在药物的合成工艺路线中，除工序多少对转化率及成本有影响外，工序的先后次序有时也会对成本及转化率产生影响。单元反应虽然相同，但进行的次序不同，由于反应物料的化学结构与理化性质不同，会使反应的难易程度和需要的反应条件等随之不同，故往往导致不同的反应结果，即在产品质量和转化率上可能产生较大差别。这时，就需研究单元反应的次序如何安排最为有利。从转化率角度看，应把转化率低的单元反应放在前头，而把转化率高的放在后边。这样做符合经济原则，有利于降低成本。最佳的安排要通过实验和生产实践验证。

例如，局部麻醉药盐酸普鲁卡因的合成（图 2-13），以对硝基苯甲酸为起始原料合成盐酸普鲁卡因时就有两种单元反应排列方式：一是采用先酯化后还原的 A 路线，另一是采用先还原后酯化的 B 路线。

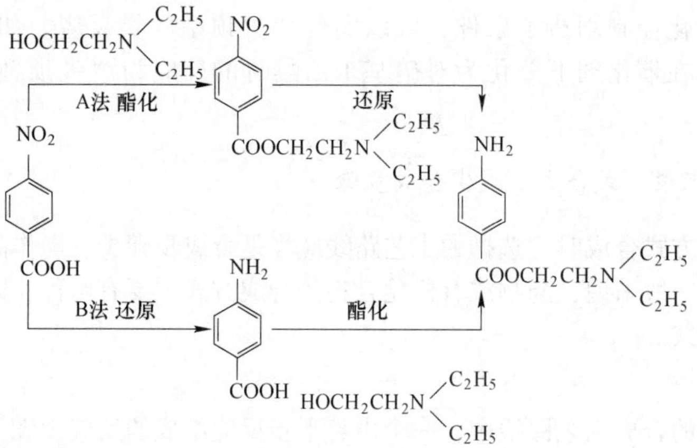

图 2-13　以对硝基苯甲酸合成局部麻醉药盐酸普鲁卡因的工艺路线

B 路线中的还原步骤若在电解质存在下用铁粉还原，由于芳香酸能与铁离子形成不溶性的沉淀，混于铁泥中，难以分离，故它的还原不能采用较便宜的铁粉还原法，而要用其他价格较高的还原方法进行，这样就不利于降低产品成本。其次，下步酯化反应中，由于对氨基苯甲酸的化学活性较对硝基苯甲酸的活性低，故酯化反应的转化率也不高，这样就浪费了较贵重的中间体二乙胺基乙醇。但若按 A 路线进行合成，由于对硝基苯甲酸的酸性强，有利于加快酯化反应速率，而且两步反应的总转化率也较 B 路线高 25.9%，所以采用 A 路线的单元反应排列方法较好。

此外，在考虑合理安排工序次序的问题时，应尽可能把价格较贵的原料放在最后使用，这样可降低贵重原料的单耗，有利于降低生产成本。

需要注意，并不是所有单元反应的合成次序都可以交换，有的单元反应经前后交换后，反而较原工艺路线的情况更差，甚至改变了产品的结构。对某些有立体异构体的药物，经交换工序后，有可能得不到原有构型的异构体。所以要根据具体情况安排操作工序。

（五）生产设备须可靠

药物的生产条件很复杂，从低温到高温，从真空到超高压，从易燃易爆到剧毒、强腐蚀性物料等，千差万别。不同的生产条件对设备及其材质有不同的要求。先进的生产设备是产品质量的重要保证，因此，考虑设备及材质的来源、加工以及投资问题在设计工艺路线时是必不可少的环节。同时，反应条件与设备条件之间是相互关联又相互影响的，只有使反应条件与设备因素有机地统一起来，才能有效地进行药物的工业化生产。例如，在多相反应中搅拌设备的好坏至关重要，当应用雷尼镍等固体金属催化剂进行氢化时，若搅拌效果不佳，密度大的雷尼镍沉在釜底，就起不到催化作用；再如苯胺重氮化还原制备苯肼时，若用一般间歇反应锅，需在0~5℃进行，如温度过高，生成的重氮盐分解，导致发生其他副反应。假如将重氮化反应改在管道化连续反应器中，使生成的重氮盐来不及分解即迅速转入下一步还原反应，就可以在常温下生产，并提高转化率。

以往，中国因受经济条件的限制，在选择工艺路线时常避开一些技术条件及设备要求高的反应，这样的状况是不符合当今经济发展趋势的。长期以来，我国的医药工业就是因为设备落后、工艺陈旧等因素影响了其发展速度。要想尽快改变这个局面，在选择药物合成工艺路线时，对能显著提高转化率，能实现机械化、连续化、自动化生产，有利于劳动防护和环境保护的反应，即使设备要求高、技术条件复杂，也应尽可能根据条件予以选择。

（六）生产过程重安全

在设计和选择工艺路线时，除要考虑合理性外，还要考虑生产的安全问题。生产没有了安全保障也就谈不上生产。

保证安全生产应从两方面入手，一是尽量避免使用易燃易爆或具有较强毒性的原辅材料，从根本上清除安全隐患。二是当生产中必须用易燃易爆或毒性原辅材料时，一定要采取安全措施，如注意排气通风、配备必要的防护工具，有些操作必须在专用的隔离室内进行；对于劳动强度大、危险性大的岗位，可逐步采用电脑控制操作，以加强安全性，并达到最优化控制；可以通过不断地改进工艺，并加强安全管理制度，来确保安全生产和操作人员的健康。

（七）环境影响最小化

制药厂有大量的废水、废气和废渣（简称"三废"）排出，不能随意排放，要严格遵守环境保护制度和"三废"排放标准，以免造成环境污染、人畜中毒。对于"三废"，除要进行综合利用和治理外，还应在设计和选择工艺路线时考虑将"三废"消灭在生产过程中。

第三节　影响化学反应的因素

化学药物合成路线通常由若干个合成工序组成，每个合成工序包含若干个化学单元反应。在了解并阐明反应物、反应试剂、催化剂和溶剂性质的基础上，需要进一步探索并掌握影响反应的条件，而大多数反应比较缓慢，副反应多，因此，只有对有机反应的内因和外因，以及它们之间的相互关系深入了解后，才能正确地将两者统一起来考虑，才有可能获得最佳的工艺。化学反应的内因主要指参与反应的分子中原子的结合态、键的性质、立体结构、功能基活性，各种原子和功能基之间的相互影响及理化性质等。化学反应的外因有反应条件，也就是各种化学反应单元在实际生产中的一些共同点，如配料比、反应物的浓度与纯度、加料次序、反应时间、反应温度与压力、溶剂、催化剂、pH 值、设备条件、反应终点控制、产物分离与精制、产物质量监控等。以上这些都是工艺研究的主要内容，也是化学动力学所研究的内容。本节讨论影响化学反应的外因，主要介绍配料比、温度、压力、溶剂、搅拌、催化剂、反应时间等反应条件。

一、配料比与反应浓度

化学反应很少是按理论值定量完成的，有些反应是可逆反应，有些反应伴随着平行或串联的副反应，因此需要调整反应物与反应物之间的配料比。合适的配料比不仅能够提高反应转化率、缩短生产周期，还可以减少后处理与"三废"处理的工作量。配料比的确定主要根据化学反应过程的类型。化学反应按其过程，可分为简单反应和复杂反应为两大类。简单反应是指由一个基元反应组成的化学反应。复杂反应为由两个以上基元反应（或非基元反应）组成的化学反应，又可分为可逆反应、平行反应和连续反应。反应物的配料比对反应的影响有以下几种情况：（1）凡属于可逆反应，可采取增加反应物之一的浓度（即增加其配料比）（通常是将价格较低或易得的原料的投料量较理论值多加 5%～20%不等，个别甚至可达两三倍以上），或从反应系统中不断除去生成物之一的办法，提高反应速度和增加产物的转化率。（2）当反应生成物的生成量取决于反应液中某一反应物的浓度时，则增加其配料比。最适合的配料比应在转化率较高，同时又是单耗较低的某一范围内。（3）若反应中有一反应物不稳定，则可增加其用量，以保证有足够的量参与主反应。（4）当参与主、副反应的反应物不尽相同时，应利用这一差异，增加某一反应物的用量，以增加主反应的竞争力。（5）为防止连续反应（副反应）的发生，有些反应的配料比宜小于理论值，使反应进行到一定程度，停下来

例如，在磺胺类药物的合成中（图 2-14），对乙酰氨基苯磺酰氯（ASC）的转化率取决于反应液中乙酰苯胺与氯磺酸两者的比例关系。氯磺酸的用量越多，则与硫酸的浓度比越大，对于 ASC 的生成越有利。乙酰苯胺与氯磺酸投料摩尔比 1.0：4.8，转化率 84%；摩尔比 1.0：7.0，转化率 87%。考虑到氯磺酸的有效利用率以及经济核算，工业上采用了较为经济合理的配料比，即 1.0：（4.5~5.0）。

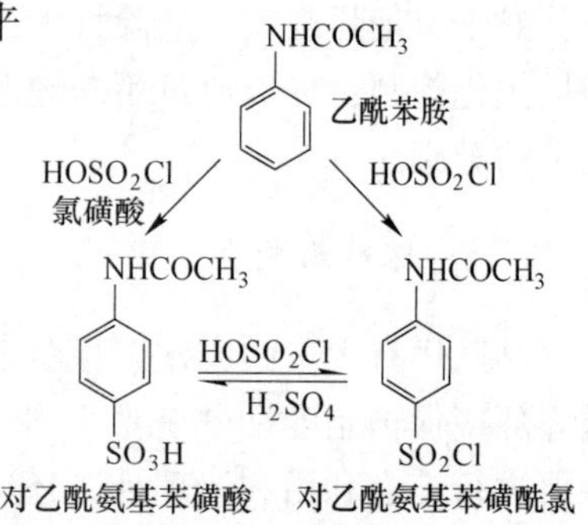

图 2-14　对乙酰氨基苯磺酰氯的合成

二、加料顺序与投料方法

加料顺序可以决定主反应的进程，影响杂质的生成。加料顺序指反应底物、反应试剂、反应溶剂和催化剂的加入顺序。一般情况下，先加入有毒有害的试剂，反应溶剂最后加入，这样既安全，又可以减少溶剂蒸发损失。对于放热反应，往往最后加入反应底物。

例如，在巴比妥生产中（图 2-15），加料顺序对其中的乙基化反应的影响至关重要。

正确的加料次序应是先加入乙醇钠，再加丙二酸二乙酯，最后滴加溴乙烷。若将丙二酸二乙酯与溴乙烷的加料次序颠倒，则溴乙烷和乙醇钠的作用机会增大，生成大量乙醚，会使乙基化反应失败。

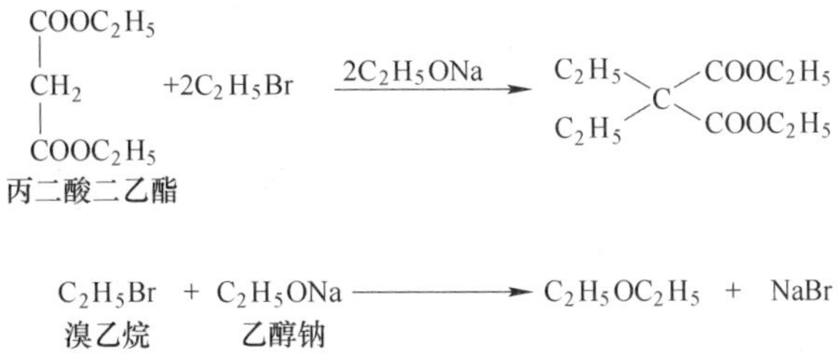

$$
\begin{array}{c}
\text{COOC}_2\text{H}_5 \\
| \\
\text{CH}_2 \\
| \\
\text{COOC}_2\text{H}_5
\end{array}
\ +2\text{C}_2\text{H}_5\text{Br} \ \xrightarrow{2\text{C}_2\text{H}_5\text{ONa}} \
\begin{array}{c}
\text{C}_2\text{H}_5 \\
\diagdown \\
\text{C} \\
\diagup \\
\text{C}_2\text{H}_5
\end{array}
\begin{array}{c}
\diagup \text{COOC}_2\text{H}_5 \\
\\
\diagdown \text{COOC}_2\text{H}_5
\end{array}
$$

丙二酸二乙酯

$$
\text{C}_2\text{H}_5\text{Br} \ + \ \text{C}_2\text{H}_5\text{ONa} \longrightarrow \text{C}_2\text{H}_5\text{OC}_2\text{H}_5 \ + \ \text{NaBr}
$$

溴乙烷　　　乙醇钠

图 2-15　巴比妥的合成反应

可见，加料顺序不恰当会导致副反应的发生，目标产物的转化率降低。应针对反应物的性质和可能发生的副反应来选择适当的加料次序。

此外，投料方法不一样，对反应也有重要影响。投料方法包括直接投入固体物料，或将固体物料配成溶液，形成液体物料投料；液体物料投料是直接加入，或采用控温滴加的方式。在工业生产中，加入液体物料比加入固体物料更安全、更简便，可以将固体原料或反应试剂配成溶液，形成液体物料，泵入或加压压入反应釜里，或通过减压抽吸进反应釜。

三、反应溶剂

化学反应大多数是有机反应，一般都在一定的溶剂体系中进行，在反应过程中，溶剂能够帮助参与反应的化合物或物质均匀分布，增加分子间碰撞的机会。溶剂可以通过参与形成过渡态，影响反应的速度与转化率、产物的结构与构型以及反应的平衡等。此外溶剂还有帮助反应传热或散热的作用。选择适当的反应溶剂可以提高反应速率，保证反应的可重复性和操作的便利性，并且保证目标产物的质量和产率。

反应溶剂对化学反应的影响，主要表现在反应速率、反应方向、产品构型等方面。

（一）溶剂对反应速率的影响

有机反应按反应原理可分成两大类。一类是自由基反应，另一类是离子型反应。在自由基反应中，溶剂对反应无显著影响，在离子型反应中，溶剂对反应速率的影响常常很大。早在 1890 年，Menschuthin 在关于三乙胺与碘乙烷在 23 种溶剂中发生季铵化作用的经典研究中就已证实溶剂的选择对反应速率有显著的影响。该反应速率在乙醚中比在己烷中快 4 倍，比在苯中快 36 倍，比在甲醇中快 280 倍，比在苄醇中快 742 倍。

（二）溶剂对反应方向的影响

有时同种反应物出于溶剂的不同而产物不同。

例如，苯酚与乙酰氯进行的傅-克反应（图 2-16），若在硝基苯溶剂中进行，产物主要是对位取代物；若在二硫化碳中反应，产物主要是邻位取代物。

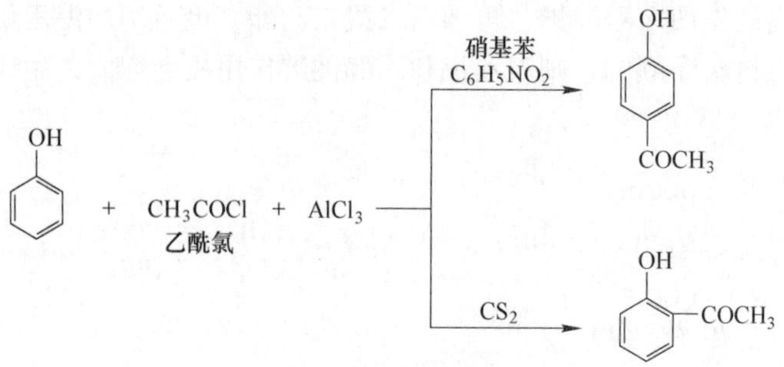

图 2-16　苯酚的傅-克反应

（三）溶剂对产品构型的影响

溶剂对产品的构型也有影响，由于溶剂极性的不同，某些反应产物中顺、反异构体的比例也不同。

例如，维蒂希（Witting）反应：

$$Ph_3P = CHPh + C_2H_5CHO \rightarrow C_2H_5CH = CHPh + Ph_3P = O$$

此反应在乙醇钠存在下进行，顺式体的含量随溶剂的极性增大而增加。按溶剂的极性次序（乙醚<四氢呋喃<乙醇<二甲基甲酰胺），顺式体的含量由 31% 增加到 65%。

为某一具体的化学反应选择反应溶剂时，应该以反应为核心，兼顾其他因素，选择溶剂的基本原则：首先应当考虑反应后处理及产物纯化的简便性，能够使产物直接从反应溶剂中结晶出来的溶剂为最佳溶剂；其次考虑溶剂对反应速率的影响。

四、催化剂

催化剂是一类可改变化学反应速度而在反应中自身并不消耗的物质。催化剂有正催化和负催化之分。正催化作用会加快反应速率，减少反应时间；负催化作用会减慢反应速率。负催化作用仍有其意义。如有一些易分解或易氧化的中间体或药物，在后处理或储藏过程中，为防止变质失效、可加入负催化剂，以增加药物的稳定性。

催化剂种类繁多，按状态可分为液体、气体、固体催化剂；按催化剂性质可分为化学催化剂和生物酶催化剂；按反应体系的相态分为均相催化剂和多相催化剂等。常用的有酸碱催化剂、相转移催化剂、生物酶催化剂等。

优化催化反应的关键在于最大限度地提高催化效率或转化率。应通过对反应影响因素包括催化剂的组成和性能、催化剂活化和降解、杂质的存在和含量等的充分把握，设计适用性强的催化工艺。催化剂的性能主要是指它的活性、选择性和稳定性，这是衡量催化剂质量的重要指标。一种良好的催化剂必须具备高活性、高选择性和高稳定性。催化剂的活性是评价催化剂好坏的重要指标。催化剂的活性通常用转化数表示，即一定时间内单位质量的催化剂在指定条件下转化底物的质量。影响催化剂活性的因素较多，主要有温度、助催化剂（或促进剂）、载体（担体）和催化毒物。催化剂的选择性表现在两个方面，一是不同类型的化学反应各有其适宜的催化剂，二是对于同样的反应物体系，应用不同的催化剂可制得不同的产物。催化剂的稳定性指其活性和选择性随时间变化的情况，对于以间歇式生产方式为主的化学制药工业而言，催化剂的稳定性与其回收套用的次数、比例相关。

　　大多数催化剂都只能加速某一种化学反应，或者某一类化学反应，而不能被用来加速所有的化学反应。某些竞争性配体可能引起催化剂中毒，应尽量避免。某些杂质的存在不利于反应的进行，应保证催化底物的纯度；相反，若某个杂质能促进反应，则应予以保留或添加。值得注意的是，商业化的催化剂不同批次之间可能存在很大的差异，要对用于反应的催化剂批号和预处理方法进行研究。

五、反应温度

　　温度变化对反应转化率和选择性均有影响。提高反应温度通常可以提高反应速率、缩短反应时间、提高生产效率，但提高反应温度也会降低反应的选择性。理想的反应温度就是在可接受的反应时间内得到高质量的产物的温度。一般情况，反应温度在$-40 \sim 120℃$之间的反应在中试放大和工业化生产中容易实现，超出此反应温度范围则需要专门的设备。室温或者接近室温的温度是最佳选择，这是因为：（1）大量的化学试剂和设备不需要加热或冷却，易于扩大反应规模；（2）避免超高温或超低温操作导致的能源损耗；（3）避免高温反应可能产生的副产物，包括一些难以除去的有色杂质。

　　此外，在确定最适宜的反应温度时，应结合该化学反应的热效应（反应热、稀释热和溶解热等）和反应速度常数等数据加以综合考虑，找出最适宜的反应温度。

　　例如，对甲苯磺酸的氯代反应（图2-17），温度变化对反应转化率和选择性均有影响。对甲苯磺酸氯代反应生成主产物双氯代产物3，5-二氯-4-甲基苯磺酸和少量副产物单氯化合物。当反应时间为4h时，表2-1列出不同温度下，反应转化率的变化。由表中可知，60℃时转化率最高，80℃时最低，这是因为在80℃时H_2O_2分解的速率要比H_2O_2与HCl的反应速率快，但温度从60℃升高到80℃时，反应的选择性基本没有变化。

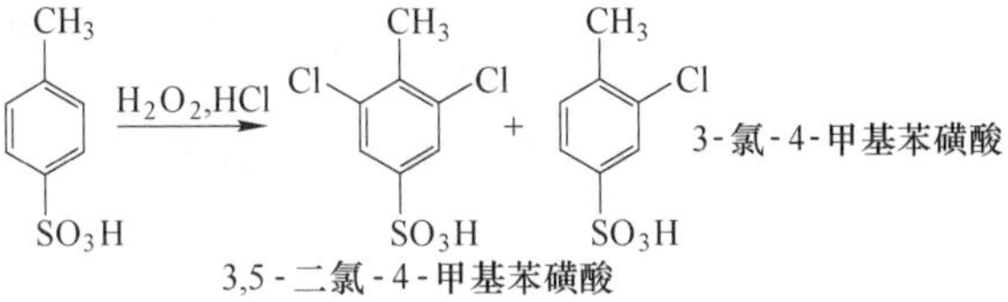

图2-17　对甲苯磺酸的氯代反应

表2-1　不同温度下对甲苯磺酸氯代反应的选择性

反应温度/℃	反应转化率/%	3，5-二氯-4-甲基苯磺酸的选择性/%
30	15	91
40	46	87
50	65	88
60	82	96
70	79	96
80	54	97

六、反应压力

多数反应是在常压下进行的，但有时反应要在加压下进行才能提高转化率。压力对液相反应影响不大，而对气相或气液相反应的平衡影响显著。压力对于理论产率的影响，依赖于反应前后体积和分子数的变化，如果一个反应的结果使体积增加（分子数增加）那么加压对产物生成不利。加压能增加气体在溶液中的溶解度，从而促进反应；另外对需要较高温度的液相反应，因所需反应温度已超过反应物或溶剂的沸点，则也可以在加压下进行，以提高反应温度，缩短反应时间。

在中试放大中，反应釜可安装耐受一定压力的防爆膜。在密封的反应釜中进行反应可保持适当压力，一方面使有毒有害或有刺激性的成分不能溢出，保护操作者和环境；另一方面使挥发性试剂保持适当的浓度，保证反应的进行。

七、酸碱度

反应介质的酸碱度对某些反应具有重要意义。在某些药品生产中，酸碱度还起着决定质量、转化率的作用。为此，监控反应的酸碱性也是重要环节。

例如，硝基苯在中性或微碱性条件下用锌粉还原生成苯羟胺，在碱性条件下还原则生成偶氮苯（图2-18）。

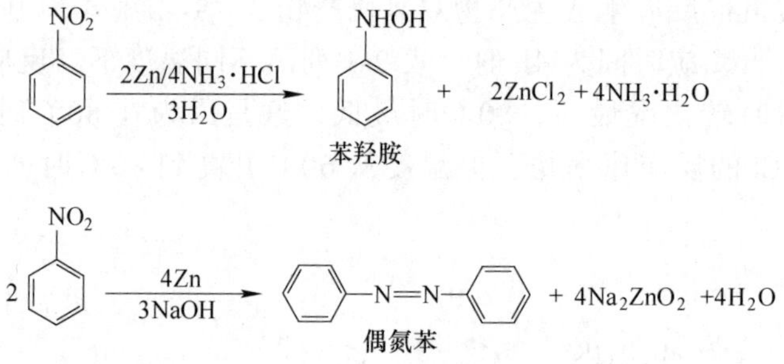

图 2-18　硝基苯在不同酸碱条件下的反应

八、搅拌

几乎所有的反应设备都装有搅拌装置。这是因为搅拌可使反应混合物混合得更加均匀，反应体系的温度更加均匀，从而有利于化学反应的进行。搅拌还能使反应介质充分混合，消除局部过热和局部反应，防止大量副产物的生成。搅拌能提高热量的传递速率，同时在吸附、结晶过程中，搅拌能增加表面吸附作用及析出均匀的结晶。

是否有搅拌对反应的影响很大。如乙苯的硝化是多相反应，混酸在搅拌下加到乙苯中去，因混酸与乙苯互不相溶，加强搅拌可增加两相接触面积，加速反应。当有固体金属的催化反应时，应用雷尼镍时，若搅拌效果不佳，密度大的雷尼镍会沉在罐底，影响催化效果。

第四节　工艺过程控制

工艺过程控制（in-process controls，IPCs）是指在工艺研究和生产过程中采用分析技术，对反应进行适时监控，确保工艺过程达到预期目标。若分析数据提示工艺不能按计划完成，那么需要采用必要的措施促使反应工艺达到预期目标。IPCs 的作用包括：（1）保证符合质量要求的中间体或最终产品的有效制备；（2）按时完成生产任务；（3）较高的生产效率。

一、工艺过程控制的研究内容

工艺过程控制用来核查工艺的所有阶段是否能够按照预期完成，对底物、反应试剂和产物的质量进行控制，对反应条件、反应过程、后处理及产物纯化过程进行监控，是保证反应完成预期工艺过程的关键。IPCs 的研究内容包括：

（1）监控底物和反应试剂的浓度和纯度。在投料前对底物和反应试剂的纯度进行检测，避免杂质对反应的影响。对所用酸碱进行标定，确保酸碱的浓度在允许范围内。

（2）控制反应体系中水的含量。对底物、反应试剂以及溶剂进行水分含量的检测，避免水对反应进行、产物结晶以及其他方面产生影响。最方便的定量方法通常是 Karl Fischer 滴定法。

（3）确认反应终点。反应终点的标志是起始原料完全或者近乎完全消耗，适量产物生成或杂质生成量不超过允许范围的上限。可采用 TLC、HPLC、GC 和 IR 等手段对反应过程进行监测。

（4）监控 pH 值。使用 pH 值计监测反应液是否已经达到预定的 pH 值，用以提示是否所有反应物料全部投入反应器，保证反应在适当的 pH 值条件下进行，或者提示后处理过程中有机相中是否所有杂质都被去除。

（5）监控溶剂替换的程度。在产物纯化过程中，常常通过蒸馏的办法将某种溶剂替换成另一种高沸点的重结晶溶剂，溶剂替换的程度或者说是否实现溶剂的完全替换对于重结晶产率和产品质量常常比较重要。一般采用 GC 法定量检测蒸馏瓶中低沸点溶剂的含量。

（6）滤饼的彻底洗涤。分别对滤液或滤饼进行检测，采用 HPLC 检测分析滤液中有机杂质的含量，产物从水溶液中结晶时也可采用电导仪检测无机盐的含量。对产物滤饼进行检测，可以分析其是否彻底清洗。

（7）产品的完全干燥。可以通过 Fischer 滴定、GC 或差热分析仪（differential scanning calorimetry，DSC）来分析产品中的残余溶剂，也可以用干燥失重分析法（loss on drying，LOD）检测产品的干燥程度。

二、工艺过程控制常用方法

在工艺过程控制的过程中，应采用合理的工艺过程控制方法，时刻监控反应过程。在选用方法时应考虑该方法能随时监测工艺过程，对原料、产物以及在工艺过程中产生的或能够影响工艺的杂质进行实时监控；能够提供准确可靠的分析数据，技术难度低，方法可操作性强；适用面广，适用于实验室工艺和中试放大工艺研究阶段，也适合在工业生产中使用。表 2-2 列出了工艺过程控制中常用的分析方法。

表 2-2　IPC 常用分析方法

分析方法	适用范围	特　点
试纸	反应条件、萃取、滤饼洗涤	极快速分析

分析方法	适用范围	特　点
肉眼观察	反应条件、结晶	快速分析
滴定	反应试剂的质量控制	快速分析
湿度计	反应试剂和溶剂的质量控制、产物结晶、干燥	快速分析
高效液相色谱法（HPLC）	反应过程、滤饼洗涤	非常有用
气相色谱（GC）	反应过程、溶剂替换	快速分析
薄层色谱（TLC）	反应过程	简单便宜、轻便
红外（IR）和近红外	反应过程	适宜在线分析
紫外（UV）和可见光谱	反应过程	快速分析
pH 值计	反应条件、反应过程、萃取	快速分析，水相
密度计	溶剂替换	快速分析
折射仪	溶剂替换、液态产物	液态产物
离子色谱	萃取、滤饼洗涤	检测离子
毛细管电泳	萃取、滤饼洗涤	检测主要离子
干燥失重（LOD）	干燥分离固体产品	快速分析
旋光度	产物	需要无溶剂样品
熔点	产物	需要干燥样品
差热分析仪（DSC）	产物	快速分析

其中，最简单的 IPC 方法是目视观察法，如肉眼观察萃取中液-液相分层、结晶过程中多晶型产物的漂浮或沉降。最常用的 IPC 方法有薄层色谱法（TLC）、高效液相色谱法（HPLC）、气相色谱（GC）等。TLC 可以跟踪从基线到溶剂前沿间的任何杂质，理论上能够检测到所有反应杂质。HPLC 和 GC 比 TLC 更容易进行定量分析，但很难保证所有组分都能从 HPLC 或 GC 柱洗脱出来。当然，最理想的 IPC 方法是采用在线分析，随时对反应过程进行监控，但其对探针的要求较高，成本高。

三、重要的工艺控制过程

（一）原辅材料和中间体质量的控制

原辅材料、中间体的质量对下一步反应和产品的质量影响很大。若不加以控制，规定杂质含量限度，不仅影响反应的正常进行、降低转化率，更严重的是影响一些药品质量和治疗效果。例如，某药厂在连续进行三批中试半合成头孢曲松钠的过程中，发现最后获得的头孢曲松钠内毒素不合格。通过调查，发现某批号的活性炭曾经被洪水浸泡过，细菌吸附在活性炭上，产生内毒素。可见，原辅材料和中间体的质量控制非常重要，须建立原料、中间体的质量标准，以及检测方法，使影响产品质量和转化率的因素尽可能减少。

（二）反应终点的控制

对于每一个化学反应来讲，都有一个最适宜的反应时间，在规定条件下达到反应时间后就必须终止反应，并使反应生成物立即从反应系统中分离出来；否则，可能会使反应产物分解、破坏，副产物增多或产生其他复杂变化，从而使转化率降低、产品质量下降。另外，若反应时间过短，反应未达到终点，过早地停止反应，也会导致反应不完全、转化率不高，并影响转化率及质量。为此，对于每一反应都必须掌握好它的进程，控制好反应时间和终点。常用的对反应终点的监控方法有 TLC（薄层层析法）、GC（气相色谱法）、HPLC（高效液相色谱法）、显色、沉淀、pH 值、水分溜出、晶型改变等指标。

例如，水杨酸制备阿司匹林的乙酰化反应、由氯乙酸钠制造氰乙酸钠的氰化反应，两个反应都是利用快速化学测定法来确定反应终点。前者测定反应系统中原料水杨酸的含量达到 0.02% 以下方可停止反应，后者是测定反应液中氰离子（CN⁻）的含量在 0.04% 以下方为反应终点。又如重氮化反应，可以利用淀粉-碘化钾试液来检查反应液中是否有过剩的亚硝酸存在以控制反应终点。

（三）化学原料药的质量控制

原料药的质量控制对患者的用药安全至关重要。原料药的质量控制主要包括原料药的纯度和杂质、稳定性以及生物有效性方面的控制，需选择合适的检查方法，确定原料药的纯度和杂质是否达标或超标。如果杂质超标，应追根溯源，减少杂质含量。如缬沙坦事件即源于华海药业对工艺的改变。华海药业开发的缬沙坦新工艺中，合成路线中用到了溶剂 N，N-二甲基甲酰胺（DMF），而溶剂 DMF 可与氧化剂亚硝酸钠作用产生杂质 N-亚硝基二甲胺（NDMA）。NDMA 目前已确定为动物致癌物，靶器官主要为肝和肾。此外，原料药的稳定性会受到温度、光照、湿度等因素的影响，致使原料药分解、脱水、氧化等，使药物失效或增加毒性，因此，需增加防护措施避免原料药质量的降低。原料药的生物等效性是指在生物体内的吸收、分布、和药代动力学要保持一致。原料药的晶型、粒度、杂质含量会影响生物等效性。若晶型、粒度不同，会影响药物在体内的吸收分布，以及药代动力不同。

在工艺优化过程中经常出现意料之外的现象，选择恰当的工艺过程控制和收集可靠的数据对于解决实际问题意义重大。

第五节　后处理与纯化精制

化学反应完成后，目标产物可能以烯醇盐、配合物等活性状态存在，并且与未反应的底物和试剂、反应生成的副产物、催化剂以及溶剂等多种物质混合在一起。从终止反应进行到自反应体系中分离得到粗产物所进行的操作过程称为反应的后处理（work-up）；对粗产物进行提纯，得到质量合格产物的过程称为产物的纯化（purification）。适宜的反应体系和工艺条件会使反应进行得更加完全，副产物少，后处理及纯化操作简单易行，从而降低生产成本；相反，不合适的工艺路线与工艺条件会给后处理及纯化带来困难，降低反应转化率，增加生产成本。

反应后处理与产物纯化的基本思路是依据反应机制，对中间体的活性、产物和副产物的理化性质及稳定性进行科学合理的预测，进而设计和研究工艺流程，目标是以最经济的工艺得到质量合格的产物。后处理与纯化过程应具备以下特点：（1）在保证纯度的前提下，实现产物的转化率最大化；（2）实现原料、催化剂，中间体及溶剂的回收利用，反应试剂和催化剂的循环套用是工业上降低生产成本的一个主要方法；（3）操作步骤简短，所用设备少，人力消耗少；（4）"三废"产量最小化。

一、反应后处理

后处理操作包括终止反应、除去反应杂质以及安全处理反应废液等基本内容。后处理中产物要以便于纯化的形式存在，并为后续操作提供安全保障。常用的后处理方法有淬灭、萃取、除去金属和重金属离子、活性炭处理、过滤、浓缩和溶剂替换、衍生化、使用固载试剂以及处理操作过程中产生的液体等。

（一）淬灭

通过薄层色谱法（TLC）或其他监测方法确认反应完成后，一般需要对反应体系进行淬灭（quenching）处理，终止反应的进行，并且使产物以便于进行纯化的形式存在。淬灭的目的是防止或减少副反应的发生，除去反应杂质，为后续操作提供安全保障。

淬灭即向反应体系中加入某些物质，或者将反应液转移到另一体系中以中和体系中的活性成分，使反应终止，防止或者减少产物的分解、副产物的生成。在淬灭时，应充分考虑产物的稳定性以及后处理的难易，选择合适的淬灭试剂。

淬灭中应注意放热和溶解性两个问题。向反应体系中直接加入淬灭试剂或淬灭试剂的溶液是最简单的淬灭操作方法，很多淬灭操作时会产生大量热，应注意控制热量的释放。常规操作是缓慢加入淬灭试剂，并剧烈搅拌，以避免产物分解、降低操作危险性。对于高活性试剂，可采用分步淬灭的办法。例如，以液氨为溶剂的可溶性金属还原反应的淬灭，先加 NH_4Cl，然后加 H_2O，否则急剧放热难于控制。

在淬灭中，如果有酸碱中和反应发生，应考虑中和过程中生成盐的溶解性。钠盐比相应的锂盐和钾盐在水中的溶解性差，而锂盐在醇中的溶解度比相应的钠盐和钾盐高。例如，对于 NaOH 参与的反应，可以用很多种酸来淬灭，生成相应的酸的钠盐。如果使用浓 H_2SO_4 淬灭反应，生成的 Na_2SO_4 在水中的溶解度相对较低，大部分 Na_2SO_4 会以沉淀析出。如果反应产物溶于水，则可通过抽滤部分除去 Na_2SO_4，实现产物与无机盐杂质的分离。如果后续操作中用有机溶剂萃取产物，则可能会产生液-液-固三相混合物，造成后续操作复杂，这样的情况下应选择其他酸，要求相应的钠盐具有很好的水溶性。如果产物在酸性条件下会结晶析出，使用浓 HCl 比浓 H_2SO_4 好，因为 NaCl 的水溶性比 Na_2SO_4 好，NaCl 夹杂在产物晶体中的可能性较小。

（二）萃取

反应淬灭后，应尽快进行其他后处理操作，萃取是常用的初步去除杂质的方法。萃取（extraction）是利用不同组分在互不相溶（或微溶）的溶剂中溶解度不同或分配比不同，分离不同组分的操作过程。

1. 萃取溶剂的选择

萃取溶剂的选择主要依据被提取物质的溶解性和溶剂的极性。根据相似相溶原理，一般选择极性溶剂从水溶液中提取极性物质，选择非极性溶剂提取极性小的物质。极性较大、易溶于水的极性物质一般用乙酸乙酯萃取；极性较小、在水中溶解度小的物质同石油醚类萃取。常用的萃取溶剂的极性大小：石油醚（或己烷）<四氯化碳<苯<乙醚<三氯甲烷<乙酸乙酯<正丁醇。

2. 萃取次数的选择

对于萃取的次数原则上是"少量多次"，通常 3 次萃取操作即可获得满意的效果。为了提高操作效率和获得高的反应转化率，应尽量减少萃取次数和总的萃取液体积。如果需要萃取次数多并且需要大量的溶剂，应考虑使用其他溶剂或者混合溶剂。如果溶质在两种溶剂中的提取系数是已知的，可以计算出第二次提取所需的溶剂量。例如，如果第一次用有机溶剂萃取时 90% 的产物从水相中提取出来，第二次使用原溶剂量 10% 左右的体积就可以很好地提取剩余溶质。通过实验可以确定最少及实际有效的溶剂量。

3. 萃取温度的选择

一般萃取操作都是在室温条件下进行的，也有一些萃取操作对温度有一定的要求。温度升高，有利于提高溶解度，可以减少溶剂用量，适合萃取溶剂价格较高且对热稳定的物质的萃取操作；对热稳定性差的产物，则要考虑低温萃取，如乙酸丁酯对青霉素的萃取过程需要在冷冻罐中操作。

（三）除去金属和金属离子

在后处理中如何除去反应过程中引入的金属或金属离子同样重要，一些常用的金属离子，如 Al^{3+}、Cd^{2+}、Cr^{3+}、Cu^{2+}、Fe^{3+}、Mn^{2+}、Ni^{2+} 和 Zn^{2+} 可与氢氧根离子（OH^-）形成不溶于水的沉淀，过滤除去。不同的金属离子适宜的 pH 值范围不同，以离子浓度为 0.1mol/L 计，从开始沉淀至沉淀完全（$<10^{-5}mol/L$），Fe^{3+}、Mg^{2+}、Zn^{2+} 和 Al^{3+} 的 pH 值范围分别为 1.9～3.3、8.1～9.4、8.0～11.1 和 3.3～5.2。氢氧化锌在 pH 值大于 10.5 的条件下会溶于水，而氢氧化铝在 pH 值大于 6.5 时可生成偏铝酸，重新溶解在水中，故应注意 pH 值的控制。

固态的金属盐和金属配合物可通过过滤除去，用活性炭预处理或者使用助滤剂有助于过滤。氨基酸、羟基羧酸和有机多元磷酸通过配位键与金属离子形成的配合物，在酸性条件下可被萃取到水相中。离子交换树脂和聚苯乙烯形成的配体可以吸附金属离子。金属吸附树脂可选择性吸附一些特定离子，且不溶于酸、碱、有机溶剂，易于分离和回收，也是工业生产上常用的去除金属离子的方法。

（四）催化剂的后处理

催化剂的后处理不容忽视，从反应产物中除去残留催化剂尤为重要。必须选择合适的催化剂以及后处理方法，以避免它们在产品中的微量残留。例如，在原料药中，若使用重金属钯作为催化剂，残留量应低于百万分之十。理想的后处理方法是经过简单的过滤即实现固体催化剂的分离，或通过重结晶提纯产物，而把相关可溶解的催化剂留在母液中。

二、纯化与精制

反应后处理得到粗产物，对粗产物进行提纯，得到质量合格的产物的过程称为产物的纯化（purification）。液体产物一般通过蒸馏、精馏纯化，但规模化的蒸馏通常需要特殊的设备，要求产物对热稳定、黏度小。纯化固体产物通常采用结晶、重结晶技术，提高并控制中间体的质量，可降低终产物（产品）纯化的难度。通过控制结晶条件，可以得到纯度及晶型符合要求的产品。工业生产中多采用结晶、打浆纯化、柱层析等方法。柱层析技术是实验室常用的分离纯化方法，但规模化生产时，只有常用的提纯方法无法得到符合质量要求的产品，才会考虑柱层析。

（一）打浆纯化

打浆（reslurry）是指固体产物在没有完全溶解的状态下在溶剂里搅拌，然后过滤，除去杂质的纯化方法。打浆不需要关注产物的溶解性，打浆比重结晶劳动强度低，有时是可以替代重结晶的最佳方法。打浆一般有两种目的：一是洗掉产物中的杂质，尤其是吸附在晶体表面的杂质；二是除去固体样品中一些高沸点、难挥发的溶剂。晶体的晶型可能在打浆过程中发生变化。如在 β-内酰胺化合物的合成中，后处理得到的粗品中含有未反应完的对硝基溴苄，可将粗品在叔丁基甲基醚/己烷溶液中搅拌，打浆处理，2h 后抽滤，以叔丁基甲基醚洗涤，对硝基溴苄等杂质溶解在滤液中，得到 β-内酰胺化合物的纯品，且转化率达 90.5%。

（二）柱层析

柱层析（column chromatography）技术又称为柱色谱技术，是色谱法中使用最广泛的一种分离提纯方法。当被分离物质不能以重结晶纯化时，柱层析往往是最有效的分离手段。

柱层析由两相组成，在圆柱形管中填充不溶性基质，形成固定相，以洗脱溶剂为流动相，当两相相对运动时，利用混合物中所含各组分分配平衡能力的差异，反复多次，最终达到彼此分离的目的。固定相填料不同，分离机制不尽相同。常用的色谱分离包括吸附色谱和离子交换色谱。

1. 吸附色谱法

吸附色谱法（absorption chromatography）系利用吸附剂对混合物中各组分吸附能力的差异，实现对组分的分离。混合物在吸附色谱柱中移动速度和分离效果取决于固定相对混合物中各组分的吸附能力和洗脱剂对各组分的解吸能力的大小。流动相的洗脱作用实质上是洗脱剂分子与样品组分竞争占据吸附剂表面活性中心的过程。

吸附剂的选择和洗脱剂的选择常常需要结合在一起，综合考虑待分离物质的性质、吸附剂的性能、流动相的极性 3 个方面的影响因素。通常的选择规律是，以活性较低的吸附柱分离极性较大的样品，选用极性较大的溶剂进行洗脱；若被分离组分极性较弱，则选择活性高的吸附剂，以较小极性的溶剂进行洗脱。

柱层析技术在实验室中应用广泛，层析柱越长，直径越大，上样量越大。因工业生产中考虑装柱、吸附样品、大量的溶剂洗脱、浓缩溶液以及进一步处理所花费的大量时间和人力，所以只有在其他纯化方法效率太低的情况下才会在放大反应中使用柱层析纯化。

2. 离子交换色谱法

离子交换色谱法（ion exchange chromatography）系利用被分离组分与固定相之间离子交换能力的不同实现分离纯化。理论上讲，凡是在溶液中能够电离的物质都可以用离子交换色谱分离，因此，它不仅可用于无机离子混合物的分离，也可用于有机盐、氨基酸、蛋白质等有机物和生物大分子的分离纯化，应用范围广泛。

离子交换色谱的填料一般是离子交换树脂，树脂分子结构中含有大量可解离的活性中心，使待分离组分中的离子与这些活性中心发生离子交换，达到离子交换平衡，在固定相与流动相之间达到平衡，随着流动相流动而运动，实现离子的分离纯化。

离子交换色谱法在工业上应用最多的是去除水中的各种阴、阳离子及制备抗生素纯品时去除各种离子。制药生产的不同阶段对水中的离子浓度要求不同，因此，水处理领域离子交换树脂的需求量很大，水纯化领域约90%利用离子交换树脂。

第六节　布洛芬的化学合成生产工艺

布洛芬（Brufen）是1967年由英国试制成功并首先生产的，此后日本、加拿大、德国和美国等国家相继投产。1972年，国际风湿病学会推荐本品为优秀的风湿病药品之一。1975年后，国内有厂家开始试制生产。

布洛芬为白色结晶性粉末，几乎无味，易溶于甲醇、乙醇、丙酮等有机溶剂，在水中几乎不溶，但在NaOH和Na_2CO_3溶液中易溶，熔点为74.5~77.5℃。

化学名称：2-(4-异丁基苯基)丙酸，又叫异丁苯丙酸。

结构式：如图2-19所示。

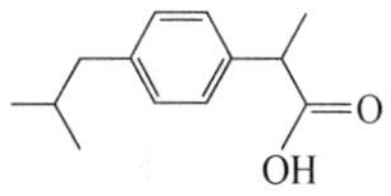

布洛芬属于消炎镇痛药，其消炎镇痛作用强、副作用小，适用于治疗风湿性关节炎、类风湿性关节炎、骨关节炎、强直性脊椎炎、神经炎、咽喉炎和支气管炎等。作为阿司匹林的替代品，其解热、镇痛、消炎作用比阿司匹林大16~32倍，而副作用却比阿司匹林小得多，对肝、肾及造血系统无明显副作用。特别是对胃肠道的副作

图2-19　布洛芬
的结构式

用很小，这是布洛芬的优势。布洛芬目前在世界上广泛应用，成为全球最畅销的非处方药物之一，和阿司匹林、扑热息痛一起并列为解热镇痛药三大支柱产品。

一、合成路线及其选择

近年来，国内外对布洛芬的合成都做了大量的研究，推出了许多合成路线，但由于有的合成路线较长，有的原料来源困难，有的条件要求较高，有的成本较高，还有的存在着组织生产困难等原因，都没能为国内生产厂家所采用。下面主要介绍几种布洛芬的生产方法。

（一）以乙苯为原料的合成方法

此法以乙苯与异丁酰氯经酰化、溴化、氰化、水解、还原制得布洛芬（图2-20）。

不足之处：异丁酰氯须自制，其所用原料异丁酸、溴代丁二酰亚胺不能满足供应，且价格昂贵。

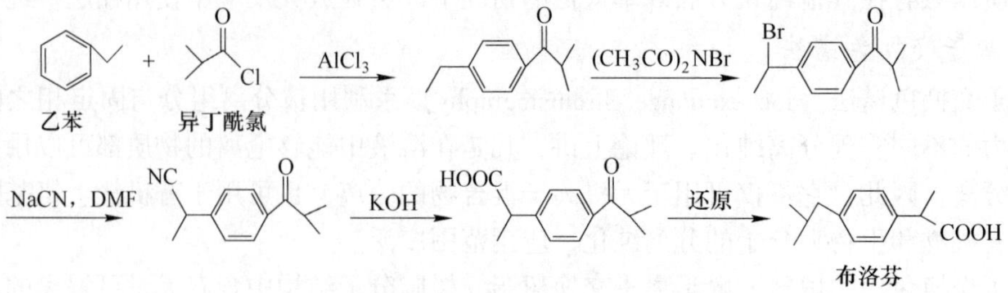

图 2-20　以乙苯为原料的合成路线

（二）以异丁基苯乙酮为原料的合成方法

此法以异丁基苯乙酮与氯仿在相转移催化剂的存在下反应，产物再经还原制得布洛芬（图 2-21）。该合成路线的特点是：反应条件要求较高，副反应较多。

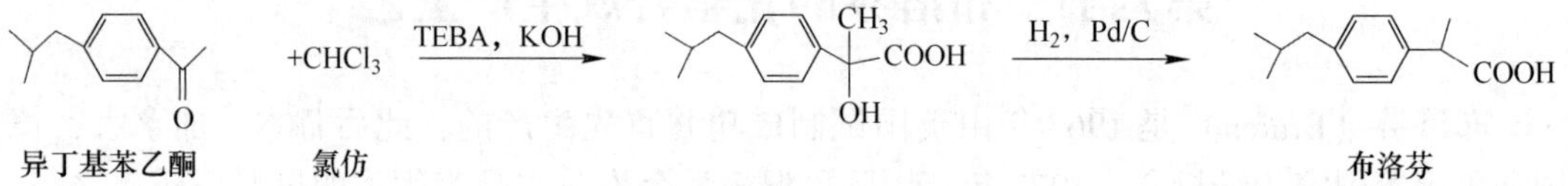

图 2-21　以异丁基苯乙酮为原料的合成路线

（三）以异丁苯为原料的合成方法

以异丁苯为原料合成布洛芬的途径很多，可以采用转位重排法、乳酸衍生物与异丁苯法、格氏反应合成法、醇羰基化法，以及氰化物经甲化、水解合成法。此处主要介绍国内采用的环氧羧酸酯法（图 2-22）。

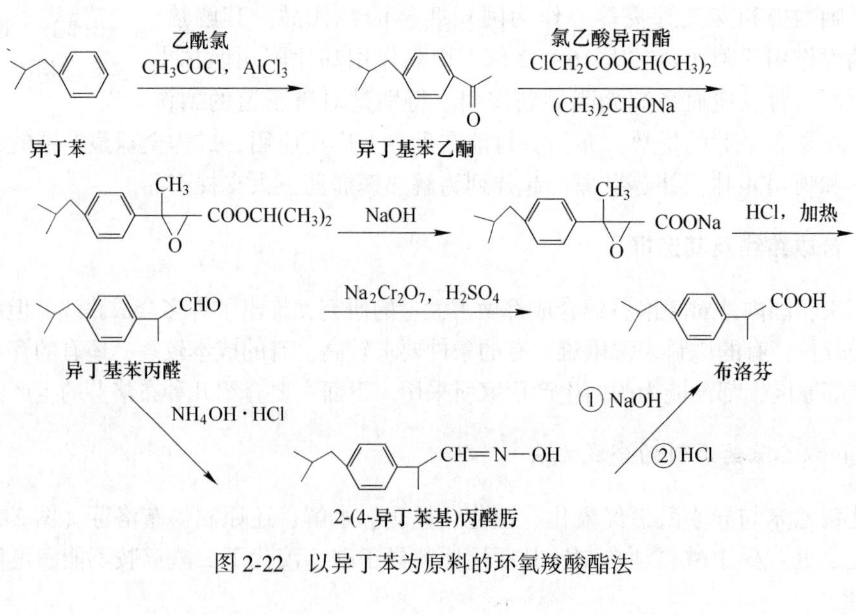

图 2-22　以异丁苯为原料的环氧羧酸酯法

环氧羧酸酯法是目前国内采用的常用方法，即以异丁苯与乙酰氯经傅-克反应得到异丁基苯乙酮，再与氯乙酸异丙酯发生 Darzens 缩合，产物经碱水解、中和及脱羧反应得到异丁基苯丙醛，最后可通过两种方法制备布洛芬，其一为氧化法，即用重铬酸钠氧化；其二为醛肟法，即先使羟胺与 2-(4-异丁苯基) 丙醛反应，得到中间体 2-(4-异丁苯基) 丙醛肟，再经消除和水解等反应制得布洛芬。

醛肟法由于不使用重铬酸钠，后处理更方便，还避免了环境污染等问题，此外，以水作溶剂，操作安全，已应用于制药工业生产。

二、生产工艺原理及其过程

此处以我国采用的环氧羧酸酯法介绍其整个生产工艺原理及其过程。

(一) 4-异丁基苯乙酮的合成

1. 工艺原理

在三氯化铝的催化下，乙酰氯与异丁苯发生傅-克酰基化反应（图 2-23）。由于异丁基是体积较大的邻、对位定位基，故乙酰基主要进入其对位，生成 4-异丁基苯乙酮。反应需无水操作，否则三氯化铝和乙酰氯将水解。

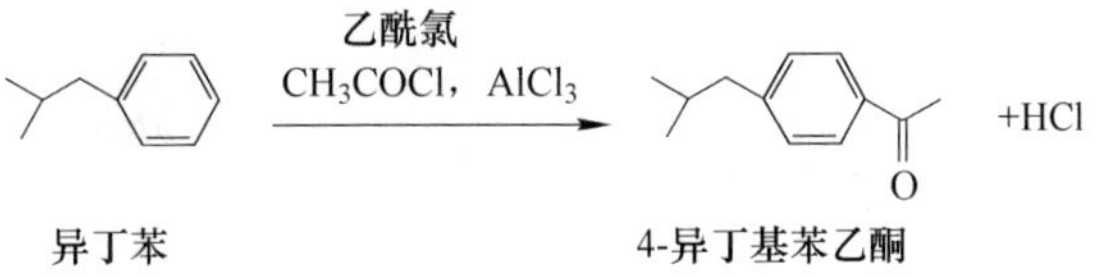

图 2-23　4-异丁基苯乙酮的合成原理

2. 工艺过程

将计量好的石油醚、三氯化铝加入反应釜内，搅拌降温至 5℃ 以下，加入计量的异丁苯，其间控制釜内温度低于 5℃。再加入计量的乙酰氯，搅拌反应 4h。

将反应液在 10℃ 下压入水解釜中，滴加稀盐酸，保持釜内温度不超过 10℃，搅拌 0.5h 后，静置分层。有机层为粗酮，水洗至 pH 值为 6。减压蒸馏回收石油醚后，再收集 130℃/2kPa 馏分，即为 4-异丁基苯乙酮，产率可达 80%。

3. 工艺流程

4-异丁基苯乙酮的制备工艺流程如图 2-24 所示。

4. 工艺条件要求

对傅-克反应需注意：首先，搅拌要适当，太快易产生副反应，从而影响转化率和产品质量。其次，乙酰氯遇水或醇分解生成氯化氢，对皮肤黏膜刺激强烈，因此反应中应注意排风，并经吸收塔回收盐酸。最后，本工艺过程要注意防火、防爆、防毒。

(二) 2-(4-异丁苯基) 丙醛的合成

1. 工艺原理

4-异丁基苯乙酮经 Darzens 缩合反应，产物经水解、脱羧、重排得 2-(4-异丁苯基) 丙醛（图 2-25）。

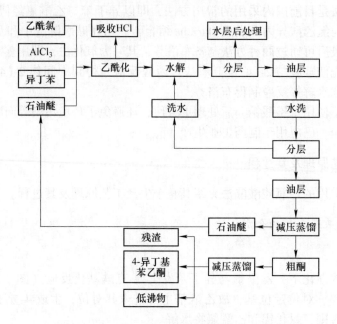

图 2-24　4-异丁基苯乙酮的制备工艺流程

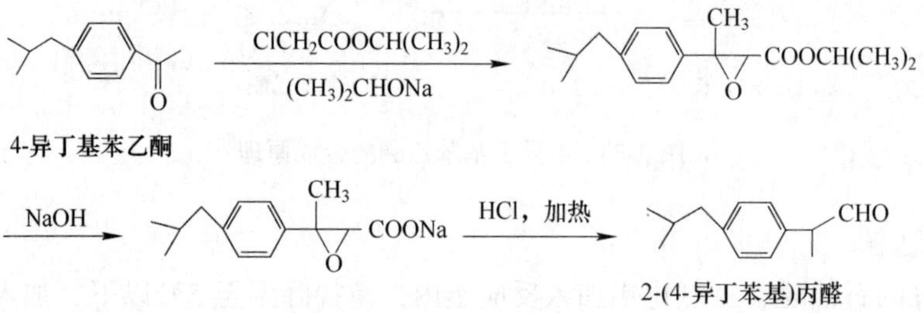

图 2-25　2-(4-异丁苯基) 丙醛的合成原理

2. 工艺过程

（1）缩合。将异丙醇钠压入缩合釜中，搅拌下控温至 15℃左右，将计量的 4-异丁基苯乙酮与氯乙酸异丙酯的混合物慢慢滴入，于 20~25℃反应 6h 后，再升温至 75℃，回流反应 1h。

（2）水解。冷水降温，压入水解釜，将计量的氢氧化钠溶液慢慢加入，控制釜内温度不超过 25℃，搅拌水解 4h 后，先常压再减压蒸醇。加入热水，于 70℃搅拌溶解 1h。

（3）酸化脱羧。将 3-(4-异丁苯基)-2,3-环氧丁酸钠压入脱羧釜中，慢慢滴加计量的盐酸，控制釜内温度在 60℃，加毕后，物料温度升至 100℃以上，回流脱羧 3h 后降温，静置 2h 分层；有机层吸入蒸馏釜，减压蒸馏，收集 120~128℃/2kPa 馏分，即得 2-(4-异丁苯基) 丙醛，收率为 77%~80%。

3. 工艺流程

2-(4-异丁苯基) 丙醛的工艺流程如图 2-26 所示。

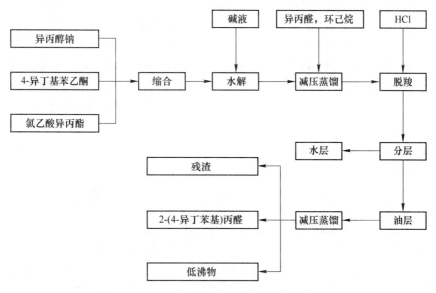

图 2-26　2-(4-异丁苯基) 丙醛的制备工艺流程

4. 工艺条件要求

Darzens 缩合反应中需注意 2-(4-异丁苯基) 丙醛不稳定, 要及时转入下一步反应。

在酸化脱羧中需注意脱羧液水层经静置后尚存少量油性物料, 应予回收。水层取样分析, 测化学需氧量, 达标后排放。减压蒸馏所剩残渣, 再进行提取, 以回收所含 2-(4-异丁苯基) 丙醛。在脱羧反应中, 常产生大量泡沫, 应注意慢慢加酸, 以防止冲料。

(三) 布洛芬的合成

1. 工艺原理

此处介绍采用氧化法, 即用重铬酸钠氧化 2-(4-异丁苯基) 丙醛制备布洛芬的方法 (图 2-27)。

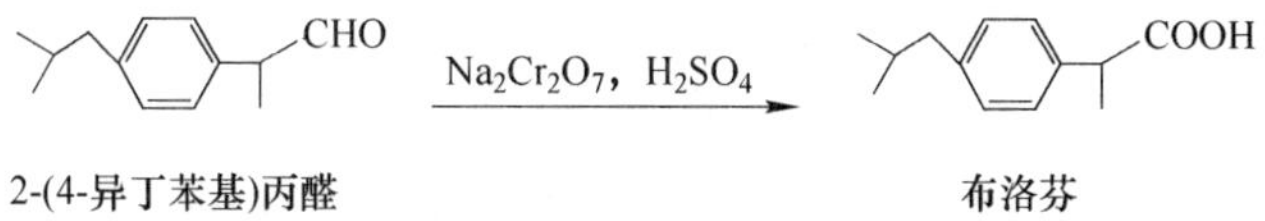

2-(4-异丁苯基)丙醛　$\xrightarrow{\text{Na}_2\text{Cr}_2\text{O}_7,\ \text{H}_2\text{SO}_4}$　布洛芬

图 2-27　布洛芬的氧化法合成原理

2. 工艺过程

将重铬酸钠溶于定量的水中, 开真空吸入氧化剂配制釜, 搅拌使之全溶, 压入氧化反应釜。搅拌下降温, 将计量的浓硫酸慢慢滴入反应釜, 滴毕继续降温, 备用; 待氧化反应液温度降至 5℃ 以下时, 将计量的丙酮和 2-(4-异丁苯基) 丙醛的混合液于搅拌下慢慢滴至反应釜中, 保温在 25℃, 加完继续反应 1h, 直至反应液呈棕红色, 为终点; 加入焦亚硫酸钠水溶液, 使反应液呈蓝绿色。

将上述反应液吸入丙酮回收釜中, 蒸馏, 直到蒸不出丙酮为止; 残留物中加入定量的水和石油醚，搅拌 0.5h 后静置分层；水层用石油醚提取两次，油层水洗至无 Cr^{3+} 为止；石油醚中加入配制好的稀碱液，搅拌 15min 后静置 0.5h，碱层分入钠盐储罐；再将计量的水加入石油醚层，搅拌 15min 后静置 0.5h，水层并入钠盐储罐；有机层吸入石油醚回收罐；水层物料加到酸化釜，保持温度 35~45℃，滴加盐酸，调节 pH 值为 1~2（此时析出布洛芬油层），降温至 5℃，复测 pH 值仍为 2~3，继续降温、固化、结晶、离心，即得粗制布洛芬，转化率高达 90% 以上；粗品再经溶解、脱色、结晶、离心和干燥，即得精品布洛芬。

3. 工艺流程

布洛芬的制备工艺流程如图 2-28 所示。

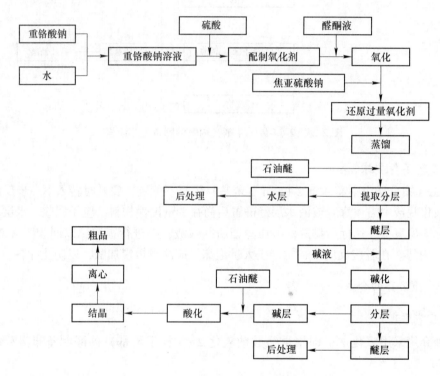

图 2-28　布洛芬的制备工艺流程

4. 工艺条件要求

石油醚为一级易燃液体，闪点低于 17℃，爆炸极限为 1.1%~59%（体积分数），应盛于密闭容器内，储存于阴凉通风处，严禁烟火；另外，所用重铬酸钠毒性较大，应注意防毒。含铬废液不得随意排放。

【本章总结】

第二章　化学药物合成工艺		
第一节　概述	优化路线的概念	优化路线为具有明确的工业化价值的药物合成路线，具备质量可靠、经济有效、过程安全、环境友好等特征
	药物生产工艺的研究内容	包含配料比、溶剂、催化、能量供给、反应时间、后处理、产品纯化等

续表

	第二章　化学药物合成工艺		
第二节　化学药物 合成路线的 设计和评价	化学药物合成路线 设计方法	包含逆合成分析法、模拟类推法、分子对称法、类型反应法等	
	化学药物合成 路线的七大 选择标准	包含原辅材料满足稳廉绿法；优选"平顶型"化学反应；采用汇聚方式合成，减少合成步骤；单元反应次序安排合理；生产设备要可靠；生产过程重安全；环境影响最小化	
第三节　影响 化学反应的 因素	掌握化学反应的 外因对化学反应 的影响规律	主要影响因素有配料比、加料顺序、投料方法、反应溶剂、催化剂、反应温度、反应压力、酸碱度、搅拌等	
第四节　工艺 过程控制	工艺过程控制的 研究内容	工艺过程控制用来核查工艺的所有阶段是否能够按照预期完成，对底物、反应试剂和产物的质量进行控制，对反应条件、反应过程、后处理及产物纯化过程进行监控	
	工艺过程控制的 常用方法	最简单的IPC方法是目视观察法，最常用的IPC方法有薄层色谱法（TLC）、高效液相色谱法（HPLC）、气相色谱（GC）等。最理想的IPC方法是采用在线分析	
	重要工艺的 控制过程	主要有原辅材料、中间体的质量；最适宜的反应时间；原料药的纯度和杂质、稳定性以及生物有效性方面的控制	
第五节　后处理 与纯化精制	反应后处理	包含淬灭、萃取、重金属和金属离子的去除、催化剂的处理	
	纯化与精制	包含结晶、打浆纯化、柱层析法等	
第六节　布洛芬的 化学合成生产 工艺	布洛芬常见的 合成路线	以乙苯为原料的合成方法；以异丁基苯乙酮为原料的合成方法；以异丁苯为原料的合成方法。了解我国采用的环氧羧酸酯法的生产工艺原理及其过程	

【习题练习】

一、选择题

1. 合成工艺路线的方式为 A→B→C→D→E，若每步转化率均为80%，则总转化率为(　　)。

   A. 40.96%　　　　B. 51.20%　　　　C. 32.77%　　　　D. 100%

2. 下列工艺路线条件不适合工业化生产的是 (　　)。

   A. 原料来源稳定　　　　　　　　B. 反应类型为"平顶型"

   C. 原辅材料品种较多　　　　　　D. "三废"较少，易于治理

3. 下列不属于理想药物合成工艺路线应具备的特点的是 (　　)。

   A. 合成步骤多　　　　　　　　　B. 操作简便

   C. 设备要求低　　　　　　　　　D. 各步转化率高

4. 最理想的工艺路线是 (　　)。

   A. 直线型　　　　B. 交叉型　　　　C. 汇聚型　　　　D. 对称型

5. 从转化率的角度看，应该把转化率低的单元反应放在 (　　)。

   A. 前头　　　　B. 中间　　　　C. 后边　　　　D. 都可以

6. 在考虑合理安排工序次序时，通常把价格较贵的原料放在何处使用。（　　　）

　　A. 前头　　　　　　　B. 中间　　　　　　　C. 后边　　　　　　　D. 最后

7. 可以使用分子对称法设计药物工艺路线的药物是（　　　）。

　　A. 益康唑　　　　　　B. 克霉唑　　　　　　C. 己烷雌酚　　　　　D. 布洛芬

8. 关于低转化率反应步骤的位置，下列正确的是（　　　）。

　　A. 采用直线式方案时靠后，采用汇聚式方案时靠后

　　B. 采用直线式方案时靠前，采用汇聚式方案时靠前

　　C. 采用直线式方案时靠前，采用汇聚式方案时靠后

　　D. 采用直线式方案时靠后，采用汇聚式方案时靠前

9. 下列属于极性溶剂的是（　　　）。

　　A. 甲酸　　　　　　　B. 叔丁醇　　　　　　C. 苯甲醇　　　　　　D. 异戊醇

10. 下列属于非极性溶剂的是（　　　）。

　　A. 水　　　　　　　　B. 甲酸　　　　　　　C. 正丁醇　　　　　　D. 异戊醇

11. 下列是酸性催化剂的是（　　　）。

　　A. 苯基锂　　　　　　B. 吡啶　　　　　　　C. 三氯化铝　　　　　D. 乙醇钠

12. 对一些黏稠液或是有大量固体参加或生成的反应一般选择（　　　）。

　　A. 机械搅拌器　　　　B. 磁力搅拌器　　　　C. 普通搅拌器　　　　D. 人工搅拌

13. 对于使用强腐蚀性介质的化工设备，应选用耐腐蚀的不锈钢，且尽量使用（　　　）不锈钢钢种。

　　A. 含锰　　　　　　　B. 含铬镍　　　　　　C. 含铅　　　　　　　D. 含钛

14. 把制备好的钝态催化剂经过一定处理后，变为活泼态催化剂的过程称为催化剂的（　　　）。

　　A. 还原　　　　　　　B. 燃烧　　　　　　　C. 活化　　　　　　　D. 再生

15. 【多选】影响化学反应的外因有（　　　）。

　　A. 配料比　　　　　　B. 功能基活性　　　　C. 键的性质

　　D. pH 值　　　　　　E. 反应终点控制

16. 【多选】工业生产中常用的搅拌器有（　　　）。

　　A. 旋桨式搅拌器　　　B. 涡轮式搅拌器　　　C. 桨式搅拌器

　　D. 锚式搅拌器　　　　E. 螺带式搅拌器

二、填空题

1. 药物工艺路线包括_____路线和_____路线的研究。

2. 从使用的原料来分，有机合成可分为_____和_____两类。

3. 逆合成分析的过程是对目标分子进行_____，寻找_____及其_____的过程。

4. 合成步骤的装配方式有_____和_____两种方法。

5. 具有合成子功能的化学试剂叫_____，包括_____和_____两类。

6. 在研究化学制药工艺实验研究方案时，还必须对反应类型做必要的考察，阐明所组成的化学反应类型到底是_____还是_____反应。

7. 在考虑合理安排工序次序时，应该把价格较贵的原料放在_____使用。（最前或最

后)

8. 常用的药物工艺路线设计方法有_____、_____、_____等。（列举三项）

9. 以对硝基苯甲酸为起始原料合成盐酸普鲁卡因时，最理想的是采用先_____后_____的路线。（还原或酯化）

10. 加料顺序指_____、_____、_____、_____的加入顺序。

11. 催化剂的性能主要是指它的_____、_____、_____。

12. 苯是_____溶剂，甲酸是_____溶剂。（极性或非极性）

13. 影响化学反应的因素有很多，如_____、_____、_____、_____等。

14. 溶质极性很大，就需要极性很大的溶剂才能使它溶解，若溶质是非极性的，则需用非极性溶剂，这个规律是"_____"。

三、判断题

1. 在制药生产中，加入液体物料比加入固体物料更安全、更简便。（　　　）

2. 化学药物工艺研究是为了达到提高产品转化率、降低成本、提高反应效率等目的。（　　　）

3. 反应物的配料比不需要考虑化学反应类型。（　　　）

4. 加料顺序指反应底物、反应试剂、催化剂和溶剂的加入顺序。（　　　）

5. 一般情况下，最后加入有毒有害的试剂。（　　　）

6. 搅拌的作用仅仅是使反应体系更加均匀。（　　　）

7. 打浆是指固体产物在没有完全溶解下在溶剂里搅拌、过滤、除去杂质的纯化方法。（　　　）

8. 萃取过程中会出现乳化现象，乳化发生后，要进行"破乳"，否则产品损失较大。（　　　）

9. 化学原料药的质量控制要从纯度和杂质、稳定性以及生物有效性方面进行控制。（　　　）

10. 巴比妥生产中，加料次序是先加入溴乙烷，再加丙二酸二乙酯，最后滴加乙醇钠。（　　　）

四、简答题

1. 简述逆合成分析法的设计思路，并举例说明。

2. 药物合成路线的设计方法有哪些？简述各方法的主要内容。

3. 简述"平顶型"反应和"尖顶型"反应各自的特点。

4. 简述药物合成工艺路线的评价和选择标准。

5. 在设计和选择工艺路线时，如何考虑生产的安全问题。

6. 简述在化学药物合成中影响化学反应的因素。

7. 举例说明溶剂在药物合成中的作用。

8. 分析说明反应时间和反应终点之间的关系。

9. 简述工艺过程控制的研究内容。

10. 简述后处理与纯化的目的和方法。

五、分析题

1. 合成药物布洛芬（E）时存在以下两种工艺路线，分别从原料 A 或原料 B 出发，如下所示：

工艺 1：

$$R\text{—}C_6H_4\text{—}CO\text{—}CH_3 \ (A) \xrightarrow{NaBH_4} R\text{—}C_6H_4\text{—}CH(OH)\text{—}CH_3 \xrightarrow{SOCl_3} R\text{—}C_6H_4\text{—}CHCl\text{—}CH_3$$

$$\xrightarrow{NaCN} R\text{—}C_6H_4\text{—}CH(CN)\text{—}CH_3 \xrightarrow{H^+} R\text{—}C_6H_4\text{—}CH(COOH)\text{—}CH_3 \ (E)$$

工艺 2：

$$R\text{—}C_6H_5 \ (B) + \overset{O}{\underset{}{\triangle}}\text{—}CH_3 \longrightarrow R\text{—}C_6H_4\text{—}CH(CH_3)\text{—}CH_2OH \xrightarrow{K_2Cr_2O_7} R\text{—}C_6H_4\text{—}CH(COOH)\text{—}CH_3 \ (E)$$

试问，以上两种工艺路线中哪种更适合工业化生产？并解释原因。

2. 在催眠药苯巴比妥的合成中，分析为什么要使用过量的尿素？化学反应如下：

$$\text{(苯基)(C}_2\text{H}_5)\text{C}(COOC_2H_5)_2 + \underset{H_2N}{\overset{H_2N}{>}}C=O \longrightarrow \text{(C}_2\text{H}_5)_2\text{C}\underset{OC\text{—}NH}{\overset{OC\text{—}NH}{<}}C=O$$

3. 用混酸硝化氯苯制备混合硝基氯苯，已知混酸的组成为：$HNO_3\,47\%$、$H_2SO_4\,49\%$、$H_2O\,4\%$；氯苯与混酸的摩尔比为 1∶1.1；反应开始温度为 40～55℃，并逐渐升温 80℃；硝化时间为 2h；硝化废酸中含硝酸量小于 1.6%，含混合硝基氯苯为获得混合硝基氯苯的 1%。现设计以下 A、B、C 三种工艺流程，试以混合硝基氯苯的转化率及硫酸、硝酸、氯苯的单耗作为评判标准，通过方案比较确定三种流程的优劣。

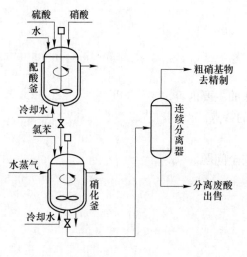

A 硝化-分离工艺方案

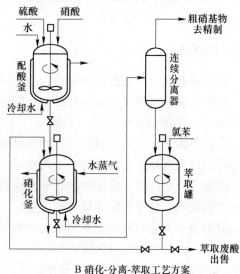

B 硝化-分离-萃取工艺方案

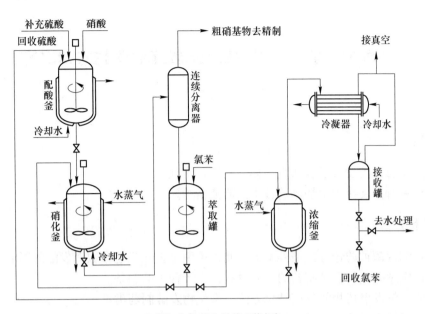

C 硝化-分离-萃取-浓缩工艺方案

第三章 微生物发酵制药工艺

【素质目标】

(1) 具有监控发酵过程认真、谨慎的岗位责任。

(2) 具有发展我国生物制药技术的研究精神。

【知识目标】

(1) 掌握菌种的选育，培养基的配制，灭菌工艺，工艺参数对发酵的影响。

(2) 熟悉微生物发酵制药的工艺过程，生产种子的制备。

(3) 了解发酵药物的分离纯化方法，微生物发酵制药类型。

(4) 了解洛伐他汀的发酵培养、提取分离工艺过程。

【能力目标】

(1) 能根据微生物特性合理配制培养基。

(2) 能根据发酵工艺指标选择合理的监控方法。

人类防病、治病的三大药源是化学药物、生物药物与中药。与化学药物相比，生物药物具有更高的功效及安全性且副作用及毒性较少的优势。生物药物是利用生物体、生物组织、细胞或其成分，综合应用生物学与医学、生物化学与分子生物学、微生物学与免疫学、物理化学与工程学和药学的原理与方法加工制造而成的一大类用于预防、诊断、治疗和康复保健的制品。换言之，生物药物还可理解为：一是以动物、植物、微生物和海洋生物为原料制取的各种天然生物活性物质及其人工合成或半合成的天然物质类似物；二是通过应用生物工程技术制造生产的新生物技术药物。这里的生物工程技术包含基因工程、细胞工程、酶工程与发酵工程等现代生物技术，是现代制药工程的关键研究内容。本章主要介绍微生物发酵制药的工艺原理和过程。

第一节 概 述

一、微生物药物及分类

微生物药物是指微生物在其生命活动过程中产生的生理活性物质及其衍生物，是包括抗生素、维生素、氨基酸、核苷酸、酶、激素、免疫抑制剂等一类化学物质的总称，是人类控制感染等疾病、保障身体健康，以及用来防治动、植物病害的重要药物。1940~1960年诞生了以抗生素为代表的次级代谢产物的工业发酵，是抗生素的黄金时代。抗生素生产的经验也很快应用到其他药物的发酵生产，如氨基酸、维生素、甾体激素、核苷酸和核苷

(nucleotide，nucleoside)、酶（enzyme）、酶抑制剂（enzyme inhibitor）、免疫调节剂（im-munomodulator）和受体拮抗剂（receptor antagonist）等。目前，常见的微生物药物可分为抗生素、酶抑制剂和免疫调节剂三大类型。

（一）抗生素

抗生素是指由微生物、植物和动物在其生命过程中产生的一类在微量浓度下就能选择性地抑制他种生物或细胞生长的生理活性物质及其衍生物，如青霉素和四环素等。抗生素不仅有抗菌作用，还具有抗肿瘤、抑制免疫、杀虫和除草作用等。根据化学结构，抗生素可划分为以下几种：（1）β-内酰胺类抗生素，包括青霉素类、头孢菌素类。（2）氨基糖苷类抗生素，如链霉素、庆大霉素。（3）大环内酯类抗生素，如红霉素、麦迪霉素。（4）四环类抗生素，如四环素、土霉素。（5）多肽类抗生素，如多黏菌素、杆菌肽。（6）多烯类抗生素，如制菌霉素、万古霉素等。（7）苯羟基胺类抗生素，包括氯霉素等。（8）蒽环类抗生素，包括氯红霉素、阿霉素等。（9）环桥类抗生素，包括利福平等。（10）其他抗生素，如磷霉素、创新霉素等。

（二）酶抑制剂

酶抑制剂是一种可以抑制生物体内与某种疾病有关的专一酶活性，从而获得疗效的物质。主要有：（1）β-内酰胺酶抑制剂，如克拉维酸（又称棒酸），它与青霉素类抗生素具有很好的协同作用。（2）β-羟基-β-甲基-戊二酰辅酶 A（HMGCoA）还原酶抑制剂，如洛伐他汀、普伐他汀等，它们是重要的降血脂、降胆固醇、降血压药物。（3）亮氨酸氨肽酶抑制剂，如苯丁亮氨酸，可用于抗肿瘤。

（三）免疫调节剂

免疫调节剂是一种调节免疫功能的非特异性生物制品，包括免疫增强剂和免疫抑制剂。具有免疫增强作用的免疫调节剂如 picibanil（OK-432），具有免疫抑制作用的免疫调节剂如环孢菌素 A。环孢菌素 A 的发现大大提高了器官移植的成功率。

二、微生物发酵制药的类型

普遍认为微生物发酵制药是在特定的发酵反应容器内（如发酵罐），通过人工方法控制微生物的生长繁殖与新陈代谢，使之合成具有生物学活性的次级代谢产物（药物），然后将药物从微生物发酵液或菌体中分离提取、纯化精制的工艺过程。但事实上，微生物发酵制药根据微生物药物的类型可以认为有三种情况：（1）微生物菌体发酵，是以获得微生物菌体为目的的发酵，如整肠生、妈咪爱、乳酸菌素片、酵母片。（2）微生物代谢产物发酵，主要是初级代谢产物（如氨基酸、核苷酸、维生素、有机酸）和次级代谢产物（如各类抗生素）。（3）微生物转化发酵，利用微生物的一种或多种酶把一种化合物转变为结构相关的更有价值的产物的生化反应过程。

三、微生物发酵制药的工艺过程

根据企业生产岗位性质，微生物发酵制药的基本过程包括生产菌种选育、发酵培养和分离纯化三个基本工段（图3-1）。

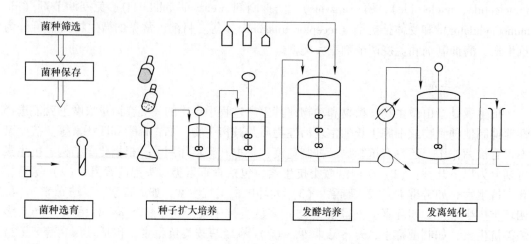

图 3-1　微生物发酵制药的基本工艺过程

（一）制药菌种选育

药物生产菌种选育是降低生产成本、提高发酵经济性的首要工作。药物的原始生产菌种来源于自然界，它与新药发现同步。首先是从土壤、空气、岩石、海洋中分离并培养微生物，对代谢物进行筛选。一旦筛选获得新药，就同时建立了新药的生产菌种。原始的新药生产菌种往往效价很低，微克级的产量难以进行发酵生产。对于现有的生产菌种也需要不断地选育，以提高效价和减少杂质。因此，就需要采用各种选育技术，如物理或化学诱变、原生质体融合等，针对高效利用发酵原辅料、产物耐受性、温度或抗生素的抗性，对初次发现菌种进行筛选，获得高产、高效、遗传性能稳定、适合于工业发酵的优良菌种，并采用相应的措施对菌种进行妥善保存，保证工业生产连续稳定进行。

（二）微生物发酵培养

微生物发酵培养是从小份的生产菌种活化开始的，经历不同级别的种子扩大培养，最后接种到生产罐中进行工业规模的发酵培养。首先，进行菌种活化。由于保存的菌种处于生理不活动状态，同时菌种数量很少，不能直接用于发酵培养，因此需要活化菌种。然后，进行种子扩大培养。采用摇瓶、小种子罐、大种子罐级联液体进行培养，目的是通过加速生长和扩大繁殖，制备足够的用于发酵培养的种子。最后，进行大型发酵。发酵培养就是按一定比例将种子接到发酵罐，加入消沫剂，控制通气和搅拌，维持适宜的温度、pH 值和罐压，还要定期采取发酵样品做无菌检查、生产菌种形态观察和产量测定，严防杂菌污染和发酵异常，确保发酵培养按预定工艺进行。

（三）药物分离纯化

微生物发酵产生的药物是微生物的代谢产物，要么分泌到胞外的培养液中，要么存在于菌体细胞内。药物分离纯化就是把药物从发酵体系中提取出来，并达到相应的原料药物质量标准。药物分离纯化包括发酵液分离、提取、纯化、成品检验、产品包装。第一步，发酵体系中的药物含量较低，为了改善发酵液的理化性质，需要进行预处理，增加过滤流速或离心沉降，使菌体细胞与发酵液分离。如果药物存在于细胞内，须先破碎菌体把药物释放到提取液中。第二步，进一步采用吸附、沉淀、溶媒萃取、离子交换等提取技术，把药物从滤液中提取出来。第三步，采用特异性的分离技术，对粗制品进一步纯化，除去杂质并制成产品就是精制。第四步是成品检验，包括性状及鉴别试验、安全试验、降压试验、热源试验、无菌试验、酸碱度试验、效价测定和水分测定等。第五步是对合格成品进行包装，即为原料药。

第二节　微生物菌种的选育和保存

一、发酵制药的微生物种类

微生物种类繁多，包括原核生物（如细菌、古细菌和放线菌）、真核生物（如真菌和藻类）、非细胞生物（如病毒和亚病毒）。其中，能够产生具有活性的次级代谢产物且能够进行发酵生产药物的微生物主要是细菌、放线菌和丝状真菌三大类。制药微生物的种类决定了其保存和培养的条件。

细菌主要用于生产多肽类抗生素，还可以产生氨基酸、维生素、核苷酸。例如，枯草芽孢杆菌用于生产维生素 B_2，谢氏丙酸杆菌、费氏丙酸杆菌、脱氮假单孢杆菌用于生产维生素 B_{12}。放线菌主要产生各类抗生素，主要有氨基苷类、四环类、大环内酯类和多烯大环内酯类，用于抗感染、抗癌及器官移植的免疫抑制剂等。例如，小单孢菌属产生氨基糖苷类。制药真菌的种类和数量较少，但其产生的药物却占有非常重要的地位。例如，青霉素菌属产生青霉素和灰黄霉素等，头孢菌属产生头孢菌素等。

二、菌种选育原理和方法

菌种选育是基于遗传学原理和诱变技术对菌株进行改造，目的是去除菌株的不良性质，增加有益新性状，以获得生产所需的高产、优质和低耗的菌种，从而达到提高生产菌株的产量和质量的目的。菌种的选育最早是采用自然分离和自然选育，从中选择优良株系；然后是采用物理因子、化学因子和生物因子进行诱变育种；20 世纪 80 年代出现杂交育种和基因工程技术育种；20 世纪 90 年代以后，出现基因组改组（Genome shuffling）育种。总之，制药生产菌的选育可概括为自然分离和选育、诱变育种、杂交育种和基因工程技术育种四类方法，通过上述方法的选育，可使菌种发生突变，存优去劣，提高目标产物产量，降低生产成本，提高经济效益，同时可简化工艺，减少副产品，提高产品质量，改变有效成分组成，甚至获得活性更高的新成分。

（一）自然分离和选育

1. 自然分离

药用活性物质主要来源于真菌和放线菌，实现活性菌种的自然分离是菌种进一步诱变选育的前提和基础。微生物广泛存在于自然界的土壤和海洋中。从自然界分离制药微生物包括样品的采集与处理、分离培养、活性药物筛选、活性物质的结构鉴定等步骤。

2. 自然选育

所谓自然选育就是在发酵生产过程中，不经过人工诱变处理，仅根据菌种的自发突变而进行菌种筛选的过程。工业生产中所用菌种几乎都是在自然分离之后，再经人工诱变获得的突变株，与野生株相比，突变株打破了原有的代谢系统，需要付出适应性代价，表现为生长活力减弱，且遗传特性不稳定，因此需要及时进行自然选育，淘汰产量低的衰退菌种，保留优良菌种。自然选育简单易行，可达到纯化菌种、防止退化、稳定生产水平和提高产量的目的；但效率低，增产幅度不会很大。

（二）诱变育种

诱变育种是使用物理因子（紫外线、X 射线、中子、激光等）、化学因子（烷化剂、碱基类似物等）和生物因子（噬菌体、抗生素）等，使菌种遗传物质基因的一级结构发生变异，从突变群体中筛选性状优良个体的育种方法。诱变育种速度快、收效大、方法相对简单，但缺乏定向性，需要大规模的筛选。诱变育种技术的核心有两点，第一是选择高效产生有益突变的方法，第二是建筛选有益突变或淘汰有害突变的方法。单轮诱变育种很难奏效，需要至少 10~20 轮反复多轮诱变和筛选，才能获得具有优良性状的工业微生物菌种。因此，要注意诱变剂的选择与诱变效应的筛选。

常用化学诱变剂有碱基类似物（如 5-溴尿嘧啶、2-氨基嘌呤、8-氮鸟嘌呤）、烷化剂（如氮芥、硫酸二乙酯、丙酸内酯）和脱氨剂（如亚硝酸、硝酸胍、羟胺）、嵌合剂（如丫啶染料、溴化乙啶）等，其原理在于化学诱变剂的错误掺入和碱基错配使 DNA 在复制过程中发生突变。常用的物理诱变剂有紫外线、快中子、X 射线、γ 射线、激光、太空射线等，其原理在于通过热效应损伤 DNA，或碱基交联形成二聚体，从而使遗传密码发生突变。诱变剂的剂量和作用时间对诱变效应影响很大，一般选择 80%~90% 的致死率，同时要尽可能增加正突变率。由于不同微生物对各种诱变剂的敏感度不同，需要对诱变剂剂量和时间进行优化，以提高诱变效应。实际工作中，常常交叉使用化学和物理诱变剂，进行合理组合诱变。

（三）杂交育种

杂交育种是指两个不同基因型的菌株通过接合或原生质体融合或基因组重排技术使遗传物质重新组合，再从中分离和筛选具有新性状的菌株的过程，带有定向育种的性质。杂交育种有三种类型：接合、准性生殖、原生质体融合。其中，原生质体融合技术是指将两类不同性状的细胞原生质体通过物理或化学处理，使之融合为一个细胞。包括 3 个基本步骤：（1）用去壁酶消化胞壁，制备由细胞膜包裹的两类不同性状的原生质体；（2）用电融合仪或高渗透压处理，促进原生质体发生融合，获得融合子；（3）在培养基上使融合子再生出细胞壁，获得具有双亲性状的融合细胞。

根据微生物细胞壁的结构成分，选择适宜的去壁酶非常重要。如细菌细胞壁的主要成分是肽聚糖，常选用溶菌酶；真菌细胞壁的主要成分是几丁质，常选用蜗牛酶、纤维素酶等。实际生产时经常采用多种酶按一定比例搭配，以提高细胞壁去除效率。为了有效制备原生质体，还需在培养基中添加菌体生长抑制剂，使细胞壁松弛，并在对数期取样。另一个影响原生质体融合育种的因素是建立高效的细胞壁再生体系，一般要求 2 个亲本菌种具有明显的性状遗传标记，便于融合子的有效筛选。

（四）基因工程技术育种

基因工程育种技术是对单染色体组成的基因组，人为地将一种生物的 DNA 中的某个遗传密码片段连接到另一种生物的 DNA 链上去（或者敲除去），经过筛选得到生产途径和表型改进的菌种。该方法具有短时、快速、定向的特点。目前，基于基因工程技术的代谢工程已经培育了多种高产初级和次级代谢产物药物的菌种，并在生产中得到应用。

三、生产菌种的保存

由于微生物染色体上存在重组基因和转座元件，生产菌种在实际使用过程中随着传代次数的增加。将产生变异和导致菌种退化，甚至丧失生产能力。因此，妥善保存菌种、保持菌种的遗传特性和生产性能是确保工业生产正常进行的前提。菌种保存的原理是根据菌种的生理、生化特点，创造条件使其代谢处于不活跃状态，即生长繁殖受抑制的休眠状态，实现菌种保持原有特性，延长生命时限。无论哪种方法都是根据不同微生物的特点和对生长的要求及其用途，选用适宜的保存材料，即在低温、干燥、缺氧、避光和营养缺乏等人工环境实现保存。表 3-1 列出了几种常见的保存方法。

表 3-1　常见菌种的保存方法

方法名称	主要措施	保存菌种	保存时间
低温斜面保存法	低温（4~8℃）	各类菌种	3~6 月
低温液体保存法	低温（−196~4℃）	各类菌种	1~10 年
石蜡油封存法	低温、缺氧	各类菌种	1~2 年
沙土管保存法	干燥、无营养	产孢子微生物	1~10 年
冷冻干燥法	干燥、无氧、低温、有保护剂	各类菌种	5~15 年及以上

（一）低温斜面保存法

该法是将菌种接种在不同成分的斜面培养基上，待菌种生长完全后，置于温度为4℃左右，湿度小于70%的条件下保存。其保存的基本过程为培养物制备、处理及保存。首先画线接菌到固体斜面的培养基上，在适宜温度下充分生长，获得健壮、无污染、具有优良生产特性的菌种；接种量应适当，培养时间不宜过长。然后在生长旺盛期，用封口膜封闭培养容器开口。最后将预处理的培养物置于4~8℃的冰箱内进行低温保存。

由于低温状态下可大大减缓微生物的代谢繁殖速度，降低突变率，也可使培养基的水分蒸发减少，不至干裂，且斜面保藏培养基一般有机氮含量多，糖分含量少，因此既可满足菌种生长繁殖的需要，又可防止产酸过多而影响菌株保藏。但缺点就是菌株仍有一定强度的代谢活动条件，保存时间不长，且传代次数多，易发生突变。

（二）冷冻干燥保存法

该法是在较低的温度下（−15℃以下），快速地将细胞冻结，并且保持细胞完整，然后在真空状态下减压抽干，使水分升华。为防止冻结和水分不断升华对细胞的损害，在冻干前常使用保护剂（如脱脂牛奶或血清）将待存菌株制备成细胞悬液，然后快速冷冻，真空干燥。此法广泛适用于细菌（有芽孢和无芽孢的）、酵母、霉菌孢子、放线菌孢子和病毒的保藏，其保存期可达1年至数十年之久，并且存活率高、变异率低，是目前广泛采用的好方法。

此法优点是具备低温、真空、干燥三种保藏的条件，经过冷冻干燥的微生物的生长和代谢活动处于极低水平，不易发生变异或死亡，因此菌种可以保存很长时间；缺点是程序较麻烦，需要一定的设备。

（三）液氮保存

微生物在液氮环境（-196℃）下所有代谢活动会暂时停止但生命延续，故菌种得以长期保存，也是目前最可靠的长期保存方法。液氮保存可用于细菌、链霉菌、酵母、霉菌孢子和动物细胞。其保存的基本过程如下：

（1）预处理。用10%~20%甘油或二甲亚砜加入菌体培养物中制成孢子或菌悬液，浓度以大于10^8个/mL为宜。然后分装小管，密封。

（2）冷冻。先降至0℃，再以1℃/min的速度降至-35℃，然后置于液氮罐中保存。也可直接置于液氮中速冻，然后在液氮罐中保存。

液氮保存法可用于微生物的多种培养材料的保藏，不论孢子或菌体、液体培养或固体培养、菌落或斜面均可。

第三节　微生物发酵培养基和灭菌工艺

一、微生物发酵的培养基

制药微生物是化能异养型微生物，其生长和药物合成需要营养物质和适宜的环境。培养基是为了满足微生物生长繁殖和合成目标产物的需要，按照一定比例人工配制的营养物质和非营养物质的混合物。其作用是满足制药微生物生长营养需求，提供适宜的渗透压和pH环境，以及稳定发酵工艺与控制。培养基的组成和配比是否恰当，直接影响微生物的生长、产物的生成、提取工艺的选择、产品的质量和产量等。

（一）培养基的成分

培养基的成分主要包括有机碳源、氮源、无机盐、生长因子等营养要素，还包括消沫剂、前体等。

1. 碳源

凡是构成微生物细胞核代谢产物中碳素的营养物质均称为碳源，包括糖类、醇类、脂肪和有机酸等均可提供微生物所需的碳源。碳源可以为微生物细胞生长和繁殖提供能量来源，也可以为细胞生理和代谢过程提供碳骨架。在发酵工业中，常用碳源为葡萄糖、淀粉、糊精和糖蜜，来源于农副产品。例如，糖蜜是制糖的副产物，主要成分为蔗糖，是廉价的碳源。

2. 氮源

凡是构成微生物细胞核代谢产物中氮素的营养物质均称为氮源。其作用是在微生物细胞内经过转氨作用合成氨基酸，进一步代谢为蛋白质、核苷和核酸及其他含氮物质。制药微生物可利用的氮源包括有机氮源和无机氮源两类。常用有机氮源有黄豆饼粉、花生饼粉、棉籽饼粉、玉米浆、玉米蛋白粉、蛋白胨、酵母粉和鱼粉等，可被微生物分泌的蛋白酶降解后吸收利用。常用无机氮源有铵盐、氨水和硝酸盐。一般速效氮源，容易被优先利用。

3. 无机盐

无机盐包括磷、硫、钙、镁、钠等大量元素和铁、铜、锌、锰、钼等微量元素的盐离子形态，为制药微生物生长代谢提供必需的矿物元素。这些矿物质通过主动运输进入细胞，参与细胞结构的组成、酶的构成和活性、调节细胞渗透压、胞内氧化还原电势等，因此具有重要的生理功能。例如，硫是氨基酸和蛋白质的组成元素，钙参与细胞的信号传导过程。

4. 生长因子

生长因子是维持微生物生长所必需的微量有机物，包括维生素、氨基酸、嘌呤或嘧啶及其衍生物、脂肪酸等，在胞内起辅酶和辅基作用等，参与电子、基团等的转移过程。由于蛋白胨等天然培养基成分含有微生物生长因子，一般不单独添加。

5. 前体

前体是加入发酵培养基中被直接结合到目标产物分子中，而自身的结构无太大变化的某些化合物。前体既可以是合成产物的中间体，也可以是其中的一部分。比如，钴可以看成维生素 B_{12} 的前体，丙酸、丁酸等是聚酮类抗生素的前体。前体能明显提高产品产量和质量，一定条件下还能控制菌体合成代谢产物的方向。

6. 促进剂

促进剂是促进微生物发酵产物合成的物质，但不是营养物，也不是前体的一类化合物。表面活性剂吐温、清洗剂、脂溶性小分子化合物等具有诱导作用或者可以促进产物由孢内释放到孢外。促进剂虽然有利于目标产物的合成，但往往有毒性。因此在发酵过程中，为了平衡生长和生产的关系，常采用少量多次的添加工艺。

7. 消泡剂

由于发酵过程中的搅拌和通气，使发酵体系产生很多泡沫。为了稳定发酵工艺，防止逃液，就要消除泡沫。控制泡沫的方法有机械消沫、超声消沫和常用的化学消沫。化学消泡剂是降低泡沫的液膜强度和表面黏度，使泡沫破裂的一类化合物，包括天然油脂和合成的高分子化合物。常用的天然消沫剂包括豆油、玉米油、棉籽油、菜籽油等植物油和猪油等动物油；合成的消泡剂包括聚醚类、硅酮类。

（二）培养基的种类

在微生物培养中，使用的培养基种类繁多，可根据其组成成分、物理状态和具体用途等进行分类。按组成可分为由成分全部明确的化学物质组成的合成培养基，由成分不完全明确的天然物质组成的天然培养基，在天然培养基的基础上加入成分明确的物质组成的半合成培养基。按用途分为选择性培养基、鉴别性培养基、加富培养基等。按物理性质分为固体培养基、半固体培养基、液体培养基。在工业发酵中，常按培养基在发酵过程中所处位置和作用进行分类，包括固体培养基、种子培养基、发酵培养基和补料培养基等。

1. 固体培养基

固体培养基是在液体培养基中加入 2% 左右的琼脂，加热至 100℃ 溶解，40℃ 下冷却并凝固，使其成为固体状态，其作用是为菌体的生长繁殖或孢子形成提供生存环境。制备固体培养基的容器可以是试管、板瓶或培养皿。作为繁殖用的培养基，其特点是营养丰富，菌体生长迅速，但不能引起变异。对于细菌和酵母菌等单细胞，培养基要含有生长繁殖所需的各类营养物质，包括添加微量元素，生长因子等。对于链霉菌和丝状真菌的孢子，培养基的营养成分要适量，基质浓度要求较低，营养不宜太丰富，无机盐浓度要适量，以利于产生优质大量的孢子。

2. 种子培养基

种子培养基是供孢子发芽和菌体生长繁殖的液体培养基，包括摇瓶和一级、二级种子罐培养基。作用是扩增细胞数目，在较短时间内获得足够数量的健壮和高活性的种子。种子培养基的成分必须完全，营养要丰富，须含有容易利用的碳、氮源和无机盐等。由于种子培养时间较短，培养基中营养物质的浓度不宜过高。为了缩短发酵的停滞期，种子培养基要与发酵培养基相适应，成分应与发酵培养基的主要成分接近，差异不能太大。

3. 发酵培养基

发酵培养基是微生物发酵生产药物的液体培养基，其不仅要满足菌体的生长和繁殖，还要满足目标产物的大量合成与积累，是发酵制药中最关键和最重要的培养基。发酵培养基的组成应丰富完整，不仅要有满足菌体生长所需的物质，还要有特定的元素、前体、诱导物和促进剂等对产物合成有利的物质。不同菌种和不同目标产物对培养基的要求差异很大。

4. 补料培养基

补料培养基是发酵过程中添加的液体培养基，其作用是稳定工艺条件，以利于微生物的生长和代谢，延长发酵周期，提高目标产物产量；从一定发酵时间开始，间歇或连续补加各种必要的营养物质，如碳源、氮源、前体等。补料培养基通常是通过单成分高浓度配制成补料罐，基于发酵过程的控制方式加入。

二、微生物发酵的灭菌工艺

制药工业发酵是纯种发酵，生产菌之外的杂菌的引入会造成发酵体系的污染，给发酵带来严重的后果，因为杂菌不仅消耗营养物质，干扰发酵过程，改变培养条件，进而引起氧溶解和培养基黏度降低，还会分泌一些有毒物质，抑制生产菌生长。比如杂菌分泌酶可分解目标产物或使之失活，造成目标产物产量大幅度下降。因此，在发酵过程中灭菌工艺尤为重要，该工序包括培养基、发酵设备及局部空间的彻底灭菌、通入空气的净化除菌。

（一）灭菌原理和方法

在微生物培养中，常用的灭菌方法主要有化学灭菌和物理灭菌两类，其作用原理是使构成生物的蛋白质、酶、核酸和细胞膜变性、交联、降解，失去活性，细胞死亡。常见有高压蒸汽灭菌和过滤灭菌两种方法。

1. 高压蒸汽灭菌

高压蒸汽灭菌过程既是高压环境，也是高温环境，微生物的死亡符合一级动力学。但是微生物芽孢的耐热性很强，不易杀灭。因此在设计灭菌操作时，经常以杀死芽孢的温度和时间为指标。为了确保彻底灭菌，实际操作中往往增加50%的保险系数。总体来看，高压蒸汽灭菌的效果优于干热灭菌，高压使热蒸汽的穿透力增强，灭菌时间缩短。同时由于蒸汽制备方便、价格低廉、灭菌效果可靠、操作控制简便，因此高压蒸汽灭菌常用于培养基和设备容器的灭菌。实验室常用的小型灭菌锅就是采用高压蒸汽灭菌原理，与数显和电子信息相结合，实现全自动灭菌过程控制，基本条件为 $115 \sim 121$℃，$0.1MPa$，维持 $15 \sim 30min$。

2. 过滤灭菌

有些培养基成分受热容易分解破坏，如维生素、抗生素等，不能使用高压蒸汽灭菌，可采用过滤灭菌。常见的有蔡氏细菌过滤器、烧结玻璃细菌过滤器和纤维素微孔过滤器等，具有热稳定性和化学稳定性，孔径规格为 $0.1 \sim 5\mu m$ 不等，一般选用 $0.22\mu m$。将不耐热的培养基成分制备成浓缩溶液，进行过滤灭菌，加入已经灭菌的培养基中。

（二）培养基的灭菌工艺

1. 分批灭菌

将培养基由配料罐输入发酵罐内，通入蒸汽加热，达到灭菌要求的温度和压力后维持一段时间，再冷却至发酵温度，这一灭菌工艺过程称为分批灭菌或间歇灭菌。由于培养基与发酵罐一起灭菌，也称为实罐灭菌或实罐实消。分批灭菌的优点是不需其他的附属设备，操作简便，国内外常用；缺点是加热和冷却时间较长，营养成分有一定损失，发酵罐利用低，用于种子制备、中试等小型发酵。

培养基的分批灭菌过程包括加热升温、保温和降温冷却3个阶段，灭菌效果主要在保温阶段实现，但在加热升温和冷却降温阶段也有一定贡献。灭菌过程中每个阶段的贡献取决于其时间长短，时间越长，贡献越大。一般认为100℃以上升温阶段对灭菌的贡献占20%，保温阶段的贡献占75%，降温阶段的贡献占5%。习惯上以保温阶段的时间为灭菌时间。用温度、传热系数、培养基质量、比热和换热面积进行蒸汽用量衡算。

升温时采用夹套、蛇管中通入蒸汽直接加热，或在培养基中直接通入蒸汽加热，或两种方法并用。总体完成灭菌的周期为 $3 \sim 5h$，空罐灭菌消耗的蒸汽体积为罐体积的 $4 \sim 6$ 倍。

2. 连续灭菌

将培养基在发酵罐外经过加热器、温度维持器、降温设备，冷却后送入已灭菌的发酵罐内的工艺过程，为连续灭菌操作（连消）。与分批灭菌操作相比，连消就是由不同设备执行灭菌过程的加热升温、灭菌温度维持和冷却降温3个功能阶段。其优点是采用高温快速灭菌工艺，营养成分破坏得少；热能利用合理，易于自动化控制。缺点是发酵罐利用率低，增加了连续灭菌设备及操作环节，增加染菌概率；对压力要求高，不低于 $0.45MPa$；不适合黏度大或固形物含量高的培养基灭菌。

（三）空气的灭菌工艺

绝大多数的微生物制药属于好氧发酵，因此发酵过程必须有空气供应。然而空气是氧气、二氧化碳和氮气等的混合物，其中还有水汽及悬浮的尘埃，包括各种微粒、灰尘及微生物，这就需要对空气灭菌、除尘、除水才能使用。在发酵工业中，大多采用过滤介质灭菌方法制备无菌空气，如图 3-2 所示。

空气中附着在尘埃上的微生物大小为 0.5~5μm，过滤介质可以除去游离的微生物和附着在其他物质上的微生物。当空气通过过滤介质时，颗粒在离心场产生沉降，同时惯性碰撞产生摩擦黏附，颗粒的布朗运动使微粒之间相互集聚成大颗粒，颗粒接触介质表面，直接被截留。气流速度越大，惯性越大，截留效果越好。惯性碰撞截留起主要作用，另外静电引力也有一定作用。

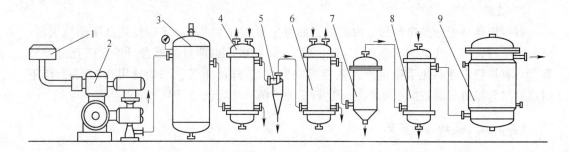

图 3-2 空气灭菌的工艺过程
1—粗过滤器；2—压缩机；3—储罐；4，6—冷却器；5—旋风分离器；
7—丝网分离器；8—加热器；9—过滤器

其操作过程如下。

1. 预处理

为了提高空气的洁净度，有利于后续工艺，需要对空气进行预处理。在空压机房的屋顶上建设采风塔，高空取气。在空压机吸入口前置过滤器，截留空气中较大的灰尘，保护压缩机，减轻总过滤器的负担，也能起到一定的除菌作用。

2. 除去空气中的油和水

预处理的空气经过压缩机减小体积，进入空气储罐。空气经过压缩机温度升高，达120~150℃，不能直接进入过滤器，必须经过冷却器降温除湿。一般采用分级冷却，一级冷却采用30℃左右的水使空气冷却到40~50℃，二级冷却器采用9℃的冷水或15~18℃的地下水使空气冷却到20~25℃。冷却后的空气湿度提高了100%，处于露点以下，油和水凝结成油滴和水滴，在冷却罐内沉降为大液滴。利用离心沉降，旋风分离器可分离5μm以上的液滴；利用惯性拦截，丝网除沫器可分离5μm以下的液滴，从而实现除去空气中的油和水。

3. 终端过滤

除去油和水的空气，相对湿度仍然为100%，温度稍下降，就会产生水滴，使过滤介质吸潮。只有相对湿度降到70%以下的空气才能进入终端过滤器。油、水分离的空气经过加热器，加热提高空气温度，降低湿度（60%以下）。这样空气温度达 30~35℃，经过总过滤器和分过滤器灭菌后，得到符合要求的无菌空气，通入发酵罐。

第四节　微生物发酵培养技术及工艺控制

一、生产种子的制备

工业生产种子制备包含实验室种子制备和车间种子制备，是种子逐级扩大培养、获得一定数量和质量的纯种的过程。

（一）实验室种子制备

实验室种子制备包括菌种活化和摇瓶种子制备过程。菌种活化是将休眠状态的保存菌种接到试管斜面或平板固体培养基上，在适宜条件下培养，使其恢复生长能力的过程。对于单细胞微生物，生长形成菌落；对于丝状菌，菌落的气生菌丝进一步分化生产孢子。摇瓶种子制备是将活化后的菌种接入液体培养基中，用扁瓶或摇瓶扩大培养。孢子发芽和菌丝生长速度慢的菌种要经历母瓶、子瓶二级培养。

（二）车间种子制备

把摇瓶种子转接到种子罐中进行扩大培养，即可制备生产种子（图3-3）。车间种子制备主要是确定种子罐级数。种子罐级数是指制备种子需逐级扩大培养的次数，种子罐级数取决于菌种生长特性和菌体繁殖速度及发酵罐的体积。车间制备种子一般可分为一级种子、二级种子、三级种子。直接将孢子或菌体接入发酵罐，为一级发酵，适合于生长快速的菌种。通过一级种子罐扩大培养，再接入发酵罐，为二级发酵。适合于生长较快的菌种，如某些氨基酸的发酵。通过二级种子罐扩大培养，再接入发酵罐，为三级发酵。适合于生长较慢菌种，如青霉素的发酵。通过三级种子罐扩大培养，再接入发酵罐，为四级发酵。适合于生长更慢的菌种，如链霉素的发酵。种子罐的级数越少，越有利于简化工艺和控制，并可减少由于多次接种而带来的污染。虽然种子罐级数随产物的品种及生产规模而

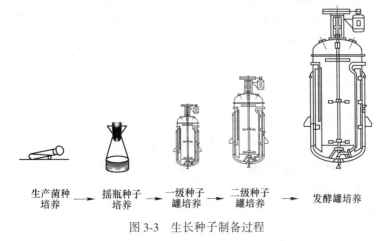

生产菌种培养　→　摇瓶种子培养　→　一级种子罐培养　→　二级种子罐培养　→　发酵罐培养

图3-3　生长种子制备过程

定，但也与所选用工艺条件有关，如改变种子罐的培养条件加速菌体的繁殖，可相应减少种子罐的级数。

接种发酵罐需要考虑种龄和接种量。种龄是指种子罐中菌体的培养时间，即种子培养时间。接种量是指接入的种子液体积和接种后的培养液总体积之比。接种量的大小取决于生产菌种的生长繁殖速度，快速生长的菌可较少接种量，反之需要较大接种量。应根据不同的菌种选择合适的接种量，一般为 5%～20%。在工业生产中，种子罐与发酵罐的规模是对应关系，应以发酵罐体积为前提，确定种子罐的级数和体积，选择生长旺盛的对数期的菌种从种子罐接种到发酵罐。

二、微生物发酵的培养方式

当实验种子制备完成后，即进入车间各级种子罐进行扩大培养，最后接种到发酵罐实现发酵培养的过程。发酵培养根据操作方式和工艺流程分为分批式培养、流加式培养、半连续式和连续式培养等，各种培养方法有其独特性，在实践中需根据实践情况加以使用。

（一）分批式培养

分批式培养又称间歇式培养或不连续培养，是把菌体和培养液一次性装入发酵罐，在最佳条件下进行发酵培养。经过一段时间，完成菌体的生长和产物的合成与积累后，将全部培养物取出，结束发酵培养；然后清洗发酵罐，装料、灭菌后进行下一轮分批培养操作。

分批式培养无培养基的加入和产物的输出，是一个非衡态过程。优点是操作简单、周期短、污染机会少、产品质量容易控制，分批式培养流量等于零，由物料衡算可计算出菌体浓度变化、基质浓度变化和产物浓度变化等动力学过程；缺点是发酵体系中开始时基质浓度很高，到中后期产物浓度很高，这对很多发酵反应的顺利进行是不利的。这是因为基质浓度和代谢产物浓度过高都会对细胞生长和产物生成有抑制作用。

（二）流加式培养

流加式培养又称为补料分批式培养，是指在分批式培养的基础上，连续不断补充新培养基，但不取出培养液。最常见的流加物质是葡萄糖等能源和碳源物质及氨水等。

该培养方式的优点是随着菌体的生长，营养物质会不断消耗，加入新培养基，可满足菌体适宜生长的营养要求，既可避免高浓度底物的抑制作用，也可防止后期养分不足而限制菌体的生长。解除了底物抑制、产物的反馈抑制和葡萄糖效应，避免了前期用于微生物大量生长导致的设备供氧不足。产物浓度较高，有利于分离，使用范围广；流加式培养只有输入，没有输出，发酵体积不断增加。

（三）半连续式培养

半连续式培养又称反复分批式培养，是将菌体和培养液一起装入发酵罐，在菌体生长过程中，每隔一定时间取出部分发酵培养物（称为带放），同时在一定时间内补充同等数量的新培养基，半连续式操作是抗生素生产的主要方式。如青霉素发酵过程中，48h 第一次带放 8m^3，逐渐流加培养基，然后第 2 次带放，如此反复进行 6 次，直至发酵结束，取出全部发酵液。

　　半连续式操作的发酵罐内的培养液总体积在一段时间内保持不变，优点是可起到解除高浓度基质和产物对发酵的抑制作用；延长了产物合成期，最大限度地利用了设备。缺点是失去了部分生长旺盛的菌体和一些前体，可能发生非生产菌突变。

（四）连续式培养

　　连续式培养操作是指将菌体与培养液一起装入发酵罐，在菌体培养过程中不断补充新培养基，同时取出包括培养液和菌体在内的发酵液，发酵体积和菌体浓度等不变，使菌体处于恒定状态，以促进菌体的生长和产物的积累。连续操作的主要特征是，培养基连续稳定地加入发酵罐内，同时，产物也连续稳定地离开发酵罐，并保持反应体积不变。发酵罐内的物系组成将不随时间而变。由于高速的搅拌混合装置，使得物料在空间上达到充分混合，物系组成亦不随空间位置而改变，因此称为恒态操作。

　　连续式操作的优点为所需设备和投资较少，利于自动化控制；减少了分批式培养的每次清洗、装料、灭菌、接种、放罐等操作时间，提高了产率和效率；不断收获产物，能提高菌体密度，产量稳定性优越。连续式操作的缺点：由于连续操作过程时间长，管线、罐级数等设备增加，杂菌污染机会增多，菌体易发生变异和退化、有毒代谢产物积累等。

三、发酵过程的工艺控制

　　微生物发酵离不开环境条件，菌体生长与产物合成是菌种遗传和工艺条件的综合结果，工艺参数作为外部环境因素，对发酵具有重要作用，往往可以改变生长状态、合成代谢过程及其强度。应通过稳定生长期的环境因素保证营养生长适度进行，然后调节环境条件如降低或升高温度，保证产物的最大合成。

　　根据测量方法可将发酵过程检测的参数分为生物参数、化学参数和物理参数三类，涉及的方法有生物方法、化学方法、物理方法等。主要的检测控制参数及其方法见表3-2。

表3-2　发酵过程中涉及的主要参数及其方法

参数名称	单位	检测方法	用途
菌体形态		离线检测，显微镜观察	菌种的真实性和污染
菌体浓度	g/L	离线检测，称量，吸光度	菌体生长
细胞数目	个/mL	离线检测，显微镜计数	菌体生长
杂菌		离线检测，肉眼和显微镜观察，划线培养	杂菌污染
温度	℃	在线原位检测，传感器，铂或热敏电阻	生长与代谢控制
酸碱度	pH 值	在线原位检测，传感器，复合玻璃电极	代谢过程，培养液
通气量	m³/h	在线检测，传感器，转子流量计	供氧，排废气，增加 $K_L\alpha$
罐压	MPa	在线检测，压力表，隔膜或压敏电阻	维持正压，增加溶解氧
溶解氧浓度	mL/L,%	在线检测，传感器，覆膜氧电极	供氧
泡沫		在线检测，传感器，电导或电容探头	代谢过程
基质、中间体、前体浓度	g/mL	离线检测，取样分析	吸收、转化和利用
产物浓度或效价	g/mL，IU	离线检测，取样分析	产物合成与积累

（一）生物参数的检测与控制

发酵过程中的生物学参数包括生产菌的形态特征、菌体浓度、基因表达与酶活性、细胞代谢、杂菌和噬菌体等。生产菌体形态、菌体浓度和菌体活性是发酵过程检测的主要生物学参数，同时要严格监测和控制杂菌污染。可根据发酵液的菌体量、溶解氧浓度、底物浓度和产物浓度等计算菌体比生长速率、氧比消耗速率、底物比消耗速率和产物比生产速率，这些参数是控制菌体代谢、决定补料和供氧等工艺条件的主要依据。

1. 菌体形态的检测

在发酵培养过程中，制药微生物的形态可能发生变化，是生理代谢过程变化的外在表征。菌体形态特征可用于菌种鉴别、衡量种子质量、区分发酵阶段、控制发酵过程的代谢变化，通常根据不同菌种和不同培养发酵阶段，取样后在显微镜下观察菌体形态是否发生变化。

2. 菌体浓度检测与控制

菌体浓度是单位体积培养液内菌体细胞的含量，可用质量或细胞数目表示，简称为菌浓。菌体浓度可以用湿重或干重表示，对单细胞微生物如酵母、杆菌等，也可以显微镜计数或通过测定光密度表示。只要在细胞数目与干重之间建立数学方程，即可方便地实现互换计算。

菌体浓度影响产物形成速率。在适宜的比生长速率下，发酵产物的产率与菌体浓度成正比关系，即产率为最大比生长速率与菌体浓度的乘积。氨基酸、维生素等初级代谢产物的发酵，菌体浓度越高，产量越高。对次级代谢产物而言，在比生长速率等于或大于临界生长速率时也是如此。

发酵过程的菌体浓度应该控制在临界菌体浓度。临界菌体浓度是发酵罐氧传递速率和菌体摄氧速率平衡时的菌体浓度，是菌体遗传特性与发酵罐氧传递特性的综合反映。菌体浓度超过此值，产率会迅速下降。控制菌体浓度主要靠调节基质浓度，发酵过程中是通过基质流加补料得以实现的；同时控制通气量和搅拌速率，控制溶解氧量。工业生产中，应根据菌体浓度决定适宜的补料量、供氧量等，以得到最佳生产水平。

3. 杂菌检测与污染控制

杂菌污染将严重影响发酵的产量和质量，甚至倒罐，防止杂菌是十分重要的工艺控制工作。显微镜观察和平板画线是检测杂菌的两种主要传统方法，显微镜检测方便、快速、及时，平板检测需要过夜培养、时间较长。对于经常发生的杂菌，要用鉴别培养基进行特异性杂菌检测；对于噬菌体等，还可采用分子生物技术如 PCR、核酸杂交等方法。杂菌检测的原则是每个工序或一定时间进行取样检测，确保下道工序无污染（表 3-3）。

表 3-3　发酵过程的菌种与杂菌检测

工　序	时间点	被检测对象	检测方法	目的
斜面或平板培养		培养活化的菌种	平板画线	菌种与杂菌检测
一级种子培养		灭菌后的培养基	平板画线	灭菌检测

续表 3-3

工　序	时间点	被检测对象	检测方法	目的
一级种子培养	0	接种后的发酵液	平板画线	菌种与杂菌检测
二级种子培养	0	灭菌后的培养基	平板画线	灭菌检测
发酵培养	0	灭菌后的培养基	平板画线	灭菌检测
发酵培养	0	接种后的发酵液	平板画线	菌种与杂菌检测
发酵培养	不同时间	发酵液	平板画线、显微镜检测	菌种与杂菌检测
发酵培养	放罐前	发酵液	显微镜检测	杂菌检测

（二）化学参数的检测与控制

化学参数包括 pH 值、供氧、尾气成分、基质、前体和产物等的浓度。

1. 溶解氧的控制

微生物发酵制药绝大多数是好氧发酵，发酵过程中溶解氧是不断变化的。发酵前期，菌体生长繁殖旺盛，呼吸强度大、耗氧多，往往由于供氧不足出现一个溶解氧低峰，耗氧速率同时出现一个低峰；发酵中期，耗氧速率达到最大；发酵后期，菌体衰老自溶，耗氧减少，溶解氧浓度上升。由于产物合成途径和细胞代谢还原力的差异，不同菌种对溶解氧浓度的需求是不同的。

溶解氧浓度由发酵罐的供氧和微生物需氧两个方面决定，发酵过程中溶解氧速率必须大于或等于菌体耗氧速率才能使发酵正常进行。氧浓度不足会限制细胞生长和产物合成，但高氧浓度势必使细胞处于氧化状态，而产生活性氧的毒性。适宜的氧浓度才能保证发酵的正常进行，采取的方法包括：

（1）增加氧推动力。增加通气速率，加大通气流量，以维持良好的推动力，提高溶解氧。但通气太大会产生大量泡沫，影响发酵。仅增加通气量，维持原有的搅拌功率时，对提高溶解氧不是十分有效。通入纯氧可增加氧分压，从而增加氧饱和浓度，但不具备工业经济性。提高罐压虽然能增加氧分压，但也增加了二氧化碳分压，不仅增加了动力消耗，同时影响微生物生长。对菌种进行遗传改良，使用透明颤菌的血红蛋白基因，已经在多种制药微生物中被证明能增加菌体对低浓度氧的利用效率。

（2）控制菌体浓度。耗氧率随菌体浓度增加而按比例增加，氧传递速率按菌体浓度对数关系而减少。因此控制菌体的比生长速率在临界值稍高的水平，就能达到最适菌体浓度，从而维持溶解氧与耗氧的平衡。

（3）综合控制。溶解氧的综合控制可采用反馈级联策略，将搅拌、通气、流加补料、菌体生长和 pH 值等多个变量联合起来，以溶解氧为一级控制器，搅拌转速、空气流量等为二级控制器，实现多维一体控制。在实际工业过程中，将通气与搅拌转速级联在一起是行之有效的控制溶解氧策略。

2. pH 值的控制

发酵液的 pH 值为微生物生长和产物合成积累提供了一个适宜的环境，因此 pH 值不当将严重影响菌体生长和产物合成。从生理角度看，不同微生物的最适生长和生产 pH 值是不同的。适宜细菌生长的 pH 值偏碱性，而适宜真菌生长的 pH 值偏酸性。例如，在青霉素的发酵生产中，菌体生长 pH 值为 6.0～6.3，产物合成阶段 pH 值控制在 6.4～6.8。可见，pH 值对菌体和产物合成影响很大，维持最适 pH 值已成为生产成败的关键因素之一。

在工业生产中，是以培养基为基础，以直接流加酸或碱为主，同时配以补料，把 pH 值控制在适宜的范围内。具体措施如下：

（1）培养基配方。在培养基配方研究和优化阶段，从碳氮比平衡的角度，就要考虑不同碳源和氮源利用的速度及其对发酵 pH 值的影响。碳酸钙与细胞代谢的有机酸反应能起到缓冲中和作用，一般工业发酵培养基中都含有碳酸钙，其用量要根据菌体产酸能力和种类通过实验确定。

（2）酸碱调节。由于培养基中添加碳酸钙对 pH 值的调节能力非常有限，故直接补加酸或碱是非常有效和常用的方法。可用生理酸性物质如硫酸铵和生理碱性物质氨水进行控制，不仅调节了 pH 值，还补充了氮源。当 pH 值和氮含量低时，流加氨水；当 pH 值较高和氮含量低时，流加硫酸铵。根据发酵 pH 值确定流加的速度和浓度。

（3）补料流加。采用补料方法调节发酵 pH 值是成功的，补料控制 pH 值的原理在于营养物质的供应程度影响了细胞的生长和有机酸代谢。营养物质越丰富，细胞生长和初级代谢越旺盛，有机酸积累越多，发酵 pH 值降低；反之，细胞生长缓慢，生成有机酸少，发酵 pH 值升高。因此，当 pH 值升高时，可补料碳源糖类。在青霉素的发酵中，可通过控制流加糖的速率来控制 pH 值。另外，也可直接补料流加氮源，如在氨基酸和抗生素的发酵中可流加尿素。

（三）物理参数的检测与控制

物理参数包括温度、搅拌、罐压、发酵体积空气流量和补料流速等。此处重点介绍温度对发酵的影响及其控制措施。

温度影响菌体生长，主要是对细胞酶催化活性、细胞膜的流动等产生影响。高温导致酶变性，引起微生物死亡；而低温抑制酶的活性，微生物生长停止，只有在最适温度范围内和最佳温度点下微生物生长才最佳。谷氨酸棒杆菌、链霉菌生长的温度为 28～30℃，青霉菌生长的温度为 25～30℃。温度影响药物合成代谢的方向，如金霉素链霉菌发酵四环素，30℃ 以下合成的金霉素增多，35℃ 以上只产四环素。温度还影响产物的稳定性，在发酵后期，蛋白质水解酶积累较多，有些水解情况很严重，降低温度是经常采用的可行措施。温度对发酵液的物理性质也有很大影响，直接影响下游的分离纯化。因此，精确控制生产阶段的温度十分重要。

最适生长温度与最适生产温度往往不一致，所需温度不完全相同。理论上，在发酵过程中不应只选一个温度，而应该根据发酵不同阶段对温度的不同要求，选择最适温度并严格控制，以期高产。在生长阶段选择适宜的菌体生长温度，在生产阶段选择最适宜的产物生产温度，进行变温控制下的发酵。很多试验证明变温发酵的效果最好。

发酵过程是一个放热过程，发酵温度将高于环境温度，需要通过冷却水循环实现发酵温度的控制。发酵温度可采取反馈开关控制策略，当发酵温度低于设定值时，冷水阀关闭，蒸汽或热水阀打开；当发酵温度高于设定值时，蒸汽或热水阀关闭，冷水阀打开。大型发酵罐一般不需要加热,因为发酵时会产生大量的发酵热,往往需要降温冷却,控制发酵温度。可给发酵罐夹层或蛇形管通入冷却水,通过热交换降温,维持发酵温度。在夏季时,外界气温较高,冷却水效果可能很差,需要用冷冻盐水进行循环式降温,以迅速降到发酵温度。

第五节 发酵药物的分离纯化工艺

微生物发酵产物存在于发酵液或菌体内,需要经过分离和纯化才能得到精制产品。本节主要介绍发酵液的分离纯化及产品质量控制。

一、发酵药物分离纯化的基本过程

(一) 分离纯化的工艺过程

微生物制药的分离纯化属于下游过程,是一个多级单元操作,可分为两个阶段,即初级分离阶段和纯化精制阶段 (图 3-4)。初级分离阶段是在发酵结束之后,使目标产物与培养体系的其他成分得以分离,浓缩产物并去除大部分杂质。如果产物存在于胞内,则需要破碎细胞,以释放目标产物。纯化精制阶段是在初级分离的基础上,采用各种选择性技术和方法将目标产物和干扰杂质分离,使产物达到纯度要求,形成产品。

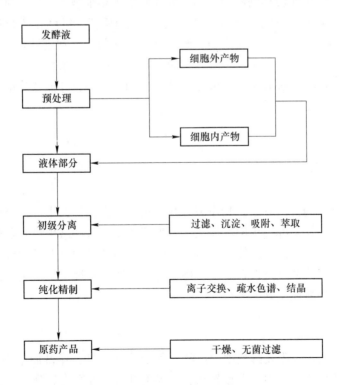

图 3-4 发酵药物的分离纯化过程

（二）分离纯化工艺的选择

微生物发酵产物的分离纯化工艺应该考虑 4 个要素：（1）操作时间短。分离纯化过程涉及操作单元多，各单元应有效组合，减少操作步骤，尽量缩短时间。（2）操作条件温和。有些产物对热等不稳定，要求操作温度低；有些产物对酸或碱不稳定，应选择适宜的 pH 值范围。（3）产物的选择性和专一性强。由于发酵体积大，但产物浓度低（一般为 0.1%～5%）、杂质多，故分离纯化技术要针对产物进行设计和选择，达到高效分离倍数。（4）安全和清洁生产。分离纯化过程多采用易燃、易爆、腐蚀性的有机溶剂，产生的"三废"量大，需要做好后处理、溶媒回收和再利用，进行防爆、防火、防腐等安全生产和清洁生产。

二、发酵液的预处理工艺

发酵完成后的发酵液成分复杂，除了目标产物外，还有大量的杂质，包括菌体细胞、残留培养基和盐类、微生物分泌的蛋白质和色素及其他代谢产物。因此，需要进行发酵液的预处理。发酵液预处理工艺是指把发酵体系中的菌体细胞与其他成分分离，同时改变发酵液的物理性质，以利于后续分离工序的顺利进行。

不同发酵体系使用的菌株及其培养液的特性不尽相同，故预处理选择的方法也不尽相同。发酵产物可能存在于孢内、孢外或者孢内外均有。此时，对于分泌到胞外的产物，预处理要使目标产物尽可能转移到液相，固液分离除去固相细胞等杂质；对于胞内产物，应通过预处理改变培养液的特性，离心收集细胞，破碎细胞后将目标产物与细胞碎片分离。预处理主要采用物理化学方法如凝聚与絮凝、添加助滤剂、添加沉淀剂、调节 pH 值等来除去固体悬浮颗粒、重金属离子、色素、热原、毒性物质、杂蛋白质等，改变培养液的特性。在预处理中，经常几种方法一起或先后使用，相互配合，才能达到最佳的处理效果和目的。

三、初级分离工艺

（一）过滤

过滤是固液分离的常用方法，其原理是基于过滤介质孔径大小进行分离。微生物细胞的直径在微米级，而且发酵过程菌丝体往往凝聚成小团。这样微生物的发酵液经过预处理后，很容易通过过滤将液体和菌体等固体杂质分开，通常采用板框过滤机、平板过滤机和真空旋转过滤机等，其特点是设备简单、操作容易，适合大规模工业应用；缺点是分离速度低，分离效果受物料性质的影响。

（二）吸附

吸附是利用吸附剂吸附发酵液中的产物，然后改变条件，用洗脱剂把产物洗脱下来，达到浓缩和提纯的目的。常用物理吸附和交换吸附进行发酵产物的分离。物理吸附是吸附剂与产物之间通过分子间范德华力吸附，选择性较差；吸附过程是平衡可逆的，可发生多层吸附。交换吸附是吸附剂的极性或离子与产物之间发生离子交换，形成双电层；吸附交换能力取决于离子电荷，带电越多吸附越强。交换吸附的优点是对产物的选择性较好。常用活性炭、大孔树脂等吸附剂进行发酵产物的分离。活性炭颗粒细、总表面积大、吸附力强，搅拌混合 30～40min，活性炭可吸附完全，一般用量为 0.5%～3%（W/V）。碱性产物可在中性 pH 值下吸附，酸性条件下解析；酸性产物可用碱性解析。在放线菌酮的分离中，滤液用活性炭吸附，用三氯甲烷解析。大孔树脂是非离子型共聚物，容易解析、机械强度好、可反复使用、吸附速度快，要针对不同产物选择树脂的类型。

（三）沉淀

利用产物的两性电解质性质，在等电点处其净电荷为 0，产物可以沉淀出来，这是直接沉淀。直接沉淀法可以用于氨基酸、蛋白质等的分离。如果产物能与酸碱或金属离子形成不溶性或溶解度很小的复盐，也可用沉淀析出，这是间接沉淀。四环素在酸性条件下（pH 值小于 3.5）带正电荷，在碱性条件下（pH 值大于 9.2）带负电荷，等电点为 pH 值 5.4。在四环素的分离中，将发酵滤液 pH 值调为 9.0 左右，加入氯化钙，形成钙盐沉淀，过滤后用草酸溶解，再过滤除去草酸钙，调节滤液 pH 值为 4.6～4.8，析出四环素粗品。沉淀分离的优点是设备简单、成本低、节省溶媒、转化率高；缺点是过滤较难，常常与萃取分离相结合使用。

（四）萃取

萃取分离的原理是分配定律，发酵产物在不同 pH 值下具有不同的化学态（游离酸、碱和盐），在水和溶媒中的溶解度不同，从而使产物可从一种液体转移到另一种液体中，常用溶媒包括乙醚、三氯甲烷、乙酸乙酯、乙酸丁酯等，溶媒的选择是萃取的关键，要求化学性质稳定，对产物的分配系数大，具有选择性，与水互不相溶，才能达到萃取效果。在萃取过程中将产生乳化现象，使分离困难。防止乳化和破乳化是萃取过程中的重要环节，可使用去乳化剂，包括十二烷基磺酸钠、溴代十五烷吡啶等。在青霉素的萃取分离中，滤液用硫酸调节 pH 值为 2～3，此时青霉素为游离酸，在乙酸丁酯中溶解度最大；之后加入 1/4～1/3 体积的溶媒，加入去乳化剂溴代十五烷吡啶，用离心分离萃取液，把青霉素从发酵液转移到溶媒中。对于菌体胞内产物，如制霉菌素，可用 2～3 倍量的乙醇对菌丝体萃取 2～3 次。

四、纯化精制工艺

（一）浓缩

发酵产物浓缩是通过蒸发去除溶媒或溶剂来实现的。常用的浓缩方法包括真空减压浓缩和膜蒸发浓缩。减压浓缩是降低液面压力，降低溶剂沸点，加热使溶剂汽化，产物得到浓缩。对乙醇萃取的制霉菌素，用减压真空（40～50℃，20～30mmHg）浓缩至原体积的 10%～15%。薄膜蒸发是在加热时液体形成薄膜而迅速蒸发（数秒）。与减压浓缩相比，薄膜蒸发的优点是蒸发面积大，导热快而且均匀，避免了过热现象，产物不破坏，效率高，故而得到广泛应用。在链霉素的精制中，采用薄膜蒸发，控制温度在 35℃ 以下（20mmHg）进行浓缩。

（二）脱色

发酵液中存在色素，虽然经过分离去除了大部分的色素，但还有少量色素随着溶剂等转移而来，必须除去。常用活性炭和离子交换树脂进行脱色。在除去色素时，要注意用量、脱色时间及其 pH 值和温度等条件。因为活性炭和树脂在吸附色素的同时吸附发酵产物，如果对产物吸附多，会严重影响转化率。

（三）结晶

结晶是产物从溶液中析出晶体的现象。结晶是精制高纯度发酵产物的有效方法，选择性好、成本低、设备简单、操作方便，广泛应用于抗生素和氨基酸的纯化中。常用的结晶方法有诱导结晶、共沸蒸馏结晶等。如制霉菌素的浓缩液在 5℃ 下冷却数小时，即形成晶体。头孢菌素 C 的浓缩液加入醋酸钾，会生成头孢菌素钾盐。在青霉素钾盐的精制中采用共沸蒸馏结晶，结晶液、20% 醋酸钾-乙醇、水（2% ~ 2.5%）组成物系，在真空 60mmHg 下，40~50℃ 共沸结晶 1h，溶剂和水被馏出，青霉素钾盐含水量为 0.6%。

（四）干燥

干燥是通过汽化方法除去水分或溶剂的操作，是产品精制的最后工序。目的在于形成产品的稳定形式，便于储运、加工和使用。常用的干燥方法包括减压真空干燥、喷雾干燥、气流干燥、冷冻干燥和辐射干燥等。红霉素的精制中，湿晶体在 70 ~ 80℃（20mmHg）下真空干燥 20h 可得到成品。在链霉素的精制中，进风口 120~130℃，出风口 84~85℃，对浓缩液进行喷雾干燥，可得到硫酸链霉素成品。在四环素的精制中，进风口 130~140℃，出风口 80~90℃，对湿晶体进行气流干燥，可得到成品。

（五）无菌原料药

对于无菌抗生素原料药，在精制过程中通常采用除菌过滤、无菌室结晶、化学灭菌等方法制备。将硫酸庆大霉素浓缩液用 1.2~1.4MPa 的无菌空气压入无菌过滤装置或微孔滤膜，滤液进入低温的无菌储罐，然后喷雾干燥，得到无菌原料药。用于结晶的无菌室要对空气进行净化处理，达到洁净度 100 级，在该环境下进行药物结晶操作。对于化学灭菌，常用环氧乙烷对干燥的普鲁卡因青霉素在灭菌箱中灭菌 6h 以上，排气后检验。

第六节　洛伐他汀的发酵生产工艺

在欧美等发达国家，心脑血管疾病的死亡率居各种疾病之首，占死亡总人数的 40% ~ 50%；在我国，其死亡率仅次于恶性肿瘤，居第二位。心脑血管疾病的病理基础是动脉粥样硬化（atherosclerosis），其病理核心是胆固醇在动脉壁沉着。血浆中极低密度脂蛋白胆固醇（VLDL）、低密度脂蛋白胆固醇（LDL）、中间密度脂蛋白胆固醇（IDL）以及三酰甘油（TG）等浓度高于正常值为高脂蛋白血症，易导致动脉粥样硬化。人体内胆固醇可以通过甲羟戊酸途径由乙酰辅酶 A 生物合成得到，合成途径如图 3-5 所示。他汀类药物是羟甲基戊二酰辅酶 A（HMG-CoA）还原酶抑制剂，此类药物可通过竞争性抑制内源性胆固醇合成限速酶（HMG-CoA）还原酶，阻断细胞内羟甲戊酸代谢途径，使细胞内胆固醇合成减少，从而反馈性刺激细胞膜表面（主要为肝细胞）低密度脂蛋白（low density lipo-protein，LDL）受体数量和活性增加，使血清胆固醇清除增加、水平降低。

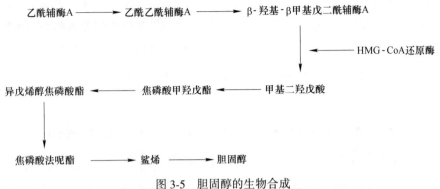

图 3-5　胆固醇的生物合成

洛伐他汀（Lovastatin）是第一个经美国食品与医药管理局（FDA）批准上市的他汀类抗胆固醇药物，它首先由美国默克（Merck）公司开发成功，它的上市被誉为降血脂药物研究进展的一个里程碑。洛伐他汀化学名称：（S）-2-甲基丁酸-(1S,3S,7S,8S,8aR)-1,2,3,7,8,8a-六氢-3,7-二甲基-8-{2-[(2R,4R)-4-羟基-6-氧代-2-四氢吡喃基]-乙基}-1-酯，理化性质如下：

性状：白色粉末状晶体。

分子式：$C_{24}H_{36}O_5$。

分子量：404.55。

熔点：157~159℃。

溶解性：易溶于甲醇、乙醇、丙酮、乙酸乙酯、氯仿、苯等有机溶剂及碱性水溶液，不溶于环己烷、石油醚、中性及酸性水溶液。在水中的溶解度为 2.14mg/L（25℃）。

结构式：洛伐他汀是内酯环 3 型，亲脂性较强，口服吸转化率低，须在肝脏中水解成为开环羟基酸型才能发挥药理作用，如图 3-6 所示。

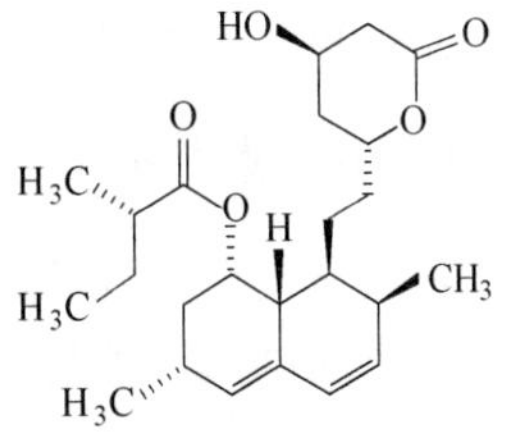

图 3-6　洛伐他汀的结构式

一、发酵培养工艺

他汀类药物属于聚酮类的化合物，具有较为复杂的结构，所以进行大规模的生产时不能继续应用化学合成的方式，只能采用发酵的方式对具有药理活性的聚酮类化合物进行生产。洛伐他汀（Lovastatin）作为天然产物是他汀家族的重要代表，它是由丝状真菌通过聚酮体途径合成的次级代谢产物。

（一）菌株的选育

洛伐他汀主要的产生菌为土曲霉（Aspergillus terreus）、桔青霉（Penicillium citrinum）和红曲霉（Monascus ruber），土曲霉是工业生产中常用的菌种。下面以土曲霉菌株 SIPI-L-H525 为出发菌株，经自然选育，接种于种子培养基，种子液经倍比稀释，用超声波破碎处理，再用紫外线照射诱变经初筛和复筛，获得一株较为稳定的高产菌株 SIPI-L-U512 为例介绍菌株的选育过程。

1. 自然选育

菌种自然选育的关键是对出发菌株进行纯化。SIPI-L-H525 是不产生孢子的丝状菌，菌丝为含有多细胞的菌体。采用超声波断裂菌丝的方法将多细胞的菌体断裂为单细胞的菌丝小段，有利于分离和得到遗传上纯一的菌株，其选育过程如图 3-7 所示。

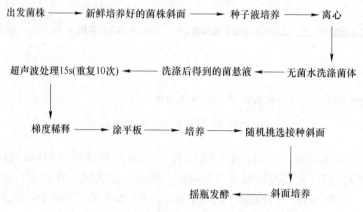

图 3-7　菌种自然选育操作过程

2. 紫外诱变

将自然选育得到的优良菌株于恒温培养 11d。取生长好的土曲霉斜面，分别将斜面培养物接入种子摇瓶中，取对数生长期的菌丝体混合后，用超声波断裂菌体，再移入有无菌玻璃珠的三角摇瓶中，旋转振荡 10min，震荡打散菌丝体，用无菌脱脂棉过滤，收集滤液。处理得到的菌悬液用紫外线进行诱变处理。

（二）发酵培养过程

筛选后的菌株经斜面培养后，接种至种子培养基中，培养后移种至发酵培养基中，经培养一定时间后，即得到发酵液。

1. 斜面培养

将划线斜面和涂布的平板置于 28℃ 培养箱中，培养 11d。培养基：取新鲜马铃薯去皮，称重 200g，加入 1L 蒸馏水，煮沸 20min 后，用纱布过滤，过滤液中加入 20g 葡萄糖和琼脂 20g，煮沸，补足体积至 1L。

2. 种子培养

用 250mL 三角瓶中装入 80mL 液体种子培养基，接入 2mL 孢子悬浮液，30℃、120r/min 振荡培养 2d。培养基：葡萄糖 50g，蛋白胨 5g，酵母膏 1g，KH_2PO_4 1g，$FeSO_4 \cdot 7H_2O$ 0.01g，$MgSO_4 \cdot 7H_2O$ 0.01g，pH 值为 6.0。

3. 发酵培养

在 250mL 三角瓶中装入 80mL 液体发酵培养基，种子液接种量为 8%（体积分数）。在 28℃、120r/min 条件下发酵培养 11d。培养基：葡萄糖 50g，$NaNO_3$ 3g，酵母膏 1g，K_2HPO_4 1g，$MgSO_4 \cdot 7H_2O$ 0.5g，KCl 0.5g，$FeSO_4 \cdot 7H_2O$ 0.01g，pH 值为 6.0。

（三）培养条件的优化

1. 培养基

碳源和氮源作为洛伐他汀发酵的限制性底物，它们的选择对发酵过程至关重要，往往是决定比生长速率的主要因素。作为碳源的主要有乳糖、葡萄糖、甘油、蔗糖、玉米淀粉、麦芽糊精等，作为有机氮源的主要有酵母膏、黄豆粉、油菜籽粉、玉米浆、蛋白胨等，作为无机氮源的主要有硫酸铵、磷酸二氢铵、硝酸钾、硝酸铵等。除此之外，一些微量元素如 K^+ 等也对洛伐他汀生产有很大的影响，一般选择磷酸二氢钾。

2. 温度

微生物生长的温度有一定的范围，超出该温度范围时生长速率急剧下降。各种不同种类微生物分别具有它能够生长的最低和最高温度，以及生长速率最大时的最适温度。一般工业发酵所用菌株都属于常温菌，并在其生长的最适温度下进行。用于洛伐他汀发酵的真菌培养温度一般为 28～30℃。

3. pH 值

pH 值是影响微生物生长的重要参数，发酵过程中微生物的正常生长需要一定的 pH 值，pH 值对微生物生长、代谢和产物的形成都有很大影响，不同的微生物对 pH 值的要求均不同，每个微生物都有自己最适和耐受的 pH 值。洛伐他汀生产中 pH 值一般选择在 6.5 左右。

4. 溶解氧

对于好氧型微生物发酵过程，细胞培养时需要分子态氧作为电子传递过程的最终受体，而氧在培养液中的溶解度又极低，所以溶氧的大小直接关系到微生物的正常生长与代谢。在大型发酵罐中进行微生物高密度培养时，为了维持所需的溶氧水平，除了提高搅拌转速和通气量，往往还要在通入的空气中补充氧气，来提高发酵罐的供氧能力。洛伐他汀液体深层发酵中保持 70% 的溶氧是比较适宜的。

二、提取分离工艺

在洛伐他汀的研究中，洛伐他汀的提取工艺报道较多，主要是对工艺的优化，以达到产品转化率高、操作简单、环境友好等目标。目前，洛伐他汀的提取工艺主要有：（1）以 Merck 公司为代表的一步或是两步硅胶层析法，该法虽然获得的产品质量较高，但步骤多、操作复杂、不利于大规模工业化生产。（2）直接用溶媒转相结晶法，该法虽然操作简便，但最大的缺点是粗粉结晶转化率只有 50% 左右。（3）另有一种更简便、易行的闭环方法，而且可以避免苯和甲苯等有害溶媒的使用。

（一）工艺路线

1976 年，东京大学发酵实验室的 Akira Endo 从泰国食品中分离出来 Monascus 菌株（Monascusrubber No. 1005），经发酵生产洛伐他汀。其提取工艺如图 3-8 所示。

该工艺首次由 Akira Endo 提出，对洛伐他汀生产工艺的发展具有指导意义。但该工艺多次采取溶媒萃取法，并大量使用有害溶媒，对劳动者及环境都会造成极大危害。

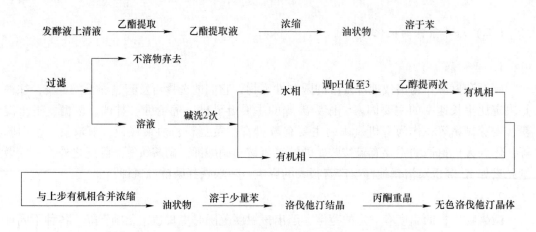

图 3-8　洛伐他汀提取工艺（1）

Merck 公司作为世界首家将洛伐他汀推上市场的公司，对洛伐他汀菌种及发酵配方、分离纯化也进行了报道，具体工艺如图 3-9 所示。

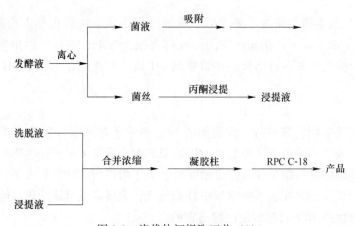

图 3-9　洛伐他汀提取工艺（2）

此外，Merck 公司还报道了另外一种洛伐他汀精制工艺（图 3-10），具体步骤为：发酵液经抽滤后得到滤液，用盐酸调节滤液 pH 值至 4.0，然后用乙酸乙酯萃取，接着用水冲洗，再后对乙酸乙酯相进行浓缩，接着转入二氯甲烷中，浓缩，得到油状物，之后转入二氯甲烷和乙酸乙酯按照体积比为 3∶7 的比例配制的溶液中，接着用柱层析法进行纯化，之后再转入二氯甲烷中，过滤，最后再次进行柱层析、浓缩、重结晶，得到产品。其工艺如图 3-10 所示。

该工艺具有很大的先进性，产物纯度高。但其工艺路线比较复杂，多次使用硅胶层析、凝胶层析，操作复杂，生产成本高；而且，反复使用了二氯甲烷、乙腈等有毒有害溶媒，对工业化生产极为不利。

（二）工艺过程控制

洛伐他汀提取分离纯化过程主要包括发酵液预处理、菌体收集、萃取、洗涤、浓缩、结晶干燥、二次精制、烘干分装等环节。

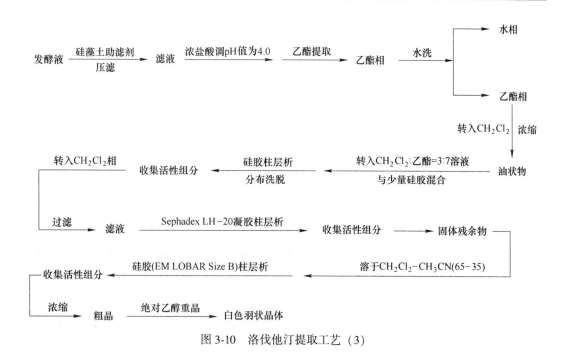

图 3-10　洛伐他汀提取工艺（3）

1. 预处理

相同体积（100mL）的发酵液用水稀释 1 倍后，用 5mol/L 的 HCl 调 pH 值分别至 2.0、3.0、4.0、5.0、6.0，置于 245r/min 摇床上转化 8h。以 pH 值为 2.0 时为对照，HPLC 检测样品，以确定酸化发酵液的 pH 值。

2. 收集

将预处理后的发酵液离心（4000r/min，20min），得到湿菌体。将湿菌体置于 70℃ 的烘箱中，不停翻动湿菌体，烘烤 5h 左右，得到干燥的菌体。将菌体粉碎后过 30 目筛，得到菌粉。

3. 萃取

菌粉称重后，用 10 倍体积的丙酮、乙酸乙酯、乙酸丁酯和乙醇浸泡，搅拌 3h 后，静置 20min，快速抽滤。抽滤结束后，将滤饼收集后，再用 7 倍体积的丙酮、乙酸乙酯、乙酸丁酯和乙醇浸泡，搅拌 30min 后，静置 20min，快速抽滤。合并两步的有机相。

4. 洗涤

将得到的萃取液洗涤两次。首先用 1/4 体积的 5% 硫酸铵溶液（需用氨水调 pH 值为 8.0）洗涤，即将乙酸乙酯相与硫酸铵溶液混合于分液漏斗中，摇 20min 之后使之充分混合，静置 30min 分层，除去下层水相。再将 1/4 体积的 pH 值为 3.0 的草酸溶液置于分液漏斗中，进行二次洗涤；摇 20min 之后使之充分混合，静置 30min，使分层，除去下层水相。

5. 浓缩

收集上步处理好的乙酸乙酯相置于旋转蒸发瓶内，在 55～65℃ 条件下，真空薄膜浓缩。

6. 结晶

得到的浆状物置于 4℃时，搅拌 3h 结晶，抽滤后得到粗晶体。

7. 重结晶

将粗晶体加入 65~75℃的乙醇溶液中，溶解，得到 15%左右的溶液，充分溶解后，搅拌 10min，真空快速抽滤，得到精制晶体。

8. 干燥

在 55~60℃条件下，真空干燥，获得样品。

【本章总结】

第三章　微生物发酵制药工艺		
第一节　概述	微生物发酵药物	微生物药物：微生物在其生命活动过程中产生的生理活性物质及其衍生物，包括抗生素、维生素、氨基酸、核苷酸、酶、激素、免疫抑制剂等一类化学物质的总称
	微生物发酵制药的类型	根据微生物药物的类型，发酵制药可以分为微生物菌体发酵、微生物代谢产物发酵、微生物转化发酵
	微生物发酵制药的工艺过程	根据企业生产岗位性质，微生物发酵制药的基本过程包括生产菌种选育、发酵培养和分离纯化 3 个基本工段
第二节　微生物菌种的选育和保存	发酵制药的微生物种类	能够进行发酵生产的微生物：细菌、放线菌和丝状真菌
	菌种选育原理和方法	制药生产菌选育方法常见的有自然分离和选育、诱变育种、杂交育种和基因工程技术育种
	生产菌种的保存	保存原理：利用低温、干燥、缺氧、避光和营养缺乏等使微生物生长繁殖受抑制的休眠状态
第三节　微生物发酵培养基和灭菌工艺	微生物发酵的培养基	培养基：按照一定比例人工配制营养物质和非营养物质的混合物。主要成分包括有机碳源、氮源、无机盐、生长因子等营养要素，还包括消沫剂、前体、促进剂等
	微生物发酵的灭菌工艺	常用的灭菌方法主要有化学灭菌和物理灭菌两类，其作用原理是使构成生物的蛋白质、酶、核酸和细胞膜变性、交联、降解，失去活性，细胞死亡。常见有高压蒸汽灭菌和过滤灭菌两种方法
第四节　微生物发酵培养技术及工艺控制	生产种子的制备	工业生产种子制备包含实验室种子制备和车间种子制备，是种子的逐级扩大培养、获得一定数量和质量的纯种的过程。实验室种子制备包括菌种活化和摇瓶种子制备过程。车间种子制备主要是确定种子罐级数
	微生物发酵的培养方式	发酵培养根据操作方式和工艺流程分为分批式培养、流加式培养、半连续式和连续式培养等
	发酵过程的工艺参数	发酵过程检测的参数分为物理参数、化学参数和生物参数三类，涉及的方法有物理方法、化学方法、生物方法等

第三章 微生物发酵制药工艺

	发酵药物分离纯化的基本过程	分离纯化可分为初级分离阶段和纯化精制阶段
第五节 发酵药物的分离纯化工艺	发酵液的预处理工艺	培养液的预处理主要包括除去固体悬浮颗粒、重金属离子、色素、热原、毒性物质、杂蛋白质等，改变培养液的特性
	初级分离工艺	初级分离工艺包含过滤、吸附、沉淀、萃取、离子交换
	纯化精制工艺	纯化精制工艺包含浓缩、脱色、结晶、干燥、无菌原料药
第六节 洛伐他汀的发酵生产工艺	洛伐他汀的生产工艺	了解洛伐他汀生产工艺过程及主要工艺控制点

【习题练习】

一、选择题

1. 发酵制药基本过程中发酵工段的主要任务是（   ）。
   A. 负责微生物的培养和目标药物的代谢调控
   B. 负责目标药物的分离纯化
   C. 负责菌种的选育和保存
   D. 负责最终药物成品的检测和包装

2. 发酵工业上为了提高设备利用率，经常在（   ）放罐以提取菌体或代谢产物。
   A. 对数期　　　B. 稳定期末期　　　C. 衰亡期　　　D. 延滞期

3. 化学消泡剂是降低泡沫的液膜强度和表面黏度，使泡沫破裂的一类化合物，下列属于合成消泡剂的是（   ）。
   A. 豆油　　　B. 聚醚类　　　C. 菜籽油　　　D. 玉米油

4. 下列不属于现代生物技术的是（   ）。
   A. 基因工程　　　B. 酶工程　　　C. 发酵工程　　　D. 海洋工程

5. 下列属于抗生素药物的是（   ）。
   A. 洛伐他汀　　　B. 氯霉素　　　C. 环孢菌素 A　　　D. 葛根素

6. 治疗小儿消化不良，食欲不振，营养不良的妈咪爱属于肠道微生态制剂，这属于（   ）。
   A. 转化发酵　　　　　　　　B. 初级代谢产物发酵
   C. 菌体发酵　　　　　　　　D. 次级代谢产物发酵

7. 青霉素发酵，菌种生长较慢。有关其车间种子制备描述正确的是（   ）。
   A. 一级发酵　　　B. 二级发酵　　　C. 三级发酵　　　D. 四级发酵

8. 【多选】微生物种类繁多，可以用于发酵产生药物的微生物有（   ）。
   A. 细菌　　　B. 丝状真菌　　　C. 放线菌　　　D. 古生菌　　　E. 病毒

9. 【多选】制药生产菌的选育方法有（　　　）。

    A. 自然分离　　　　B. 自然选育　　　　　C. 诱变育种　　　　　D. 杂交育种

    E. 基因工程技术育种

10. 【多选】可采用以下哪种方式实现菌种的保存（　　　）。

    A. 低温　　　　　B. 干燥　　　　　　C. 缺氧　　　　　　D. 避光

    E. 营养缺乏

二、填空题

1. 常见的微生物药物可分为_____、_____、_____ 三大类型。

2. 培养基的成分主要包括_____、_____、_____、_____ 等营养要素，还包括_____、_____等。

3. 在工业发酵中，常按培养基在发酵过程中所处位置和作用进行分类，可分为_____、_____、_____、_____等。

4. 根据操作方式和工艺流程，发酵培养可分为_____、_____、_____、_____等。

5. 微生物发酵产物的分离纯化工艺应该考虑 4 个要素：_____、_____、_____、_____。

三、判断题

1. 所有细菌都可以发酵生产抗生素。（　　　）

2. 制药工业发酵是纯种发酵，在发酵过程中灭菌工艺是其中非常重要的操作。（　　　）

3. 细菌细胞壁的主要成分是肽聚糖，常选用溶菌酶作为去壁酶，实现杂交育种。（　　　）

4. 高压蒸汽灭菌是高压环境，不是高温环境。（　　　）

5. 培养基的分批灭菌过程包括加热升温、保温和降温冷却 3 个阶段，灭菌效果是在保温阶段，加热升温和冷却降温阶段没有影响。（　　　）

6. 通过一级种子罐扩大培养，再接入发酵罐，为二级发酵。（　　　）

7. 流加式培养只有输入，没有输出，发酵体积不断增加。（　　　）

8. 发酵过程中最适生长温度与最适生产温度表现一致，所需温度完全相同。（　　　）

9. 可采用活性炭和离子交换树脂对发酵液进行脱色。（　　　）

10. 在四环素的精制中，进风口 80 ~ 90℃，出风口 130 ~ 140℃，对湿晶体进行气流干燥，得到成品。（　　　）

四、简答题

1. 根据企业生产岗位性质，简述微生物发酵制药的工艺过程。

2. 微生物发酵培养基组成成分有哪些? 各有何作用?

3. 简述培养基分批和连续灭菌工艺的优缺点及操作要点。

4. 发酵过程中溶解氧有何影响，控制策略是什么?

5. 分析发酵过程中泡沫形成的原因，泡沫对发酵的影响，并提出消沫的方法。

第四章　现代中药制药工艺

【素质目标】

（1）具有传承发展中医药事业的精神。

（2）具有扩大我国中药在国际上影响力的意识。

【知识目标】

（1）掌握中药制药工艺研究的定义和内容、提取工艺的原理和方法。

（2）熟悉中药预处理工艺、提取工艺、分离纯化工艺、浓缩干燥工艺的常见方法。

（3）了解中药的重要组成成分、中药的概念。

【能力目标】

（1）能根据药材成分选择合适的提取溶剂和方法。

（2）能根据浸提液选择合适的分离纯化、浓缩干燥方法。

党和国家领导人十分关注中医药的发展，并就中医药发展多次作出明确的指示，为新时代推动中医药振兴发展指明了方向。中医药学在临床上的实践经历了数千年的发展和积累，形成了自己独特的理论体系和生产工艺。本章从原药材预处理工艺、提取工艺、分离与纯化工艺、浓缩与干燥工艺等方面对中药制药工艺进行介绍。

第一节　概　　述

一、中药的概念和成分

（一）中药的概念

中药是指在中医理论指导下，用于预防、治疗疾病以及保健的药物。根据药源，中药包含植物药、动物药和矿物药。我国分布着种类繁多、产量丰富的植物、动物及矿物资源，其中一些资源在治病上有其独特的治疗效果，所以把它称为"药"。目前，发现和使用的中药资源已超过12807种，其中药用植物11146种、药用动物1581种、药用矿物80种。随着历史的发展，中药药物的来源亦逐渐由野生药材发展到部分人工栽培或驯养，并由动、植物扩展到天然矿物或若干人工制品。

此外，随着中药技术的发展，中药也可以认为是中药材、中药饮片、中成药的总称。中药材是天然来源的动物、植物和矿物仅仅经过简单产地加工的原料药，习惯称为药材。中药材是原料，一般不能直接入药，必须制成中药饮片后，方能调配。中药饮片是指在中医药理论指导下，将中药材加工成一定规格，可供汤剂和制剂配方煎煮或提取用的炮制品。中成药是以中药饮片为原料，根据临床处方的要求，采用相应的制备工艺和加工方法，制备成随时可以应用的剂型。

（二）中药的成分

中药的成分包括有效成分、辅助成分、无效成分和组织物质四个方面。

1. 有效成分

有效成分是产生主要药效的物质，一般指化学上的单体化合物，能用分子式和结构式表示，并具有一定的理化性质，如某种生物碱、苷、挥发油、黄酮、有机酸等。一种中药往往含多种有效成分，而一种有效成分又有多方面的药理作用，其作用机制十分复杂。例如甘草的生物活性成分，已知的就有甘草酸、甘草苷、异甘草苷、甘草苦苷、甘露醇、葡萄糖、蔗糖等，而其中仅甘草酸就具有肾上腺皮质激素样作用、抗变态反应作用、抗溃疡作用、抗动脉硬化作用、抗 HIV 作用和解毒作用等。

2. 辅助成分

辅助成分系指本身无特殊疗效，但能增强或缓和有效成分的物质，或有利于有效成分的浸出或增强制剂稳定性的物质。如麦角中的蛋白质分解成的组胺、酪胺、乙酰胆碱等，均能增强麦角生物碱的缩宫作用；大黄中所含的鞣质能缓和大黄的泻下作用，大黄流浸膏比单独服用大黄蒽醌苷泻下作用缓和，不良反应小；洋地黄中的皂苷可帮助洋地黄苷溶解和促进其吸收；葛根淀粉可使麻黄碱游离，增加溶解度；黄连流浸膏中小檗碱的含量大大超过小檗碱的溶解限度，也是由于有辅助成分存在所致。

3. 无效成分

无效成分系指无生物活性，不起药效的物质。有的会影响提取效能、制剂的稳定性、外观和药效等，例如蛋白质、鞣质、树脂、糖类、淀粉、黏液质、果胶等。

4. 组织物质

组织物质系指一些构成药材细胞或其他不溶性的物质，如纤维素、栓皮、石细胞等。在浸提工艺中，应尽量浸提出有效部位或有效成分，而最低限度地浸出无效甚至有害的物质。

随着自然科学的发展，"有效"与"无效"只是相对的，过去认为无效的成分，现在发现有了新的生物活性。例如，鞣质在五倍子和没食子中被认为是具收敛作用的成分，在大黄中是辅助成分，而在桂皮及其他多数药材中则是无效成分。在注射剂中，鞣质应作为杂质去除，因为它是注射剂发生沉淀、引起疼痛的主要原因之一。鞣质与机体组织中的蛋白质形成不溶性的鞣酸蛋白，难以吸收，致使局部硬结胀痛。所以，对药材的有效成分和无效成分不应该绝对地划分。

二、中药制药工艺的研究内容

中药制药工艺是将传统中药生产工艺与现代生产技术相结合，研究、探讨中药和天然药物制药过程中各单元操作生产工艺和方法的一门学科。其内容包括原药材前处理、有效成分的提取、分离纯化、浓缩与干燥、剂型制备的工艺原理、生产工艺流程、工艺技术条件筛选及质量控制，以使产品达到安全、有效、可控和稳定。制药工艺研究应尽可能采用新技术、新工艺、新辅料和新设备，以进一步提高中药、天然药物制剂的研究水平。

工艺路线是现代中药制药工艺科学性、合理性与可行性的基础和核心。工艺路线的选择是否合理，直接影响着药物的安全性、有效性和可控性，决定着制剂质量的优劣，也关系到大生产的可行性和经济效益。中药和天然药物制药工艺与化学制药工艺不同，有其特殊性。中药、天然药物生产工艺的研究应根据药物的临床治疗要求，所含有效成分或有效部位的理化性质，结合制剂制备上的要求、生产的可行性、生产成本、环境保护的要求等因素，进行工艺路线的设计、工艺方法和条件的筛选，制订出方法简便、条件确定的稳定生产工艺。

第二节　药材的前处理工艺

中药和天然药物制剂原料绝大多数为植物、动物及矿物等天然产物，品种繁多、成分复杂，这些原料在应用之前必须进行必要的前处理，使药材的药性、疗效、毒副作用、形状等发生变化，以达到制剂所需的质量标准。前处理工艺包括对药材净制、软化、切制和干燥等环节。即将原药材加工成具有一定质量规格的药材中间品或半成品，以达到便于应用、储存及发挥药效、改变药性、降低毒性、方便制剂等目的；并为中药有效成分的提取与中药浸膏的生产提供可靠的保证。

一、药材的净制

自然生存的原药材中常夹杂一些泥土、砂石、木屑、枯枝、腐叶、杂草和霉变品等杂质，根据药材的不同情况，可选用挑选、筛选、风选、漂洗、压榨等方法清除杂质。药材在采收过程中往往残留有非药用部分，在使用前需要除去。如：（1）去残根，用地上部分的药材需除去非药用部分的地下部分，如马鞭草、卷柏、益母草等，也包括用根或根茎的药材需除去支根须根等，如黄连等。（2）去芦头，芦头一般是指残留于根及根茎类药材上的残茎、叶茎、根茎等部位。需要去芦头的药材有人参、防风、桔梗和柴胡等。历代医学认为芦头为非药用部位，但近年来对桔梗、人参芦头的研究证明其亦含有效成分，主张不去除。（3）去枝梗，一般是除去某些果实、花叶类药材中非药用的果柄、花柄、叶柄、枯枝等。（4）去皮壳，一般指除去某些果实、花、叶类药材中非药用的栓皮、种皮、表皮或果皮等。去皮壳的方法因药而异，树皮类药材用刀刮去栓皮及苔藓；果实类药材砸破去皮壳；种仁、种子类药材单去皮；根及根茎类药材多趁鲜或刮、或撞、或踩去皮。（5）去心，心一般指某些根皮类药材的木质部和少数种子药材的胚芽。根皮类药材木质的心部不含有效成分，而且占相当大的质量，属非药用部位，应予除去。（6）去核，有些药材的种子为非药用部位，应予除去，如山楂、山茱萸、大枣、乌梅和丝瓜络等。（7）去瓤，瓤指果实类药材的内果皮及其坐生的毛囊。瓤不含果皮的有效成分，且易生霉，故应除去。（8）去毛，一般是指除去某些药材表面或内部附生的、非药用的绒毛。因其易刺激咽喉引起咳嗽或其他有害作用，应予除去。（9）去头、尾、足、翅、皮和骨，某些昆虫或动物药材需去头、尾、足、翅、皮和骨，以除去有毒部分或非药用部位。

二、药材的软化

药材净制后，只有少数可以进行鲜切或干切，多数需要进行适当的软化处理才能切片。软化药材的方法分为常水软化法和特殊软化法两类。常水软化法是用冷水软化药材的操作工艺，目的是使药材吸收一定量的水分，达到质地柔软、适于切制的要求。有些药材不宜用常水软化法处理，需采用特殊软化法，如湿热软化、干热软化、酒处理软化。

此外，还有一些软化的新技术出现。常见的药材软化新技术包括吸湿回润法、热气软化法、真空加温软化法、减压冷浸软化法和加压冷浸软化法等。

三、药材的切制

药材的切制方法常分为手工切制和机械切制。在实际生产中，大批量生产多采用机械切制，小批量加工或特殊需求时使用手工操作。生产中常根据不同药材及性质分别采用切、镑、刨、锉和劈等切制方法。切制后饮片的形态取决于药材的特点和炮制对片型的要求，大致可分为薄片（片厚为 1~2mm）、厚片（片厚为 2~4mm）、直片（片厚为 2~4mm）、斜片（片厚为 2~4mm）、丝片（叶类切宽度为 5~10mm，皮类切 2~3mm 宽的细丝）、块（8~10mm 的方块）、段（短度长度为 5~10mm，长段长度为 10~15mm）。

四、药材的干燥

药材切成饮片后，为保存药效、便于储存，必须及时干燥，否则将影响质量。药材的干燥过程按照干燥技术发展过程，可分为传统干燥方法和现代干燥方法。传统干燥方法主要包括阴干、晒干和传统烘房干燥，不需特殊设备，比较经济；现代干燥法主要有热风对流干燥法、红外干燥、微波干燥、冷冻干燥、真空干燥和低温吸附干燥等，要有一定的设备条件，清洁卫生，该法可缩短干燥时间。此外，还有冷冻干燥、热泵干燥、低温吸附干燥、真空干燥、太阳能干燥、气流干燥和振动流化干燥等。为了获得最佳的品质、效率，节约成本，目前已发展了多种干燥方法组合的干燥方法，如红外对流干燥法、微波-气流式干燥法等。

第三节 提 取 工 艺

药材的提取是指将中药、天然药物的药用有效成分与无效成分分离，是中药和天然药物制药工艺中重要的操作单元。通过提取可以把有效成分或有效部位与无效成分分离，减少药物服用量，有利于药物吸收；还可消除原药材服用时引起的副作用，增加制剂的稳定性。

一、提取原理

中药、天然药物的浸提是采用适当的溶剂和方法，将有效成分或有效部位从药材中提取出来的过程。在中药有效成分的提取过程中，一个关键的问题是如何将有效成分从细胞壁一侧的原生质中转移至另一侧的提取溶剂中。矿物类和树脂类药材无细胞结构，其成分可直接溶解或分散悬浮于溶剂中；动植物药材多具有细胞结构，药材的大部分生物活性成分存在于细胞液中。药材经过粉碎、细胞壁破碎，其所含的成分可被溶出、胶溶或洗脱下来。

（一）浸提过程

对于细胞结构完好的中药、天然药物来说，细胞内成分溶出需要经过一个浸提过程。浸提过程通常包括浸润渗透、解吸溶解、扩散置换等过程。

1. 浸润渗透

溶剂能否使药材表面润湿，并逐渐渗透到药材的内部，与溶剂性质和药材性质有关，取决于附着层（液体与固体接触的那一层）的特性。如果药材与溶剂之间的附着力大于溶剂分子间的附着力，则药材易被润湿；反之，如果溶剂的内聚力大于药材与溶剂之间的附着力，则药材不易被润湿。

大多数情况下，药材能被溶剂润湿。因为药材中有很多极性基团物质如蛋白质、果胶、糖类和纤维素等能被水和醇等溶剂润湿。润湿后的药材由于液体静压和毛细管的作用，溶剂进入药材空隙和裂缝中，渗透进细胞组织内，使干皱细胞膨胀恢复通透性，溶剂进一步渗透进入细胞内部。但是，如果溶剂选择不当，或药材中含特殊有碍浸出的成分，则润湿会遇到困难，溶剂很难向细胞内渗透。例如，要从脂肪油较多的药材中浸出水溶性成分，应先进行脱脂处理；用乙醚、石油醚、三氯甲烷等非极性溶剂浸提脂溶性成分时，药材需先进行干燥。

为了帮助溶剂润湿药材，在某些情况下可向溶剂中加入适量表面活性剂帮助某些成分的溶解，以利于提取。溶剂能否顺利地渗透进入细胞内，还与毛细管中有无气体栓塞有关。所以，在加入溶制后用挤压法或于密闭容器中减压，以排出毛细管内空气，有利于溶剂向细胞组织内渗透。

2. 解吸溶解

溶剂进入细胞后，可溶性成分逐渐溶解，转入溶液中；胶性物质由于胶溶作用转入溶剂中或膨胀生成凝胶。随着成分的溶解和胶溶，浸出液的浓度逐渐增大，渗透压提高，溶剂继续向细胞透入，部分细胞壁膨胀破裂，为已溶解的成分向细胞外扩散创造了有利条件。

由于药材中有些成分之间有较强的吸附作用（亲和力），使这些成分不能直接溶解在溶剂中，需解除吸附作用才能使其溶解，所以，药材浸提时需选用具解吸作用的溶剂，如水、乙醇等。必要时，可向溶剂中加入适量的酸碱、甘油表面活性剂以助解吸，增加有效成分的溶解作用。但成分能否被溶剂溶解取决于成分的结构与溶剂的性质，遵循"相似相溶"原理。解吸与溶解阶段的快慢，主要取决于溶剂对有效成分的亲和力大小，因此，选择适当的溶剂对于加快这一过程十分重要。

3. 扩散置换

当浸出溶剂溶解大量的有效成分后，细胞内液体浓度显著提高，使细胞内外出现浓度差和渗透压，这将导致细胞外侧纯溶剂或稀溶液向细胞内渗透，细胞内高浓度的液体不断地向周围低浓度方向扩散，直至内外溶液浓度相等、渗透压平衡时，扩散终止。

浸出过程是由浸润、渗透、解吸、溶解、扩散及置换等几个相互联系的作用综合组成的，几个作用交错进行，同时还受实际生产条件的限制。创造最大的浓度梯度是浸出方法和浸出设备设计的关键。

（二）常用的浸提溶剂

溶剂的性质不同，对各种化学成分的溶解性不同，浸提出的化学成分也不同。浸提溶剂选择的恰当与否，直接关系到有效成分的浸出，制剂的有效性、安全性、稳定性及经济效益的合理性。理想的提取溶剂应符合4个基本条件：（1）能最大限度地溶解和浸出有效成分或部位，最低限度地浸出无效成分和有害物质；（2）不与有效成分发生化学反应，不影响其稳定性和药效；（3）价廉易得，或可以回收；（4）使用方便，操作安全。但在实际生产中，真正符合上述要求的溶剂很少，除水、乙醇外，还常采用混合溶剂，或在浸提溶剂中加入适宜的浸提辅助剂。

中药和天然药物制药中使用最多的溶媒是水，因它价康、无毒且提取范围广。对某些适应性较差者可通过调节pH值，或加附加剂，或应用特殊技术（如超声提取、超临界提取等），来改善提取效果；或者乙醇，不同浓度的乙醇可以起到纯化除杂的作用。提取溶剂选择应尽量避免使用一、二类有机溶剂，如非用不可时，应做残留检查。选用溶媒时应将提取理论与实践结合起来，选择优化结果。

例如，某治疗肝炎的方药中用了夏枯草，其所含齐墩果酸属有效成分，拟作为含量测定成分。齐墩果酸难溶于水，若工艺路线规定为将夏枯草与其他药物用水共煎，则齐墩果酸难以煎出，制剂无法进行该成分的含量测定。但齐墩果酸易溶于乙醇，所以一般可用70%~80%乙醇回流提取。

（三）浸提辅助剂

为提高浸提效能，增加浸提成分的溶解度，增强制品的稳定性以及除去或减少某些杂质，特别添加于浸提溶剂中的物质即为浸提辅助剂。常用的浸提辅助剂有酸、碱、表面活性剂等。

1. 酸

酸的使用主要在于促进生物碱的浸出；提高部分生物碱的稳定性；使有机酸游离，便于用有机溶剂浸提；除去不溶性杂质等。常用的酸有硫酸、盐酸、乙酸和酒石酸等。酸的用量不宜过多，以能维持一定的pH值即可，因为过量的酸可能会造成不需要的水解或其他后果。为了发挥所加酸的最佳效能，常将酸一次性加于最初的少量浸提溶剂中，便于较好地控制其用量。当酸化浸出溶剂用完后，只需使用单纯的溶剂即可顺利完成浸提操作。

2. 碱

加入碱的目的是增加有效成分的溶解度和稳定性。碱性水溶液不仅可以溶解内酯、蒽醌及其苷、香豆素、有机酸、某些酚性成分，也能溶解树脂酸、某些蛋白质，使杂质增加。常用的碱为氢氧化铵（氨水），其是一种挥发性弱碱，对成分破坏作用小，易于控制其用量。对特殊的浸提常选用碳酸钙、氢氧化钙、碳酸钠和石灰等。氢氧化钠碱性过强，容易破坏有效成分，一般不使用。

3. 表面活性剂

加入适宜的表面活性剂能降低药材与溶剂间的界面张力，使润湿角变小，促进药材表面的润湿性，有利于某些药材成分的浸提。不同类型的表面活性剂具有不同的作用：阳离子型表面活性剂的盐酸盐有助于生物碱的浸出；阴离子型表面活性剂对生物碱多有沉淀作用，故不适于生物碱的浸提；非离子型表面活性剂一般对药物的有效成分不起化学作用，毒性小甚至无毒，所以经常选用。表面活性剂虽有提高浸出效能的作用，但浸出液中杂质的含量也较多，应用时须加以注意。

二、浸提工艺与方法

浸提在中药、天然药物提取生产中是非常重要的环节。在中药、天然药物有效成分不被破坏的基础上，选择最佳的工艺和设备，对浸提生产是非常重要的。最佳的浸提工艺和设备应该是浸提的生产转化率高、产品质量好、成本低和经济效益高。为了加速浸提，常提高浸提温度和压力，但有时会引起有效成分的破坏。在这种情况下，常压低温和受热时间越短越好。因此，要根据天然药物、中药处方中各种药材的性质及有效成分的稳定性选择适当的工艺条件、工艺路线和浸提设备。

目前，浸提方法较多，一般常见有浸渍法、渗漉法、煎煮法、回流法、超声波提取法、微波提取法、超高压提取技术。

（一）浸渍法

浸渍法（infuse method）是用定量的溶剂，在一定温度下将药材浸泡一定时间，以提取药材成分的一种方法。浸渍法一般在常温下进行。因浸渍法所需时间较长，不宜以水为溶剂，通常选用不同浓度的乙醇，故浸提过程应密闭，防止溶剂的挥发损失。浸渍法按操作温度和浸渍次数分为冷浸法、热浸法和重浸渍法，图 4-1 所示为冷浸渍法的工艺流程。

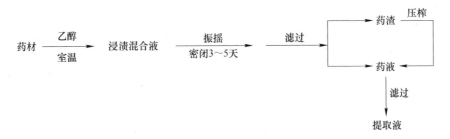

图 4-1 冷浸渍法工艺流程

浸渍法的优缺点是操作简单；但提取时间长、溶剂用量大，提取效率不高。

该法适用于黏性药材、无组织结构的药材、新鲜及易膨胀的药材、价格低廉的芳香性药材。由于浸出效率低，不适于贵重药材、毒性药材和有效成分低的药材的浸取。

（二）渗漉法

渗漉法（diacolation method）是将药物粗粉置于渗漉器内，溶剂连续地从容器的上部加入，渗漉液不断地从下部流出，从而浸出药材中有效成分的一种方法。渗漉时，溶剂渗入药材细胞中溶解大量的可溶性成分后，浓度增高，向外打散，浸提液的密度增大，向下移动。上层的溶剂不断置换其位置，形成良好的浓度差，使扩散自然地进行。当渗漉流出液的颜色极浅或渗漉液体积的数值相当于原药材质量数值的 10 倍时，便可认为基本提取完全，其工艺流程如图 4-2 所示。

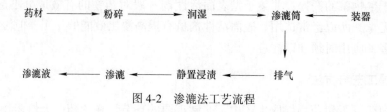

图 4-2　渗漉法工艺流程

在渗漉法中借鉴和引用一些新技术、新设备等，对于提高制剂的质量、稳定性、生物利用度，降低毒副作用，提高生产效率，降低成本等均有积极作用。如酒剂的生产，由原始的浸渍法到渗漉法，现在又采用连续浸渗提取法，不仅缩短了生产周期，而且提高了产品质量，较好地解决了药酒澄清度的问题。

渗漉法有较大的浓度差，提取效率较高；但溶剂用量大，操作较麻烦。因渗漉过程所需时间较长，不宜用水作溶剂，通常用不同浓度的乙醇或白酒，故应防止溶剂的挥发损失。

该法适用于贵重药材、毒性药材及高浓度的制剂，也可用于有效成分含量较低的药材提取。但对新鲜的及易膨胀的药材、无组织结构的药材不宜采用。

（三）煎煮法

煎煮法（decocting method）是以水为浸提溶剂，将药材加热煮沸一定的时间以提取其所含成分的一种方法。优点是简单易行，提取效率比冷浸法高；但有水溶性杂质多，水煎液易发霉的缺陷。

操作方法：取药材饮片或粗粉，加水浸没药材（勿使用铁器），加热煮沸，保持微沸。煎煮一定时间后，分离煎煮液，药渣继续依法煮沸数次至煎煮液味淡薄，合并各次煎煮液，浓缩（图 4-3）。一般以煎煮 2~3 次为宜，小量提取，第 1 次煮沸 20~30min；大量生产第 1 次煎煮 1~2h，第 2、3 次煎煮时间可酌减。

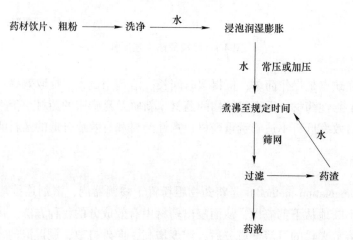

图 4-3　煎煮法工艺流程

该法适用于有效成分能溶于水，且对湿热较稳定的药材。其优点是操作简单易行；缺点是煎煮液中除有效成分外，往往含有较多的水溶性杂质和少量的脂溶性成分，给后续操作带来很多困难。一些不耐热及挥发性成分在煎煮过程中易被破坏或挥发损失，同时煎出液易霉变、腐败，应及时处理。因煎煮法能提取较多的成分，符合中医传统用药习惯，所以对于有效成分尚未清楚的中药或方剂进行剂型改革时，常采用煎煮法粗提。煎煮法分为常压煎煮法和加压煎煮法。常用的设备有一般提取器、多功能中药提取罐、球形煎煮罐等。

（四）回流法

回流法（circumfluence method）是用乙醇等挥发性有机溶剂加热提取药材中有效成分的一种方法。将提取液加热蒸馏，其中挥发性馏分又被冷凝，重新流回浸出器中浸提药材，这样周而复始，直至有效成分回流提取完全。回流法可分为回流热浸法和循环回流冷浸法，其工艺流程如图 4-4 所示。

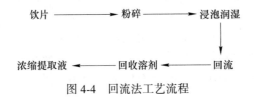

图 4-4　回流法工艺流程

1. 回流热浸法

回流热浸法是将药材饮片或粗粉装入圆底烧瓶内，添加溶剂浸没药材表面，浸泡一定时间后，于瓶口安装冷凝装置，并接通冷凝水，水浴加热，回流浸提至规定时间，将回流液滤出后，再添加新溶剂回流，合并多次回流液，回收溶剂，即得浓缩液。

2. 循环回流冷浸法

循环回流冷浸法是采用少量溶剂，通过连续循环回流进行提取，使药物有效成分提出的浸取方法。少量药粉可用索氏提取器提取，大量生产时可采用循环回流冷浸装置。

由于提取液浓度逐渐升高，受热时间长，故不适用于受热易破坏的药材成分浸出。但适用于脂溶性强的化学成分的提取，如甾体、萜类和蒽醌等。

（五）超声波提取法

超声波提取（ultrasonic extraction）是利用超声波具有的空化作用、机械效应及热效应，通过增大介质分子的运动速度、增大介质的穿透力，促进药物有效成分的溶解及扩散，缩短提取时间，提高药材有效成分的提取率。超声波提取工艺流程如图 4-5 所示。

中药有效成分大多为细胞内产物，提取时往往需要将细胞破碎，而现有的机械或化学破碎方法有时难以取得理想的效果，所以超声破碎在中药的提取中显示出显著的优势。目前，超声提取技术在中药和天然药物的研发、中药制药质量的检测中已广泛使用。如采用80%乙醇浸泡水芹，超声处理 30min，连续提取 2 次，总黄酮的浸出率为 94.5%，而用醇提法仅为 73%。

与常规的煎煮法、浸提法、渗漉法等技术相比，超声波提取具有以下特点：（1）超

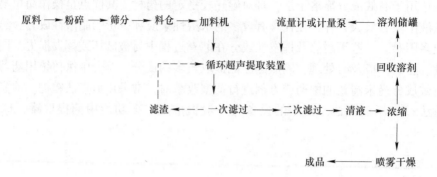

图 4-5　超声波提取工艺流程

声提取能增加所提取成分的提取率，提取时间短，操作方便；（2）在提取过程中无需加热，节约能源，适合于热敏性物质的提取；（3）不改变所提取成分的化学结构，能保证有效成分及产品质量的稳定性；（4）溶剂用量少；（5）提取物有效成分含量高，有利于进一步精制。

优点：提取时间短，无需加热。但超声提取技术在大规模提取时效率不高，所以在工业化生产中应用较少。随着对超声理论与实际应用的深入研究、超声设备的不断完善，超声提取在中药和天然药物提取工艺中将会有广阔的应用前景。

（六）微波提取法

微波（microwave，MW）通常是指波长为 1mm~1m（频率在 300MHz~300GHz）的电磁波。微波提取技术（microwave assisted extraction technique，MAET）是利用微波和传统的溶剂萃取法相结合后形成的一种新的萃取方法。微波提取法能在极短的时间内完成提取过程，其主要是利用了微波强烈的热效应。被提取的极性分子在微波电磁场中快速转向及定向排列，由于相互摩擦而发热，使能量快速传递和充分利用，极性分子易于溶出和释放。介质中不同组分的理化性质不同，吸收微波能的程度也不同，由此产生的热量和传递给周围环境的热量也不同，从而可将药材中的有效成分分别提取出来。

微波萃取技术在中药和天然药物提取中主要有两方面的应用。一是通过快速破坏细胞壁，加快有效成分的溶出；二是难溶性物质在微波的作用下溶解度增大，得到较好的溶解，提高有效成分萃取的速度和转化率。微波提取设备生产线主要包括 4 个环节：预处理、微波提取、料液分离和浓缩系统。微波提取工艺流程如图 4-6 所示。

例如，采用微波技术从甘草中提取甘草酸的最佳提取条件为以 5% 氨水为提取溶剂，

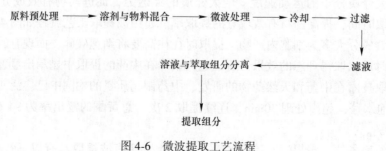

图 4-6　微波提取工艺流程

微波功率为 2000W，体系温度升至 60℃后保温提取 40min。微波提取与索氏提取 4h、室温冷浸 44h 的甘草酸转化率相当。

与传统提取方法相比，微波萃取具有如下特点：（1）操作简单，萃取时间短，不会破坏敏感物质；（2）可供选择的溶剂多，用量少，溶剂回转化率高，有利于改善操作环境并减少投资；（3）对萃取物具有较高的选择性，有利于改善产品的质量；（4）微波提取热效率高，节约能源，安全可控。

微波萃取仅适用于对热稳定的产物。微波萃取技术有一定的局限性，微波加热能导致对热敏感物质的降解、变性甚至失活；微波泄漏对操作者影响很大。

（七）超高压提取技术

超高压提取技术（ultrahigh-pressure extraction，UHPE）是在常温下用 100~1000MPa 的流体静压力作用于提取溶剂和药材的混合液上，并在预定压力下保持一段时间，使植物细胞内外压力达到平衡后迅速卸压，由于细胞内外渗透压力忽然增大，细胞膜的结构发生变化，使得细胞内的有效成分能够穿过细胞的各种膜而转移到细胞外的提取溶剂中，达到提取有效成分目的的一种方法。

超高压提取一般步骤如下。（1）原料筛选：从原药材中筛选所需的叶、根茎等；（2）预处理：药材的干燥粉碎脱脂等前处理；（3）与溶剂混合：药材与提取溶剂按照一定的料液比混合后包装并密封；（4）超高压处理：按照设定的工艺参数值进行处理；（5）除去提取液中的残渣：一般采用离心或过滤的方法；（6）挥发干燥溶剂：用减压蒸馏、膜分离法等处理；（7）纯化：进行萃取、层析、重结晶等纯化处理；（8）得到有效成分，进行相关的定性鉴别和定量测定。超高压提取工艺流程如图 4-7 所示。

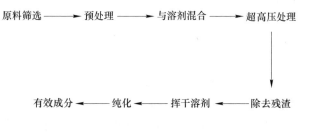

图 4-7 超高压提取工艺流程

超高压提取技术在中药和天然药物有效成分提取方面具有许多独特的优势。该提取工艺提取效率高，提取产物生物活性高，提取液稳定性好，耗能低、适用范围广、操作简单、溶剂用量少，并且超高压提取是在密闭环境下进行的，没有溶剂挥发，不会对环境造成污染，是一种绿色提取技术。

超高压条件下虽然不会影响生物小分子的结构，但能够影响蛋白质、淀粉等生物大分子的立体结构。当药材中含有大量淀粉时，压力过高可引起淀粉的糊化而阻碍有效成分溶入提取溶剂中。因此，超高压提取技术不适于提取活性成分主要为蛋白质类的中药和天然药物。此外，超高压提取需要有特定的提取设备。该提取技术的应用处于刚刚起步的阶段，提取工艺参数的协同效应优化等问题还需进一步研究。

第四节　分离与纯化工艺

中药品种多、来源广、组分复杂，进行提取后得到的提取液往往是混合物，需进一步除去杂质，进行分离纯化和精制，才能得到所需要的有效成分或有效部位。分离与纯化的目的是除去浸提液中无效成分、组织成分、有害成分，尽量保留有效成分或部位，为制剂提供合格的原料或半成品。分离与纯化的方法需根据粗提取液的性质、所选剂型确定。

一、分离工艺与方法

分离的目的是将固体-液体非均相体系用适当的方法分开的过程，即固液分离。常用的分离方法有沉降分离法、滤过分离法和离心分离法等。

（一）沉降分离法

沉降分离法是利用固体物质与液体介质密度悬殊，固体物质靠自身的重量自然下沉，进而发生相对运动而分离的操作。沉降分离方法分离不够完全，往往还需要进一步滤过或离心分离，但它能够去除大量杂质，有利于进一步的分离操作，实际生产中经常采用。对料液中固体物质含量少、粒子细而轻者，不宜采用沉降分离法。

（二）滤过分离法

滤过分离法是将固液混悬液通过多孔介质，使固体质子被介质截留，液体经介质孔道流出，从而实现固-液分离的方法。当有效成分为可溶性成分时取滤液；当有效成分为固体沉淀物或结晶时则取滤饼；当滤液和滤饼均为有效成分时，应分别收集。常用的滤过方法有常压滤过、减压滤过和加压滤过。

（三）离心分离法

离心分离法是将待分离的料液置于离心机中，借助于离心机高速旋转，使料液中的固体与液体或两种不相混溶的液体产生大小不同的离心力，从而达到分离目的。该法是目前较普遍使用的一种分离方法。适于离心分离的料液应为非均相系，包括液固混合系（混悬液）和液-液混合系（乳浊液）。离心分离法的优点是生产能力大、耗时少、分离效果好、成品纯度高。

二、纯化工艺与方法

（一）纯化的常见方法

纯化的目的是采用适当的方法和设备除去药材提取液中的杂质。常用的方法较多，各有其优势。下面介绍水提醇沉法、醇提水沉法、改变杂质环境条件法、盐析法、色谱法、絮凝澄清技术、膜分离技术、蒸馏分离技术、大孔吸附树脂法、双水相萃取技术等。

1. 水提醇沉法

水提醇沉法的原理是利用药材中大多数有效成分（如苷类、生物碱、多糖等）易溶于水和醇的特点，用水提取，并将提取液浓缩，加入适当的乙醇和稀乙醇反复数次沉降，除去不溶解的杂质，从而达到与有效成分分离的目的。

水提醇沉操作的特点：应采用分次醇沉或以梯度递增的方式逐步提高乙醇浓度，有利于除去杂质，减少杂质对有效成分的包裹而被一起沉出造成损失。分次醇沉是指每次回收乙醇后再加乙醇调至规定含醇量，可以较为完全地除去杂质，但操作较麻烦，乙醇用量大。梯度递增醇沉法是将乙醇慢慢加入浓缩药液中，边加边搅拌，使含醇量逐步提高，其操作比较方便，乙醇的用量小，但除杂较不完全。

水提醇沉法的优点：采用的设备简单、操作容易、准确度高、成本低廉，适用于大规模的工业生产。缺点：经醇沉处理的液体制剂在保存期间容易产生沉淀或粘壁现象，造成浓缩困难，且其浸膏黏性也大，制粒困难；醇沉处理生产周期长，耗醇量大，成本高，大量使用有机溶剂，不利于安全生产。

2. 醇提水沉法

醇提水沉法的基本原理及操作与水提醇沉法基本相同，适用于提取药效物质为醇溶性或在醇水中均有较好溶解性的药材，可避免药材中大量蛋白质、淀粉、黏液质等高分子杂质的浸出；同时，水处理可较方便地将醇提取液中的树脂、油脂、叶绿素等杂质沉淀除去。应特别注意，如果药效成分在水中难溶或不溶，则不可采用醇提水沉法。

3. 膜分离技术

膜分离技术（membrane separation technique）是用天然或人工合成的具有选择性的薄膜为分离介质，在膜两侧一定推动力（如压力差、浓度差、温度差和电位差等）的作用下，使原料中的某组分选择性地透过膜，从而使混合物得以分离，达到提纯浓缩等目的的分离过程。使用膜分离技术，可以在原生物体系环境下实现物质分离的目的，可以高效浓缩富集产物，有效地去除杂质。

膜分离是一个高效的分离过程，可以实现高纯度的分离；大多数膜分离过程不发生相应的变化，且通常在室温下进行，能耗较低，特别适用于热敏性物质的分离、分级、提纯或浓缩；适于从病毒、细菌到微粒广泛范围的有机物和无机物的分离及许多理化性质相近的混合物（共沸物或近沸物）的分离。

选用合适材质和孔径的滤膜是膜分离技术的关键。中药、天然药物化学成分非常复杂、类型繁多，不同孔径的膜和不同材料制成的膜对不同类型有效成分的截留率和吸转化率不同。因此，应根据药液所含的有效成分，选择适宜规格的超滤膜。目前应用于中药和天然药物生产工艺过程中的膜分离技术有微滤（microfiltration，MR）、超滤（ultrafiltration，UF）、纳滤（nanofiltration，NF）、反渗透（reverse osmosis，RO）、渗析（dialysis）、电渗析（electrodialysis，ED）、气体分离（gas permeation，GP）和渗透汽化（pervaporation，PV）等。

4. 蒸馏分离技术

蒸馏分离技术的基本原理是利用混合物中各组分的沸点不同进行分离。液体物质的沸点越低，其挥发度就越高，因此将液体混合物沸腾并使其部分汽化和部分冷凝时，挥发度较高的组分在气相中的浓度就比在液相中的浓度高；相反地，难挥发组分在液相中的浓度高于在气相中的浓度，故将气、液两相分别收集，可达到分离的目的。

（1）水蒸气蒸馏。根据道尔顿（Dalton）定律，当与水不相混溶的物质与水一起存在时，整个体系的蒸气压力等于该温度下各组分蒸气压（即分压）之和。当混合物中各组分的蒸气压总和等于外界大气压时，这时的温度即为它们的共沸点，此沸点较任一个组分的沸点都低。因此，在常压下应用水蒸气蒸馏，就能在低于100℃的情况下将高沸点组分与水一起蒸出来。此法特别适用于分离那些在其沸点附近易分解的物质，也用于从不挥发物质或不需要的树脂状物质中分离出所需的组分。

（2）分子蒸馏技术。分子蒸馏（molecular distillation，MD）又称为短程蒸馏（short-path distillation），是一种在高真空度下进行分离精制的连续蒸馏过程。在压力和温度一定的条件下，不同种类的分子由于分子的有效直径不同，其分子平均自由程也不同。从统计学观点来看，不同种类的分子逸出液面后不与其他分子碰撞的飞行距离是不同的，轻分子的平均自由程大，重分子的平均自由程小。如果冷凝面与蒸发面的间距小于轻分子的平均自由程，大于重分子的平均自由程，这样轻分子可达到冷凝面被冷却收集，从而破坏轻分子的动态平衡，使轻分子不断逸出。重分子因达不到冷凝面相互碰撞返回液面，很快趋于动态平衡，不再从混合液中逸出，从而实现混合物的分离。

分子蒸馏技术适用于高沸点、热敏性、易氧化的物料，尤其是对温度较为敏感的挥发油的提取分离。该法可脱除液体中的低分子质量物质（如有机溶剂、臭味等），所得到的产品安全、品质好。例如，玫瑰精油为热敏性物质，常规的蒸馏方法温度高，加热时间过长会引起其中某些成分的分解或聚合。利用分子蒸馏技术对超临界提取的玫瑰粗油进行精制：操作真空度为30Pa，加热器的温度从80℃开始，每次递增10℃对玫瑰粗油进行单级多次分子蒸馏，在80~120℃的沸程温度下能得到品质较好的玫瑰精油，转化率为56.4%。

分子蒸馏物料在进料时为液态，可连续进、出料，利于产业化大生产，且工艺简单、操作简便、运行安全。与传统蒸馏相比，分子蒸馏有如下特点：1）操作温度低，可大大节省能耗；2）蒸馏压强低，需在高真空度下操作；3）受热时间短；4）分离程度及产品转化率高；5）分子蒸馏是不可逆过程。

5. 大孔吸附树脂法

大孔吸附树脂（macroporous adsorption resin）是一种非离子型高分子聚合物吸附剂，具有大孔网状结构，其物理化学性质稳定，不溶于酸、碱及各种有机溶剂，不受无机盐类及强离子、低分子化合物存在的影响。大孔树脂比表面积大、吸附与洗脱均较快、机械强度高、抗污染能力强、热稳定性好，在水溶液和非水溶液中都能使用。不同于以往使用的离子交换树脂，大孔吸附树脂是通过物理吸附和树脂网状孔穴的筛分作用，达到分离提纯的目的。

中药、天然药物提取液体积大、杂质多、有效成分含量低，使用大孔树脂既可除去大量杂质，又可使有效成分富集，同时完成除杂和浓缩两道工序。大孔吸附树脂与以往的吸附剂（活性炭、分子筛和氧化铝等）相比，其性能非常突出，主要是吸附量大、容易洗脱、有一定的选择性、强度好、可以重复使用等。特别是可以针对不同的用途设计树脂的结构，因而使吸附树脂成为一个多品种的系列，在中药和天然药物、化学药物及生物药物分离等多方面显示出优良的吸附分离性能。

（二）纯化工艺的实例

1. 雷公藤内酯的水提醇沉法

雷公藤内酯的水提醇沉法的工艺流程如图4-8所示。

取雷公藤根茎粗粉1.0kg，水回流提取3次，每次1.5h，合并水提取液，弃渣，浓缩至1000mL（每毫升含1g生药），加95%乙醇至含醇量为75%，沉淀，冷处理静置48h，抽滤，滤渣75%乙醇洗3次后弃渣，滤液回收乙醇，上清液用三氯甲烷萃取5次，萃取液回收三氯甲烷，用硅胶柱色谱处理得粗制品，用乙酸乙酯/石油醚洗脱硅胶柱色谱，将内脂醇结晶进行重结晶得纯品。

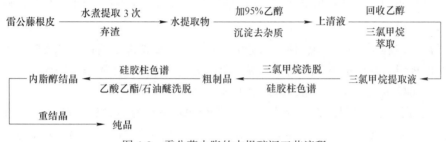

图4-8　雷公藤内脂的水提醇沉工艺流程

2. 人参皂苷的大孔吸附树脂法

人参皂苷的大孔吸附树脂法的工艺流程如图4-9所示。

人参茎叶中含可作为药用的人参皂苷，但含量低。用大孔树脂，将人参茎叶煮提3次得水提液，然后通过树脂柱处理，水洗树脂，用70%乙醇洗脱之后，得乙醇洗液，回收乙醇之后干燥即得人参皂苷粗品。

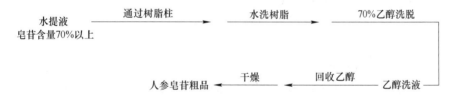

图4-9　人参皂苷的大孔吸附树脂法工艺流程

第五节　浓缩与干燥工艺

中药在提取时溶媒用量较大，加上中药有效成分含量低，故而在提取液中药液浓度非常低。为了满足治疗和制剂需要，必须提高其浓度，一般采用蒸发浓缩，最后干燥的方法。浓缩与干燥是中药和天然药物制药工艺中重要的基本操作。浓缩与干燥技术的应用是否适宜，将直接影响产品的质量、使用以及外观等。因此，在生产过程中如何根据不同的生产工艺要求、提取液的物性以及浓缩后物料的性质和剂型特点等，选择适宜的浓缩与干燥技术和装备是十分重要的。

一、浓缩工艺与方法

（一）浓缩的原理

浓缩过程是用加热的方法，利用蒸发原理，使溶液中部分溶剂汽化而被分离除去。浓缩通过溶剂蒸发实现，蒸发通过加热使物料中溶剂部分或全部汽化并不断排出产生的蒸汽进而实现浓缩。

（二）浓缩的方法

药物性质不同，浓缩方法不同。常用的浓缩方法有煎煮浓缩、薄膜浓缩和多效浓缩。

1. 煎煮浓缩

煎煮浓缩是利用蒸发原理，使一部分溶剂汽化而达到浓缩的目的。蒸发时，溶剂分子从外界吸收能量，克服液体分子间引力和外界阻力逸出液面。按照蒸发操作过程中采用的压力不同，可将蒸发过程分为常压浓缩和减压浓缩。

（1）常压浓缩。是料液在 1 个大气压下进行的蒸发浓缩。被浓缩药液中的有效成分是耐热的，而溶剂无燃烧性、无毒害、无经济价值，可用此法进行浓缩。其特点是液体表面压力大，蒸发需较高温度，液面浓度高、黏度大，使液面产生结膜现象而不利于蒸发，通过搅拌可提高蒸发强度。中药水提取液常压浓缩时，蒸发时间长，加热温度高，热敏性有效成分容易破坏、炭化而影响药品质量，且设备易结垢，故应用受到限制。

（2）减压浓缩。是使蒸发器内形成一定的真空度，使料液的沸点降低，进行沸腾蒸发的操作。减压浓缩由于溶液沸点降低，能防止或减少热敏性成分的破坏；增大传热温度差，强化蒸发操作；并能不断地排出溶剂蒸气，有利于蒸发顺利进行；同时，沸点降低，可利用低压蒸汽或废气加热。由于减压浓缩优点多于缺点，其在生产中应用较普遍。

2. 薄膜浓缩

薄膜浓缩（film concentration）是利用料液在蒸发时形成薄膜，增大汽化表面进行蒸发的方法。其特点是浸出液的浓缩速度快，受热时间短；不受料液静压和过热影响，成分不易被破坏；能连续操作，可在常压或减压下进行；能将溶剂回收重复利用。

薄膜蒸发的进行方式有两种：一是使液膜快速流过加热面进行蒸发；二是使料液剧烈沸腾产生大量泡沫，以泡沫的内外表面为蒸发面进行蒸发。前者在很短的时间内能达到最大蒸发量，但蒸发速度与热量供应间的平衡较难把握，药液变稠后容易黏附在加热面上，加大热阻，影响蒸发，故很少使用；后者目前使用较多，常常通过流量计来控制料液的流速，以维持液面恒定，否则也容易产生前者的弊端。

3. 多效浓缩

多效浓缩（multi-effect evaporation）是为了降低消耗大量的加热蒸汽，根据能量守恒定律关于低温低压（真空）蒸汽含有的热能与高温高压含有的热能相差很小，而汽化热

注：1atm＝0.1MPa。

反而高的原理设计的。即将蒸发器串联在一起，将前一效产生的二次蒸汽引入后一效作为加热蒸汽，组成双效浓缩器；将二效的二次蒸汽引入三效作为加热蒸汽，组成三效浓缩器；同理，可组成多效浓缩器。最后一效引出的二次蒸汽进入冷凝器被冷凝成水而除去。多效浓缩时要使多效蒸发能正常运行，系统中除第一效外，任一效蒸发器的蒸发温度和压力均要低于上一效蒸发器的蒸发温度和压力。

常见的多效浓缩操作流程根据蒸汽与被浓缩料液流向不同（以三效为例），一般可分为顺流、逆流和平流 3 种形式。

（1）顺流加料法。料液的流向和蒸汽的走向一致，均由第一效至末效。即原料液依次通过一效、二效和三效，完成原料液由第三效的底部排出。加热蒸汽通入第一效加热室的壳层，蒸发出的二次蒸汽进入第二效的加热室壳层作为蒸汽，第二效的二次蒸汽又进入第三效的加热室作为蒸汽，第三效的二次蒸汽送至冷凝器被全部冷凝移除。顺流加料法工艺流程如图 4-10 所示。

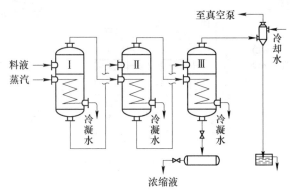

图 4-10　顺流加料三效蒸发工艺流程

顺流加料法的优点是由于前一效的温度、压力总比后一效高，故料液不需要泵输送，而是依靠效间的压力差自动送料，操作简便；并且前一效溶液的沸点较后一效的高，当前一效料液流入后一效时，则处于过热状态而自行蒸发，能产生较多的二次蒸汽，使热量消耗较少。其缺点是由于后一效溶液的浓度较前一效的高，且温度又较低，所以沿溶液流动方向其浓度逐渐增高，黏度也增高，致使传热系数逐渐下降，因而此法不宜处理黏度随温度、浓度变化大的溶液。

（2）逆流加料法。蒸汽流向与料液流向相反，加热蒸汽的流向与顺流加料法相同，而料液则从末效加入，依次用泵将料液送到前一效，浓缩液由第一效放出。逆流加料工艺流程如图 4-11 所示。

逆流加料法的优点是工艺流程从末效至第一效，溶液浓度逐渐增大，相应的操作温度也随之逐渐增高，由于浓度增大黏度上升与温度升高黏度下降的影响基本可以抵消，故各效溶液的黏度相近、传热系数也大致相同。其缺点是料液均从压力、温度较低之处送入，效与效之间需用泵输送，因而能耗大，操作费用较高，设备也较复杂。逆流加料法对于黏度随温度和浓度变化较大的料液的蒸发较为适宜，不适于热敏性料液的处理。

（3）平流加料法。是将待浓缩料液同时平行加入每一效的蒸发器中，浓缩液也是分别从每一效蒸发器底部排出，蒸汽的流向仍然从一效流至末效。平流加料法工艺流程如图 4-12 所示。

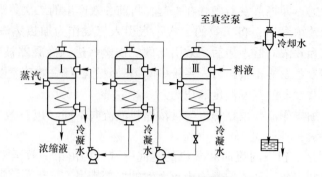

图 4-11　逆流加料三效蒸发工艺流程

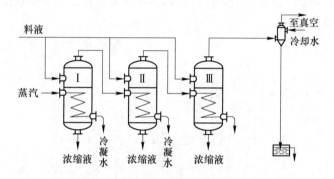

图 4-12　平流加料三效蒸发工艺流程

平流加料能避免在各效之间输送含有结晶或沉淀析出的溶液，故适用于处理蒸发过程中伴有结晶或沉淀析出的料液。

二、干燥工艺与方法

（一）干燥的原理

干燥是利用热能使物料中湿分蒸发或借助冷冻使物料中的水结冰后升华而被除去的工艺操作，常用于原料药除湿、新鲜药材除水等。干燥的目的是除去某些固体原料、半成品或成品中的水分或溶剂，以便于储存、运输、加工和使用，提高药物的稳定性，保证药物质量。

（二）干燥的方法

采用的干燥方法需要根据被干燥物料的性质、预期干燥程度、生产条件等确定。常见的干燥方法较多，各有其特点。这里主要介绍箱式干燥法、喷雾干燥法、真空干燥法、冷冻干燥法、吸湿干燥法。

1. 箱式干燥法

箱式干燥又称为室式干燥，采用一种间歇式的干燥器，一般小型的称为烘箱，大型的称为烘房。箱式干燥主要是以热风通过湿物料的表面达到干燥的目的。热风沿着湿物料的表面通过，称为水平气流箱式干燥器；热风垂直穿过物料，称为穿流气流箱式干燥器。

箱式干燥器广泛应用于干燥时间较长、处理量较小的物料系统，主要适用于各种颗粒状、膏糊状物料的干燥。该设备的优点是结构简单、设备投资少、适应性强、物料破损及粉尘少；其缺点是干燥时间长，每次操作都要装卸物料，劳动强度大、设备利用率低。

2. 喷雾干燥法

喷雾干燥（spray drying）是采用雾化器将一定浓度的液态物料（溶液、乳浊液和悬浮液）喷射成细小雾滴，并用热气体与雾滴接触，雾滴中湿分被热气流带走，从而使之迅速干燥，获得粉状或颗粒状制品的干燥方法。

在喷雾干燥过程中，由于雾滴群的表面积很大，所以物料所需的干燥时间很短，只有数秒至数十秒。在高温气流中，雾滴表面温度不会超过干燥介质的温度，加上干燥时间短，最终产品的温度不高，故能适合于热敏性物料的干燥。由于喷雾干燥能直接将溶液干燥成粉末或颗粒状产品，且能保持物料原有的色、香、味以及生物活性，所以是目前中药生产过程采用较多的一种理想干燥方法。

喷雾干燥的缺点是所用的设备容积大，热效率不高；更换品种时设备清洗较麻烦，操作弹性小；干燥过程中塔壁会发生粘壁、吸湿及结块等现象。

3. 真空干燥法

真空干燥（vacuum drying）又称为减压干燥，是将被干燥物料处于真空条件下进行加热干燥，利用真空泵抽出由物料中蒸出的水汽或其他蒸汽，以此达到干燥的目的。真空干燥法干燥温度低，干燥速度较快，干燥物疏松易于粉碎，整个干燥过程系密闭操作，减少了药物与空气接触，减轻了空气对产品质量的影响，且干燥物料的形状基本不改变。真空干燥适用于热敏性物料；易于氧化性物料；湿分是有机溶剂，其蒸汽与空气混合具有爆炸危险的物料等。

4. 冷冻干燥法

冷冻干燥（freeze drying）又称为升华干燥，是将被干燥液体物料先冻结成冰点以下的固体，然后在高真空条件下加热，使水蒸气直接从固体中升华出来除去，从而达到干燥的方法。冷冻干燥过程包括冻结、升华和再干燥3个阶段。该法特点是物料在冷冻、真空条件下进行干燥，可避免产品因高热而变质，挥发性成分的损失较小或破坏极小，产品质量好；干燥后产品稳定、质地疏松；质量轻、体积小、含水量低，能长期保存而不变质。但冷冻干燥设备投资和操作费用均很大，产品成本高、价格贵。

5. 吸湿干燥法

吸湿干燥（hygroscopic desiccation）是将湿物料置干燥器内，用吸湿性很强的物质作干燥剂，使物料得到干燥的一种方法。数量小、含水量较低的药品可用吸湿干燥法进行干燥。有些药品或制剂不能用较高的温度干燥，采用真空低温干燥又会使某些制剂中的挥发性成分损失，可用适当的干燥剂进行吸湿干燥。根据被干燥物料的种类和数量不同，可选择不同的干燥剂。常用的干燥剂有分子筛、硅胶、氧化钙、五氧化二磷和浓硫酸等。

第六节　葛根素提取分离的生产工艺

葛根（*Radix puerariae*，pueraria root）别名有葛条、粉葛、甘葛、葛藤、葛麻。为豆

科植物野葛（*Pueraria lobata*）或甘葛藤（*Pueraria thomsoni*）的干燥根。我国对葛根的种植和利用进入了一个新的时期。不论是在药理研究、成分提取、新药开发方面，还是在粉用葛根的品种选育、种植基地、食品加工方面都取得了长足的进展，涌现出了许多专门从事葛根种植和葛根类产品开发的公司，葛根产业也成了一些贫困县脱贫致富的支柱产业。

葛根的化学成分极为复杂，其还在不断地研究中。目前，已分离得到异黄酮类、黄酮类、香豆素类、芳香类、三萜类、生物碱等几种类型的化合物，其中异黄酮类化合物是其主要的生理活性成分。异黄酮类化合物中葛根素、大豆苷和大豆苷元是主要活性成分，已广泛用于临床应用，而其中葛根素含量最高，是葛属植物葛根中特有的活性成分。

一、葛根提取和纯化方法研究

葛根素是中药葛根的主要有效成分，大部分葛根素都是从葛根中提取出来的，由于葛根中含有一定量的淀粉，所以在提取的过程中应避免淀粉发生糊化现象。目前常用的提取纯化方法主要有溶剂提取法、超声波萃取法、微波辅助提取法、聚酰胺柱层析吸附法、大孔树脂吸附法和络合萃取技术等方法。

（一）葛根素的重要提取方法

1. 溶剂提取法

溶剂提取法是用来提取葛根素的一种常用的传统提取方法，它包括热提取法和冷提取法，其中冷提取法又分为渗漉和浸渍两种方法，热提取法又分为连续回流提取、煎煮和回流提取三种方法。根据相似相容原理，可通过选择容易溶于所需成分且不易溶于杂质的溶剂，提取出所需成分。在向中药中加入所需溶液时，溶剂会根据其扩散作用和渗透的作用进入到细胞中，溶解所需成分，在细胞内外形成浓度的差异，当浓度处于动态平衡时，过滤出溶液，并不断多次地向药物中加入新的溶剂，可以将所需的有效成分提取出来。

水、乙醇和甲醇均可以作为葛根的提取溶剂。用甲醇作为葛根素的提取剂时提取率稍高于水和乙醇，但是由于甲醇具有一定的毒性而且操作条件要求较高，因此，通常选用水、乙醇作为提取葛根素的溶剂。

2. 微波辅助萃取法

微波辅助萃取法是一种将微波与传统溶剂萃取方法相结合的提取方法。其原理是根据不同物质分子在微波场中对微波的吸收能力的大小不同，微波会有选择地加热药材中的一些成分，使其进入到对微波的吸收能力比较弱的萃取溶剂中从而把这些成分从药材中分离出来。与其他传统的提取方法相比，微波萃取因具有耗液少、高萃取效率、强选择性、污染小、加热均匀，使药材不凝聚和糊化等优点而倍受国内外学者的关注。微波辅助萃取技术在中草药、食品和化妆品等行业中被广泛应用并成为现代需要进行推广的技术之一。

采用微波萃取从药材中提取葛根素具有耗时短、消耗溶液少和萃取效率高等优点；同时该法也为工业化生产葛根素提供了参考依据。当提取溶剂选用乙醇时，其提取的最佳实验条件是微波功率为255W，微波辐射时间为15min，药材的粉碎粒度为40目，原料与提取溶液之比为1∶9（g/mL），药材浸泡时间为1h。

---

100 目 = 147μm。

3. 超声萃取法

超声萃取法是近几年发展起来的一种新型的分离方法，其与常规的萃取方法相比具有安全、快速、效率高和成本低等特点。由于该方法在提取药物时不需要加热，所以可用于提取药物中对热具有不稳定性质的成分。超声萃取的选择性主要是通过溶剂的选取来实现的，根据所需成分的性质不同而选择不同的溶剂从而提取出所需成分。该技术是一种快速高效的提取新方法，具有耗能少、提取率高、无需加热和节省时间等优点。超声萃取法在食品、医药和化妆品等很多领域中有很好的发展前景。

与加热回流提取法和水提取法相比，超声波萃取法具有易于操作、耗时少、节能、成本低和可获得纯度较高的产品等优点。

(二) 葛根素的分离纯化方法

因为通过采用各种不同的提取方法所得的葛根素的提取溶液都是含有很多成分的溶液，所以要想获得纯度较高的葛根素，还需要对其进行进一步的分离和纯化处理。通常获得的葛根素提取液的体积都比较大，且有效成分浓度一般都很低，所以需要浓缩所得到的提取液以提高所需成分的浓度，从而有利于葛根素的分离和纯化。

1. 大孔树脂吸附法

大孔树脂是一种白色或淡黄色球形颗粒状的聚合物吸附剂，它有多孔的立体结构。其网状多孔性结构可对不同分子量的物质进行分离，大孔树脂的吸附性主要是由氢键吸附或范德华力的作用产生的。该方法所用的洗脱溶液主要是根据相似相溶的原理进行选择的，再通过大孔树脂的筛性和吸附性的作用达到分离和纯化所需成分的目的。如采用 D101 树脂与醋酸结晶法相结合的方法来提纯葛根素，可得到纯度≥97%的葛根素。

2. 聚酰胺柱层析吸附法

聚酰胺柱层析法主要是根据聚酰胺和被分离成分之间形成的吸附力大小不同而对所需成分进行分离和纯化的方法。其中吸附力的大小主要是由两物质间形成的氢键能力的强弱决定的。由于葛根素中含有的酚羟基是形成氢键的良好供体，故采用该法可获得纯度非常高的葛根素。聚酰胺法具有分离纯化效果好和反应具有可逆性等特点，此法在中药材的有效成分的分离和纯化中被广泛使用，并且对异黄酮类物质的分离和纯化效果明显优于其他纯化方法。

3. 络合萃取技术

在络合萃取过程中，当萃取溶剂中的络合剂与溶液中所需要的成分相互接触时就会产生络合物，当络合物进入到萃取溶剂中时就会达到分离和纯化的目的。通常通过改变 pH 值或温度等方式可使反应向逆反应方向进行，进而可回收溶质，并使萃取溶液得以循环再利用。络合萃取技术因对极性有机物稀溶液的分离具有高选择性和高效性，而受到很多学者的关注和应用。

此外用于提取、分离纯化葛根素的方法还有很多，如 β-环糊精键合固定相法、盐析法、离子交换纤维法等。如何对这些方法进行改进以提高葛根素的转化率和纯度、减少其生产所用成本、提高提取的效率和减少污染等方面是目前研究葛根素提纯方法的主要目的。

二、葛根素的生产工艺过程

本节对 85%乙醇回流法提取、大孔树脂吸附法分离纯化葛根素进行介绍。

（一）生产工艺流程

葛根素的生产工艺流程如图 4-13 所示。

鲜葛根 —前处理→ 药材 —清洗、粉碎（40 目）→ 粉葛根 —提取，85%乙醇→ 提取液 —浓缩→ 浓缩液 —大孔树脂吸附→ 葛根素 —干燥、粉碎过筛→ 干浸膏 —内包，外包→ 产品

图 4-13　葛根素的生产工艺流程

（二）生产工艺过程

采集的鲜葛根需要进行前处理，即清洗、切片、称重、加热干燥、称重、密封保存。制得的饮片再进行提取、分离纯化可得葛根素的纯品。

1. 葛根的预处理

（1）清洗。领取经检验合格的葛根置清洗架中，用流动水冲洗并经常翻动，清洗至流下的水清澈为止。清洗好的净药材置室内干净处晾干，备用。

（2）粉碎。将准备好的葛根粉碎，过 40 目筛备用。

2. 葛根素的提取

将净葛根粉末加入多功能提取罐中，再加入药材 15 倍量的 85%的乙醇，浸泡 30min 后开始通蒸汽回流。共提取 3 次，时间各为 1h，加 85%的乙醇量分别为 15 倍的药材量。提取完药渣弃去，回流液合并过滤。

3. 葛根素的分离纯化

（1）浓缩。葛根素提取液的体积都比较大，且有效成分浓度一般都很低，所以需要浓缩得到的提取液以提高所需成分的浓度。回流液需浓缩至乙醇含量为 5%以下，再减压浓缩成相对密度为 1.25~1.28（80℃）的浓缩液。

（2）吸附洗脱。精密称取处理好的树脂约 5g，置 100mL 烧杯中，精密吸取 10mL 上述浓缩液，每隔 10min 振摇 20s，持续 2h，静置 24h 后使其达到饱和吸附，再用 70%~90%的乙醇洗脱。收集洗脱液，得到葛根素含量和出膏率较好的清膏。

（3）干燥。将清膏稀释到一定浓度后，进行喷雾干燥。

（4）粉碎。将干燥的细粉粉碎后，过 80 目的筛。

（三）工艺条件参数

1. 乙醇浓度用量的选择

葛根中葛根素的得率是在一定范围内随着乙醇浓度的增大而增大。用浓度较低的乙醇溶液提取，提取液中葛根素及葛根总黄酮的得率低，杂质较多；而用浓度较高的乙醇溶液提取，葛根素的得率较高，其原因是蛋白质、多糖等物质会在较高浓度的乙醇溶液中部分沉淀从而除去。因此从经济的角度考虑，选取 80%~90%的乙醇溶液作为提取溶剂最理想。

料液比对提取效果也有一定的影响。随着溶剂用量的增加，葛根素得率也随之升高。乙醇溶液用量增多，会直接影响葛根中有效成分从药材内部向外部的扩散。当料液比超过1∶15时，有效成分得率的增加并不显著，甚至溶剂用量的增大会导致实际生产过程中浓缩回收溶剂的困难增加。因此从节约能源、降低成本、提高工作效率等角度综合考虑，采用的料液比以1∶15为最好。

2. 提取时间

在相同的提取条件下，随着提取时间的延长，葛根中有效成分的得率也随之增大，这可能是由于葛根素存在于葛根外部薄壁组织中，随着提取时间的延长葛根中有效成分有足够的扩散时间，因此得率增大。但是当时间超过90min后得率反而有所降低，这可能是由于加热回流时间的延长导致葛根素部分分解。因此，提取时间不宜超过60min。

3. 吸附洗脱条件

树脂型号较多，采用AB-8型树脂对葛根中的葛根素具有较好的静、动态吸附和洗脱效果。洗脱剂乙醇浓度为70%，径高比为1∶3的树脂柱，洗脱流速为1mL/min，药材与树脂用量比为1∶7的条件为最佳洗脱条件，洗脱剂用量为80mL，即4BV。在此条件下得到的葛根素纯度可达60.2%。

【本章总结】

第四章　现代中药制药工艺		
第一节　概述	中药的概念	中药是在中医理论指导下，用于预防、治疗疾病以及保健的药物，包括植物药、动物药和矿物药。随着中药技术的发展，中药也可以认为是中药材、中药饮片、中成药的总称
第二节　药材的前处理工艺	药材的前处理工艺：净制、软化、切制、干燥	原药材中常夹杂一些泥土、杂草和霉变品等杂质，可选用挑选、筛选、风选、漂洗、压榨等方法清除杂质
		软化药材的方法分为常水软化法和特殊软化法两类，还有药材软化新技术，包括吸湿回润法、热气软化法、真空加温软化法、减压冷浸软化法和加压冷浸软化法等
		大批量生产多采用机械切制，小批量加工或特殊需求时使用手工操作。切制后饮片的形态取决于药材的特点和炮制对片型的要求，大致可分为薄片、厚片、直片、斜片、丝片、块、段
		药材的干燥过程可分为传统干燥方法和现代干燥方法。传统干燥方法主要包括阴干、晒干和传统烘房干燥；现代干燥法主要有热风对流干燥法、红外干燥、微波干燥、冷冻干燥、真空干燥和低温吸附干燥等
第三节　提取工艺	提取原理	中药浸提是采用适当的溶剂和方法，将有效成分或有效部位从原料药中提取出来的过程。浸提过程通常包括浸润渗透、解吸溶解、扩散置换等过程

第四章　现代中药制药工艺		
第三节 提取工艺	浸提工艺 与方法	常见的浸提方法有浸渍法、渗漉法、煎煮法、压榨法、水蒸气蒸馏法、回流法、超临界流体萃取法、超声波提取法、微波提取法、超高压提取技术
第四节　分离与 纯化工艺	分离工艺 与方法	分离的目的是将固体-液体非均相体系用适当的方法分开的过程，即固液分离。常用的分离方法有沉降分离法、滤过分离法和离心分离法等
	纯化工艺 与方法	纯化的目的是采用适当的方法和设备除去药材提取液中的杂质。常用的纯化方法有水提醇沉法、醇提水沉法、改变杂质环境条件法、盐析法、色谱法、絮凝澄清技术、膜分离技术、蒸馏分离技术、大孔吸附树脂法、双水相萃取技术等
第五节　浓缩 与干燥工艺	浓缩工艺 与方法	浓缩过程是用加热的方法，利用蒸发原理，使溶液中部分溶剂汽化而被分离除去，以提高溶液的浓度。常用的浓缩方法有煎煮浓缩、薄膜浓缩和多效浓缩
	干燥工艺 与方法	干燥的目的是除去某些固体原料、半成品或成品中的水分或溶剂。常见的干燥方法有箱式干燥法、喷雾干燥法、真空干燥法、冷冻干燥法、吸湿干燥法等
第六节　葛根素提取 分离的生产工艺	了解葛根素生产 工艺过程	采集的鲜葛根需要进行前处理，即清洗、切片、称重、加热干燥、称重、密封保存。制得的饮片再进行提取、分离纯化可得葛根素的纯品

【习题练习】

一、选择题

1. 下列药物属于中药的是（　　　）。
   A. 枸橼酸西地那非　　B. 人工麝香　　　　C. 康莱特注射液　　　D. 冰片
2. 根据中药制药技术，中药不包括以下哪项（　　　）。
   A. 中成药　　　　　　B. 中草药　　　　　C. 中药饮片　　　　　D. 中药材
3. 药材的预处理不包括以下哪项工序（　　　）。
   A. 净制　　　　　　　B. 软化　　　　　　C. 提取　　　　　　　D. 干燥
4. 中药提取主要是为了获得什么成分？（　　　）
   A. 有效成分　　　　　B. 无效成分　　　　C. 辅助成分　　　　　D. 组织物质
5. 下列有关浸提方法描述不正确的是（　　　）。
   A. 浸渍法是用溶剂浸泡药材以提取成分
   B. 煎煮法是加水进行加热煮沸以提取成分
   C. 超临界流体萃取是用水对有效成分进行萃取和分离而提取
   D. 超声波提取是利用超声波的机械效应及热效应等作用进行提取

6. 对含有大量淀粉、树胶、果胶等中药有效成分常选用的提取方法是（　　）。

   A. 浸渍法　　　　　　　B. 渗漉法　　　　　　C. 微波提取法　　　　D. 压榨法

7. 不能使用有机溶剂的提取方法是（　　）。

   A. 浸渍法　　　　　　　　　　　　B. 渗漉法

   C. 煎煮法　　　　　　　　　　　　D. 超临界流体萃取法

8. 以下哪种药材用水软化处理容易变质或难以软化，故需用酒处理软化切制更好。（　　）

   A. 薄荷　　　　　　　　B. 鹿茸　　　　　　C. 陈皮　　　　　　D. 枇杷叶

9. 【多选】中药有效成分的制备需要哪些工序？（　　）

   A. 预处理　　　　　　　B. 提取　　　　　　C. 纯化　　　　　　D. 浓缩

   E. 干燥　　　　　　　　F. 稀释

10. 【多选】下列关于中药浸提描述正确的是（　　）。

   A. 浸出过程由浸润、渗透、解吸、溶解、扩散及置换组成

   B. 常选用水、乙醇作为溶剂，用碱或表面活性剂做辅助剂

   C. 有效成分与溶剂间的亲和力大于有效成分与植物组织间的亲和力时可实现解吸

   D. 因浓度差和渗透压，使得浸润渗透完成

   E. 浸提溶剂须满足不与有效成分发生化学反应，不影响其稳定性和药效

二、填空题

1. 经过加工处理的中药包含＿＿＿＿＿、＿＿＿＿＿＿、＿＿＿＿＿＿。

2. 中药的前处理主要包括＿＿＿＿＿、＿＿＿＿＿＿、＿＿＿＿＿＿、＿＿＿＿＿＿ 四个过程。

3. 浸提过程由＿＿＿＿＿＿、＿＿＿＿＿＿、＿＿＿＿＿＿相互联系和综合组成的。

4. 用水提取含挥发性成分的药材时，宜采用＿＿＿＿＿＿＿＿。

5. 现代中药制药工艺研究的对象是＿＿＿＿＿＿＿ 。

三、简答题

1. 简述中药制剂的原料制备流程。

2. 简述超声提取技术的原理及优点。

3. 影响干燥的因素有哪些？

4. 讨论分析影响中药提取速度及提取量的因素。

5. 中药浸提经历哪几个过程？并简述其原理。

第五章　手性药物的制备技术

据统计，目前临床上常用的 1850 种药物中有 1045 种是手性药物，高达 62%。其中多数是从手性天然产物或者是以手性天然产物为先导开发的，如紫杉醇、青蒿素、沙丁胺醇和萘普生等都是手性药物。全世界在研的 1200 种新药中，有 820 种是手性药物，约占研发药物总数的 70%。手性药物市场份额如此之大，是因为其具有副作用少、使用剂量低和疗效高等优点，颇受市场欢迎。因此，手性药物的研究与开发也成为当今世界新药发展的重要方向和热点领域。

第一节　概　　述

一、手性药物的概念

手性（chirality）是三维物体的基本属性，是指一个物体不能与其镜像相重合，只能相对应，这样的物体就具有手性。如同我们的双手不能重合一样。对于分子手性的机理是由连接 4 个互不相同原子或基团的不对称碳、氮、磷、硫等原子引起。例如，溴氯氟甲烷（图 5-1），其中心碳原子上联结着 4 个不同的取代基，这 4 个基团在四面体顶点上可以有

图 5-1　溴氯氟甲烷的物体与镜像关系

两种不同的排列方式，所得到的两种分子相互不能重叠，构成物体与镜像的关系。

手性药物（chiral drug）指分子结构中含有手性中心或不对称中心的药物，一般认为是以单一立体异构体存在并且注册的药物；还包括 2 个及以上立体异构体的不等量的混合物以及外消旋体。手性药物常采用 R/S 命名规则。R 型为顺时针（用"+"表示）；S 型为逆时针（用"－"表示）。

二、手性药物的光学活性

（一）手性药物的纯度表征

对于手性药物的纯度，除了考虑其化学纯度外，更应该考虑其光学纯度。光学纯度的表示方法是将一定条件下测定的该手性化合物的旋光度（$[\alpha]_{obs}$）与其同等条件下的标准旋光度（$[\alpha]_{max}$）相比，所得结果即为该手性化合物的光学纯度。旋光度（specific rotation）又称旋光率、比旋光度，用 $[\alpha]$ 表示，当平面偏振光通过含有某些光学活性的化合物液体或溶液时，能引起旋光现象，使偏振光的平面向左或向右旋转（按顺时针方向转动称为右旋，用"+"表示；按逆时针方向转动称为左旋，用"－"表示）。

$$光学纯度(\%) = \frac{[\alpha]_{obs}}{[\alpha]_{max}} \times 100\%$$

对于新手性化合物，因缺乏标准旋光度值，难以计算其光学纯度，故采用"对映体过量"（enantiomeric excess，e.e.%）或"非对映体过量"（diastereomeric excess）来表征手性化合物光学纯度的最重要的指标。

（二）对映体过量（enantiomeric excess）

对映体是指分子具有互相不可重合的镜像的立体异构体。互为对映体的两个立体异构体，在通常的条件下具有相同的化学性质和物理性质，仅旋光方向不同（比旋光度相同）；但在手性条件下有不同的理化性质。例如酶反应，（S）-氨基酸在（S）-氨基酸氧化酶存在下可发生降解，而（R）-氨基酸不反应。（R）-天冬酰胺是甜的，（S）-天冬酰胺是苦的。氯霉素有很强的抗菌作用，而其对映体是无效的。

对映体过量是指在 2 个对映体的混合物中，一个对映体过量的百分数表示为：

$$e.e. = \frac{R - S}{R + S} \times 100\%$$

（三）非对映体过量（diastereomeric excess）

非对映体是指具有两个或多个非对称中心，并且其分子互相不为镜像的立体异构体。非对映体间的物理性质（熔点、沸点、溶解度等）是不同的。旋光方向可以相同或不同，但比旋光度是不同的。在化学性质方面，它们虽能发生类似的反应，但反应速率不同，有时甚至产物也不同，借此可以将两个非对映体分开。例如利用溶解度的不同，可以重结晶分离异构体；利用化学性质的不同，亦可在动力学拆分中用来分离异构体。

非对映体过量通常用来表征 2 个以上手性中心，即在两个非对映体的混合物中，其中一个非对映体相对于另一个非对映体过量的光学纯度。

$$d.\ e. = \frac{[A] - [B]}{[A] + [B]} \times 100\%$$

三、手性药物的生理活性分类

手性药物的不同对映体通常表现出不同的药理活性、代谢过程、代谢速率和毒性。通常药物只有一种对映体具有较强的药理活性，另一种对映体的药效较差或没有药效，甚至具有毒副作用。一个典型的例子是 20 世纪 60 年代欧洲和日本一些孕妇因服用外消旋的沙利度胺而造成数以千计的胎儿畸形。沙利度胺（反应停）曾是有效的镇静药和止吐药，尤其适合减轻孕妇妊娠早期反应，后来发现其（S)-沙利度胺可引起致畸性，而其（R)-沙利度胺具有镇静作用，即使在高剂量时也无致畸作用。但是，沙利度胺的手性中心在质子化的介质中会通过互变异构发生快速的消旋化（图 5-2），2 个光学异构体均易转化为消旋体混合物，并且发生开环降解。这一过程在体内进行得比体外快。因此，即使使用光学异构体，也不能避免"反应停事件"的发生。

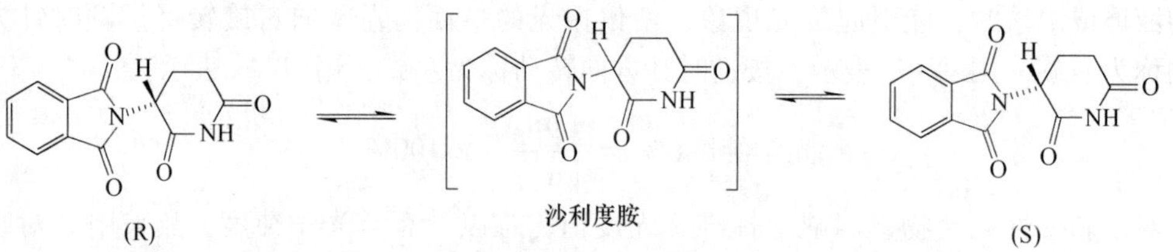

图 5-2　沙利度胺光学异构体在质子性溶剂中的消旋化

美国食品和药品管理局（FDA）在 1992 年颁布的《新立体异构药物开发的手性药物管理指南》中要求所有在美国申请上市的外消旋体新药，生产商均需提供报告说明药物中所含对映体各自的药理作用、毒性和临床效果。这就是说，如果申请上市药物的化学结构中含有一个手性中心，开发者就得做三组（左旋体、右旋体和外消旋体）药效学、毒理学和临床等试验。这无疑大大增加了新化学实体以混旋体形式上市的难度。

根据对映体之间药理活性和毒副作用的差异，可将含手性结构的药物分为三大类。

（1）对映体之间有相同的某一药理活性，且作用强度相近。抗组胺药异丙嗪、抗心律失常药氟卡尼、局部麻醉药布比卡因、抗肿瘤药物环磷酰胺、抗炎药布洛芬均属于这一类。环磷酰胺的手性中心是磷原子，（R)-对映体的活性为（S)-对映体的 1/2，两者毒性几乎相同。布比卡因的 2 个对映体具有相近的局麻作用，且（S)-体还兼有收缩血管的作用，可增强局麻作用。

（2）对映体具有相同的活性，但强弱程度有显著差异。与靶标具有较高亲和力的对映体，被称为活性体；而与靶标亲和力较低的对映体是非活性体。异构体活性比（eudismic ratio，ER）越大，作用于某一受体或酶的专一性越高，作为一个药物的有效剂量就越低。例如，非甾体抗炎药萘普生和布洛芬的 ER 分别为 35 和 28，其中布洛芬以消旋体上市。

（3）对映体具有不同的药理活性。

1）一个对映体具有治疗作用，而另一个对映体仅有副作用或毒性。典型例子如 L-多巴、沙利度胺、氯霉素、氯胺酮、乙胺丁醇等均属这类情况。例如，乙胺丁醇 S 构型有抗结核菌作用，而其对映体 R 构型有致盲作用。

2）对映体活性不同，但具有"取长补短、相辅相成"的作用。例如，利尿药苘达立酮，其（R)-对映体具有利尿作用，同时可增加血中尿酸浓度，导致尿酸结晶析出；其(S)-对映体有促进尿酸排泄的作用，可消除（R)-对映体的副作用。研究表明对映体达到一定配比才能取得最佳疗效，而不是简单的1∶1的外消旋体即可满足要求。

3）对映体存在不同性质的活性，可开发成2个药物。例如，丙氧芬，其（2R，3S)异构体是镇痛药右丙氧芬；（2S，3R）异构体是镇咳药左丙氧芬。

4）对映体具有相反的作用。例如，利尿药依托唑啉的R-异构体具有利尿作用，而S-异构体具有抗利尿作用。

四、手性药物的制备技术

手性药物的制备技术由化学控制技术和生物控制技术两部分组成。事实上在手性药物的制备和生产中，化学制备工艺和生物制备工艺常常交替进行。

（一）化学控制技术

按照使用原料性质的不同，手性药物的化学控制技术可分为普通化学合成、手性源合成（chirality pool synthesis）和不对称合成（asymmetric synthesis）三类。

1. 普通化学合成

以前手性化合物为原料，经普通化学合成可得到外消旋体，再将外消旋体拆分制备手性药物，这是工业采用的主要方法。拆分法分为直接结晶法（direct crystallization resolution）、非对映异构体结晶法（diastereomer crystallization resolution）、动力学拆分法（kinetic resolution）和色谱分离法。

2. 手性源合成

手性源合成指的是以价格低廉、易得的天然产物及其衍生物，如糖类、氨基酸、乳酸等手性化合物为原料，通过化学修饰的方法转化为手性产物。产物构型既可能保持，也可能发生翻转，或手性转移。

3. 不对称合成

一个前手性化合物（前手性底物）选择性地与手性实体反应转化为手性产物即为不对称合成。从经济的角度来看，手性催化剂优于手性试剂，手性催化剂包括简单的化学催化剂（手性酸、碱和手性配体金属配合物）和生物催化剂。

（二）生物控制技术

手性药物的生物控制技术，一是天然物的提取分离技术，在动植物体中存在着大量的糖类、萜类、生物碱类等手性化合物，用分离提取技术可直接获得手性化合物。二是控制酶代谢技术，即利用生物催化剂将特定底物转化为目标产物的过程，可以使用纯化的酶，也可以应用活细胞。用游离的或者固定化的酶转化的过程，称为生物催化（biocatalysis），可用于催化动力学拆分和不对称合成，相对而言，固定化酶具有稳定性好、可连续操作、易于控制、易于提纯和转化率高等特点，是生物催化的主要发展方向。利用含有必需酶的活细胞体将特定底物转化成产物的过程，称为生物转化（biotransformation），生物转化既可用于制备简单的手性化合物，如乳酸、酒石酸、L-氨基酸，又可用于制备相对复杂的大分子，如抗生素、激素和维生素等。

第二节　外消旋体的拆分

扫一扫看更清楚

一、外消旋体及其特性

前手性原料经普通化学合成得到的产物是外消旋体。外消旋体是一种具有旋光性的手性分子与其对映体的等摩尔混合物。它由旋光方向相反、旋光能力相同的分子等量混合而成，其旋光性因这些分子间的作用相互抵消而不旋光。

根据分子间的亲和力差异，外消旋体可分为三类，即外消旋化合物、外消旋混合物、外消旋固溶体。

（一）外消旋化合物

指两种对映异构体以等量的形式共同存在于晶格中，形成均一的结晶，扫一扫看更清楚产生的主要原因是两个不同构型对映异构分子之间的亲和力大于同构型分子之间的亲和力，结晶时两个不同构型对映异构分子等量析出，共存于同一晶格中。结晶时，（+）（−）成对地出现在晶体中。其熔点最高，其溶解度则最低。

（二）外消旋混合物

指 2 个相反构型纯异构体晶体的混合物，在结晶过程中外消旋混合物的 2 个异构体分别各自聚结，自发地从溶液中以纯结晶的形式析出。产生的主要原因是，由于 2 个不同构型对映异构分子之间的亲和力小于同构型分子之间的亲和力结晶时只要其中一个构型的分子析出结晶，在它的上面就会有与之相同构型的结晶增长上去，分别长成各自构型的晶体，形成等量的、两种相反构型晶体的混合物，即（+）（−）等量的对映体晶体的混合。两个对映体的结晶外观上不一样。外消旋混合物的熔点低于任一纯对映体，而溶解度高于纯对映体。

（三）外消旋固体溶液

在某些情况下，当一个外消旋体中 2 种分子的 3 种结合力相差很小时，则 2 种分子混合在一起成晶，形成固体溶液，这种固体溶液称为外消旋固体溶液。这种情况相当于溶液或熔化状态的分布，其分子的排列是混乱的，这种晶体与其纯态的对映体在很多方面的性质都是同的。外消旋固体溶液相当于是溶液或熔化状态分布，结晶时对映体分子排列混乱，其熔点、溶解度与纯对映体相近。

二、外消旋体的拆分方法

外消旋体拆分又称为手性拆分或光学拆分，是立体化学用以分离外消旋化合物成为两个不同的对映异构体的方法，是生产具有光学活性药物的重要工具。外消旋体拆分常采用普通化学合成法，可分为结晶拆分法、包络拆分、动力学拆分法、色谱分离等方法。

（一）结晶法拆分

1. 直接结晶

直接结晶拆分是指在一种外消旋混合物的过饱和溶液中，直接加入某一对映体晶种，即可得到该对映体。这个对映异构体能否优先结晶析出，需满足具有最低的熔点和最大的溶解度。具体流程为：先向外消旋混合物的热饱和或过饱和溶液中加入一种纯光学活性的对映异构体晶种，然后冷却到一定的温度，这时稍微过量的与晶种相同的对映异构体就会优先结晶出来；滤去晶体后，重新加热剩下的母液，并补加外消旋混合物使溶液达到饱和，再冷却到一定的温度，这时另一种稍微过剩的异构体就会结晶出来。反复进行上述过程，便可以将一对外消旋混合物拆分成为两种纯光学的对映异构体。

例如，氯霉素中间体氨基物拆分为直接结晶拆分法（图 5-3）。

这种拆分方法原料损耗小、设备简单、成本较低，是比较理想的大规模拆分方法。但该方法也存在一定的局限性，如需采用间断式结晶，生产周期长；工艺条件的控制要求精度较高；直接拆分所得对映异构体的光学纯度往往由于不能达到标准而需进一步纯化等。

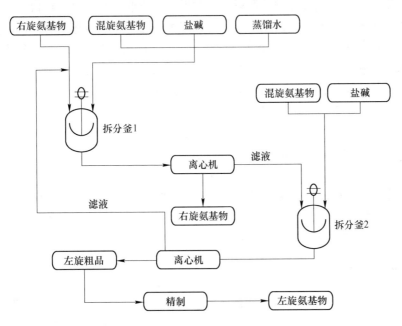

图 5-3　氯霉素中间体氨基物拆分工艺流程

2. 非对映体结晶（化学拆分）

非对映体结晶是利用手性试剂将外消旋体中的 2 种对映体转变成一对非对映异构体，然后利用非对映异构体之间的物理性质——主要是溶解度不同，通过重结晶将其分开，再分别生成光学活性纯的 2 种对映体。可解释为：首先将需拆分的外消旋体（酸或碱）与另一种光学纯的手性化合物［即拆分剂（碱或酸）］作用，使之生成 2 种理化性质差异较大的非对映异构体盐的混合物，再利用该非对映异构体盐的溶解性，分离所得的其中一个非对映异构体盐，经进一步纯化后脱去并回收所使用的拆分试剂，从而得到原外消旋体中的一种对映异构体。拆分母液中所含的另一种非对映异构体经过类似处理，可得到原外消旋体中的另一种对映异构体（图5-4）。

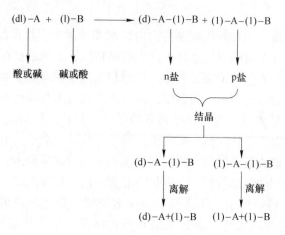

图5-4　化学拆分流程图

　　这个方法的关键就是拆分剂的选择。自然界存在或通过发酵可大规模生产的各种手性酸或碱是拆分试剂的主要来源，一些容易合成的手性化合物也可作为拆分试剂。若外消旋体是酸性的，拆分试剂可选择麻黄碱、奎宁、α-苯乙胺等；若呈碱性，拆分试剂可选酒石酸、扁桃酸、樟脑等。若是醇类的外消旋体，拆分试剂先转化为酸性酯后，再用活性碱拆分。醛、酮类外消旋体，拆分试剂可选择光学活性的肼、酰肼等。

　　化学拆分法中，拆分试剂的选择十分关键。适宜的拆分试剂通常需满足以下条件：（1）拆分试剂自身需要具有足够高的光学纯度；（2）拆分试剂与外消旋体反应生成的非对映异构体具有较大的物理性质差异，易于分离；（3）拆分试剂易于从拆分所得的非对映异构体中脱去；（4）最好的拆分试剂成本低。

　　肾上腺素、麻黄碱、苯甘氨酸等可采用非对映体结晶法实现拆分。例如，天然的肾上腺素为含一个手性碳原子的左旋异构体（图5-5）。人工合成的外消旋体肾上腺素经过化学拆分后，可获得左旋异构体。使用的拆分剂是（+）—酒石酸，溶剂是甲醇。

　　（二）包络拆分

　　包络拆分始于20世纪80年代，是日本化学家Toda首先发明的。这种方法利用手性主体（host）化合物通过氢键、π-π相互作用等分子间的识别作用，选择性地将被拆分物——外消旋客体（guest）分子中的一个对映体包结络合，从而达到对映体的分离。由于拆分过程中，主客体之间并不发生化学反应，也不要求被拆分物具有特定的衍生功能团，理论上适用于任何类型的手性化合物。由于这种方法具有高效、简单、条件温和等优点，因而引起人们的关注。至今已有许多可用作手性主体的化合物被发现。其中，甾体类化合物胆酸（cholic acid）及其衍生物是使用最多的有效主体化合物。此外，联二萘酚、酒石酸衍生物等作主体化合物的报道也有不少。被拆分的客体化合物包括内酯、醇、亚砜、环氧化物、环酮等。

　　例如，用胆汁酸拆分环氧化物，可获得很好的结果（图5-6）。首先将环氧化物先溶于2-丁醇，然后加入1/2当量的胆汁酸，环氧化物外消旋体中的（S，S）—(-)—异构体便优先与胆汁酸形成包合物析出，产物的对映选择性达95%。

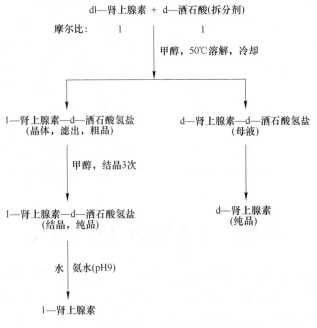

dl—肾上腺素 + d—酒石酸(拆分剂)
摩尔比：　1　1
甲醇，50℃溶解，冷却
l—肾上腺素—d—酒石酸氢盐
(晶体，滤出，粗品)
d—肾上腺素—d—酒石酸氢盐
(母液)
甲醇，结晶3次
l—肾上腺素—d—酒石酸氢盐
(结晶，纯品)
d—肾上腺素
(纯品)
水
氨水(pH9)
l—肾上腺素

图5-5　外消旋肾上腺素的化学拆分流程

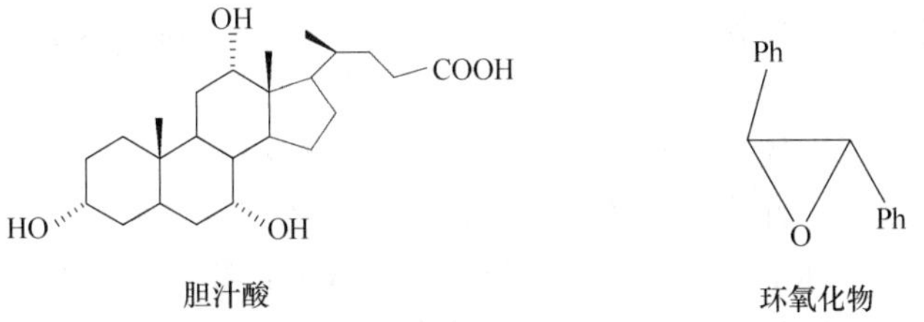

OH
COOH
HO
OH
Ph
O
Ph
胆汁酸
环氧化物

图5-6　环氧化物的包络拆分

（三）动力学拆分

动力学拆分是指利用2个对映体在手性试剂或手性催化剂作用下反应速度不同的性质而使其分离的过程。当2个对映体反应速度常数不等（$k_R \neq k_S$）时，反应速度差别越大，拆分效果越好。例如，R、S两对映体与同一物质发生化学反应，生成P和Q，但2个反应速率（$k_R \gg k_S$）相差悬殊，以致其中一个对映体绝大部分被反应消耗，而另一个对映体绝大部分未被反应消耗。从而将分离难度大的（R，S）分离转化为分离难度小的（P，S）分离。最初R和S各占50%的混合物，动力学拆分结果是50%的S起始原料和50%的产物P。

$$\mathrm{R} \xrightarrow[K_R \gg K_S]{K_R} \mathrm{P}_R,\ \mathrm{P},\ \mathrm{S},\ \mathrm{Q} \xrightarrow{\text{分离}} \mathrm{P},\ \mathrm{S} \longrightarrow \mathrm{R}$$

$$\mathrm{S} \xrightarrow{K_S} \mathrm{Q}$$

（四）色谱拆分法

用色谱方法进行手性化合物及手性药物的分离是近年来发展非常迅速的拆分方法，气相色谱、液相色谱、超临界流体色谱、毛细管电泳和分子印迹等色谱手段在手性化合物的分离、鉴定中都有应用。其中液相色谱法中一个用手性固定相法进行拆分的方法最有效。即用手性化合物作为色谱的固定相（吸附剂），有可能将外消旋体拆分为单一的旋光体。常用的手性化合物有氨基酸、淀粉、乳糖和环糊精等。其优点在于可以不衍生，选择性好，操作相对简单，较适用于实验室规模的分析与制备，但不易放大。

除了以上方法，对于外消旋体的拆分还包括酶法拆分、生物膜法拆分等技术。总体而言，每种拆分方法均有其优缺点，在具体工作中应根据手性药物或其手性中间体的性质来决定所选用的拆分手段，同时也要注意各种分离拆分方法之间的相互佐证，以确保拆分的正确性和高效性。

第三节　手性药物的不对称合成

不对称合成一直是化学合成的研究重点和热点，也是制备手性药物的一类重要方法。2001 年，诺贝尔化学奖被授予在不对称合成领域做出突出贡献的 3 位有机化学家，分别为美国科学家 W. S. Knowles、日本科学家 R. Noyori 和美国科学家 K. B. Sharpless。

一、不对称合成的概念

1894 年 E. Fischer 首次使用"不对称合成（asymmetric synthesis）"这一术语，Morrison 和 Mosher 将不对称合成定义为："一个反应，底物分子中的非手性单元在反应剂作用下以不等量地生成立体异构产物的途径转化为手性单元。也就是说这个过程是将前手性单元转化为手性单元，并产生不等量的立体异构产物。"

不对称合成反应实际上一种立体选择反应，反应的产物既可以是对映体，也可以是非对映体，只是两种异构体的量不同而已。即主要产物为所需的产物。常规方法合成不对称化合物时，由于两种构型形成机会均等，得到的产物是外消旋体。为了得到其中有生理活性的异构体，需要采用繁杂的方法进行拆分。而不对称合成是生成不等量的产物，如果主产物为目标产物，那么就不需要繁杂的拆分过程，因此具备研究的重要意义。

二、不对称合成的途径

手性药物的不对称合成方法有很多。如偏振光照射法，采用右旋偏转光照射反应物，使右旋体产物过量。这种绝对手性合成所得产物都很低，至少现在还是纯理论性的，缺少成熟研究。还有利用酶促反应或微生物转化等生物法制备手性药物或其手性中间体的方式。除此之外，就是一些常见的化学合成方法。这里介绍几种常见的不对称合成方法。

按照手性基团的影响方式和合成方法的发展情况，可划分为以下几大类：手性源法、手性辅助剂法、手性试剂法、不对称催化法等。

（一）手性源的不对称合成

手性源法又称底物控制反应，是出现的第一代不对称合成。该方法是指以一些天然的光学纯的手性物质作为底物，与非手性试剂进行反应，产生分子内定向诱导，生成所需的立体异构体。若反应中有多个底物，则分别使每个反应底物上带有光学活性的基团，均有可能使新产生的手性基团产生手性诱导作用。如应用手性源法，由手性醛和三配位磷化合物就可以合成光学活性的 a-羟基膦酸衍生物。

$$S^* \xrightarrow{\ R\ } T^*$$

手性源法合成光学活性物质需要一些光学纯的手性物质作为反应物，它能使无手性或潜手性的化合物部分或全部转变成所需要的立体异构体。这种方法的优点是：产品无需拆分而且产率较高；以易得的光学纯的物质（往往是天然产物）做原料，比较经济。缺点是较难获得很好的手性诱导。

（二）手性辅助剂的不对称合成

手性辅助剂的不对称反应又称辅基控制反应，是第二代不对称合成。该方法是将手性辅助试剂或基团与无手性单元的反应底物作用生成手性化合物，利用所引入的手性辅助试剂或基团的手性诱导进行后续的不对称合成反应，最后脱去并回收该手性辅助试剂或基团后得到目标手性分子。

$$A \xrightarrow{\ S^*\ } AS^* \rightarrow T^*S^* \rightarrow T^*$$
$$\uparrow \underline{\quad S^* \quad}$$

该方法需要用到手性辅助试剂，而选用手性辅助试剂通常需要具备以下条件：（1）便宜易得且具有很高的光学纯度；（2）该手性辅助试剂或基团诱导的不对称反应选择性高；（3）新生成的手性中心或其他手性元素易与该手性辅助试剂或基团分离且不发生外消旋化；（4）该手性辅助试剂成基团的回转化率高且回收后不降低其光学纯度。

与手性底物控制的不对称反应相比，该方法的优点是反应所得的非对映异构体的选择性虽然不一定很好，但容易通过纯化得到较高光学纯度的产物，而手性底物控制的不对称反应相对比较困难。许多手性辅助试剂或基团的两种对映异构体都可以得到，因此通常可通过相同途径分别用于制备目标产物的对映异构体，而手性底物控制的不对称反应难以实现。该方法的缺点：需要先将反应底物与手性辅助试剂或基团作用，待目标手性中心构建完毕后再将其脱去，故操作比较麻烦；同时，该方法需要使用至少与反应底物等当量的手性辅助试剂或基团，故成本相对较高。

例如，（S）-萘普生的合成（图 5-7）。在合成路线中，（2R，3R）-酒石酸二甲酯作为手性辅助试剂与反应中间体萘缩酮生成手性缩酮后，利用酒石酸二甲酯片段的手性中心对酮羰基 α-位的溴化反应进行立体选择性诱导，得到具有较高立体选择性的溴化物后，通过重排、水解，还原脱溴得到目标产物（S）-萘普生。

（三）手性试剂的不对称合成

手性试剂的不对称反应属于第三代不对称合成，该方法使用手性试剂使非手性底物直

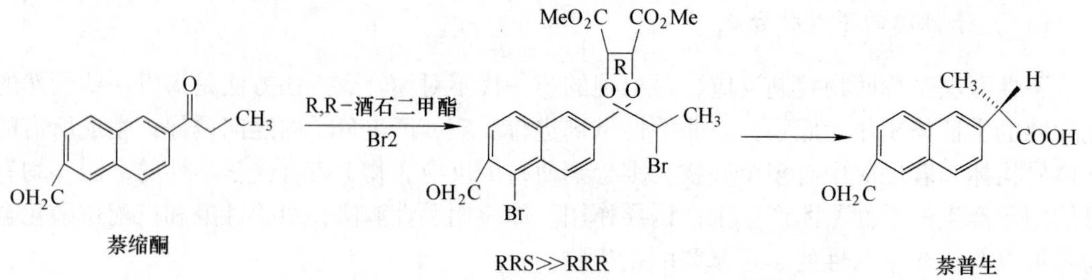

图 5-7 利用手性辅助试剂合成 (S)-萘普生

接转化为手性产物。该类反应有 $LiAlH_4$ 的不对称还原反应和不对称硼氢化反应等。例如，苯乙酮的不对称还原反应中使用 $LiAlH_4$ 的 (S)-脯氨酸衍生物，选择性较高。

$$S \xrightarrow{R^*} P^* \text{ 或 } S^* \xrightarrow{R^*} P^*$$

与第一代及第二代方法相反，该方法的立体化学控制是通过分子间的作用进行的。这种方法没有手性试剂与底物的连接，避免了手性辅助剂与底物的连接与脱离的麻烦，且手性试剂部分被回收。

（四）手性催化剂的不对称合成

手性催化剂控制的不对称反应又称为不对称催化反应，是第四代不对称合成方法。该方法是指通过催化剂对反应底物作用（通常是活化反应物）后提供的手性环境进行反应的不对称性诱导，得到新的手性产物。其具体反应过程是：在反应体系中加入少量手性催化剂（Cat^*），该催化剂通过活化反应底物后形成活性很高的中间体，而手性催化剂中的手性单元可以控制该中间体后续反应的立体选择性，从而得到手性产物。

$$A \xrightarrow{Cat^*} T^*$$

该方法无需加入与反应底物等当量的手性催化剂，并且手性催化剂可以在反应中循环使用。此外，反应底物来源广泛、价廉易得，反应条件温和，立体选择性好。因此，不对称催化反应已引起高度关注，是手性药物重要的制备方法之一。

但是该方法也有一定的限制。主要是：（1）所得产物的光学纯度通常难以一次性满足药物的要求，仍需进一步纯化。（2）手性催化剂一般选用贵重金属，如金、银、铑、钯、钌等，且其手性配体有时需要复杂的合成，这在一定程度上限制了其在工业化生产中的应用。（3）手性催化剂在产物中的分离与回收，尤其是对于一些毒性较大的金属手性催化剂，在产物后处理过程中需严格控制其残留，增加了工序。

不对称合成的目标不仅是得到光学活性化合物，而且要达到高度的立体选择性。通过以上不对称合成途径的发展趋势，以及优缺点对比可知，一个成功的不对称合成反应的标准应该满足：（1）具有高的对映体过量。（2）手性试剂易于制备并能循环使用。（3）可以制备 R 和 S 两种构型的目标产物。（4）最好是催化型的合成反应。

三、不对称催化氢化反应在手性药物的应用实例

不对称催化合成是当前国内外有机化学界研究的热点问题。不对称催化反应的类型很多，成功应用在制药工业中的典型例子不是很多。目前，制药工业中比较典型的不对称催化合成有两个：一个是萘普生的合成，另一个是 L-多巴的合成。

（一）不对称催化氢化在萘普生合成中的应用

萘普生是一种良好的非甾体消炎解热镇痛药，其（S）-对映异构体的抗炎活性是（R）-对映异构体的几十倍。美国孟山都公司开发了合成外消旋萘普生的工艺（图 5-8），即在相转移催化剂存在下，于 DMF 中以金属铝为阳极，通入压力为 0.253MPa 的 CO_2，6-甲氧基-2-乙酰基萘经电解羧基化，催化氢化，可产生外消旋体萘普生，总转化率为 83%。

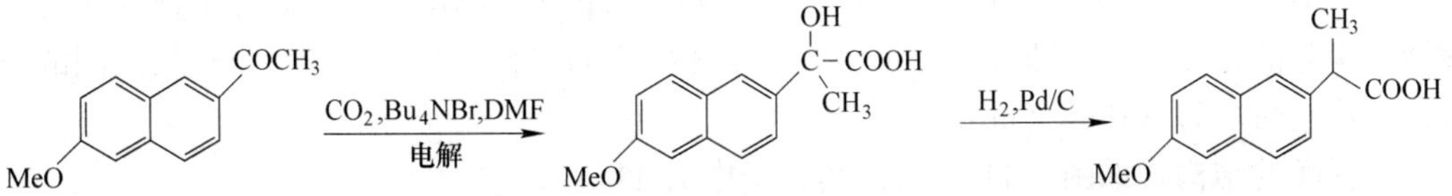

图 5-8　不对称催化氢化合成外消旋体萘普生的合成工艺

如以上式中的电解产物 2-羟基-2-(6'-甲氧基-2'-萘基)丙酸经脱水得到的 2-(6'-甲氧基-2'-萘基)丙烯酸为原料，以手性膦钌络合物催化氢化可得到（S）-萘普生，产率为 92%，对映体过量达 97%，该工艺生产总成本可降低 50%（图 5-9）。

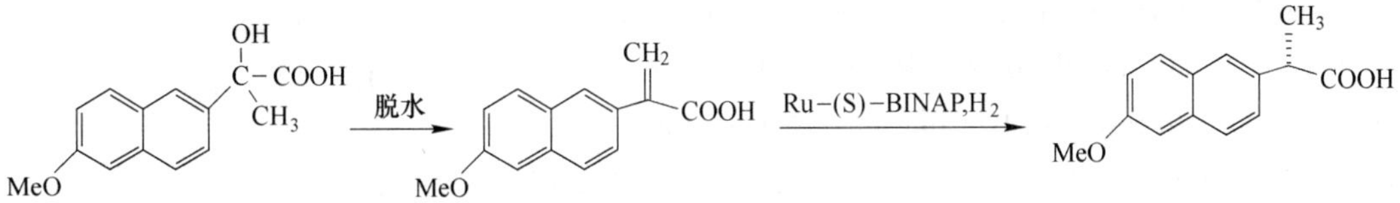

图 5-9　不对称催化氢化合成（S）-萘普生

（二）不对称催化氢化在 L-多巴合成中的应用

左旋多巴胺是治疗帕金森病的良药。若以酶催化工艺生产，操作复杂。20 世纪 60 年代末，美国孟山都公司 Knowles 将合成的手性膦配体 DIPAMP 与铑络合制备的手性金属催化剂用于均相催化氢化反应中，并于 1973 年成功应用于 L-多巴的工业化生产，对映体过量可达 95%（图 5-10）。

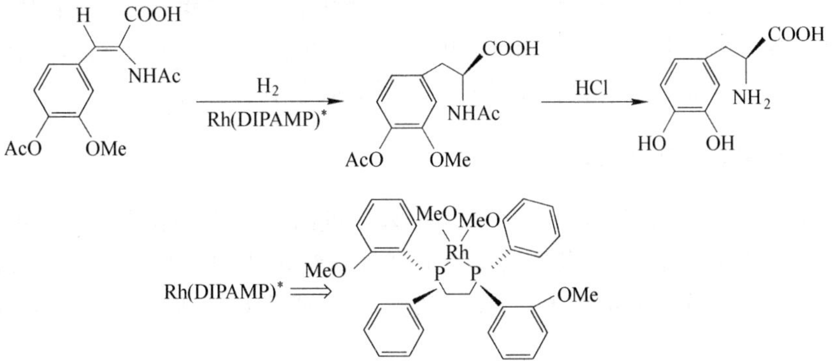

图 5-10　不对称催化氢化合成 L-多巴

第四节　手性药物紫杉醇的合成

一、紫杉醇概述

紫杉醇是近年来国际公认的疗效确切的重要抗肿瘤药物之一。1963 年，美国化学家 Wani 和 Wall 首次从生长在美国西部大森林中的太平洋杉（pacific yew）树皮和木材中分离得到了紫杉醇的粗提物。在筛选实验中，他们发现紫杉醇粗提物对离体培养的鼠肿瘤细胞有很高的活性，并开始分离这种活性成分。由于该活性成分在植物中含量极低，直到 1971 年，他们才同杜克（Duke）大学的化学教授 McPhail 合作，通过 X 射线分析确定了该活性成分的化学结构，即整个分子由 3 个主环构成的二萜核和一个苯基异丝氨酸侧链组成，并把它命名为紫杉醇（taxol）。

紫杉醇的结构式如图 5-11 所示，其分子中有 11 个手性中心，有许多功能基团和立体化学特征，是一种典型的手性药物。化学名称为 5β,20-环氧 1β, 2α,4α,7β,10β,13α-六羟基-紫杉醇烷-11-烯-9-酮-4, 10-二乙酸酯-2-苯甲酸酯-13-[（2′R, 3′S） N-苯甲酰基-3′-苯基异丝氨酸酯]，英文名称为（2′R,3′S)-N-carboxyl-3′-phenylisoserine，N－benmethyl ester，13－ester with 5β,20-epoxyl-1β,2α,4α,7β,10β,13a-hexa-hydroxytax-11-en-9-one-4,10－diacetate-2-benzoate。紫

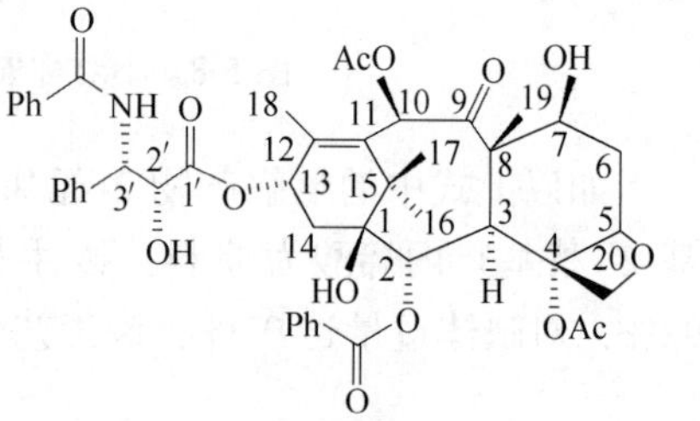

紫杉醇

图 5-11　紫杉醇结构式

杉醇为针状结晶（甲醇/水），熔点为 213~216℃（分解），可溶于甲醇、乙醇、丙酮、二氯甲烷，三氯甲烷等有机溶剂，难溶于水（在水中溶解度仅为 0.006mg/mL），不溶于石油醚。与糖结合成苷后水溶性大大提高，但在脂溶性溶剂中溶解性降低。

目前，对于紫杉醇的生产，可采用天然提取、化学合成、生物合成等方法。天然提取主要是从红豆杉的树皮中提取，但是现在已不能满足人类需求。生物合成因菌种筛选的局限性等问题还没能广泛应用。化学合成是目前生产紫杉醇的主要方法，但为了避免全合成紫杉醇复杂的母环部分，人们从紫杉醇的特殊结构出发，开展了紫杉醇的半合成研究。半合成是从红豆杉树叶中提取巴卡亭 Ⅲ（baccatin Ⅲ）和 10-脱乙酰基巴卡亭 Ⅲ（10-Deacetyl baccatin Ⅲ，10-DAB)，通过选择性保护部分羟基，然后在 C13 位羟基上接上合成的侧链，再去掉保护基，得到紫杉醇。该方法避开了复杂的紫杉醇二萜骨架的合成，整个过程简明，便于规模化生产。10-DAB 和巴卡亭Ⅲ在红豆杉植物中的含量比紫杉醇丰富得多，分离提取也比紫杉醇容易，而且树叶反复提取也不会影响植物资源的再生。

二、紫杉醇侧链合成路线设计

紫杉醇分子由一个二萜母环和一个苯基异丝氨酸组成，该二萜母环可来源于从红豆杉类植物中提取的巴卡亭Ⅲ或 10-脱乙酰基巴卡亭Ⅲ（结构式如图 5-12 所示），故化学半合成的主要目标是合成作为侧链的苯基异丝氨酸片段（或称 C13 侧链），再去掉保护基，便得到紫杉醇。

(一) 肉桂酸成酯法合成紫杉醇

该方法是采用二环己基碳二亚胺（DCC）为缩合剂，4-二甲基氨基吡啶（DMAP）为催化剂，将肉桂酸与保护的母环7-(2,2,2-三氯)巴卡亭Ⅲ乙酯进行反应，然后对侧链进行羟基化、氨基化、苯甲酰化处理，去除保护基后得到几种非对映体的混合物，通过薄层色谱得到各种纯化的异构体（图5-13）。该方法的主要缺点是产生紫杉醇的侧链结构选择性较差。

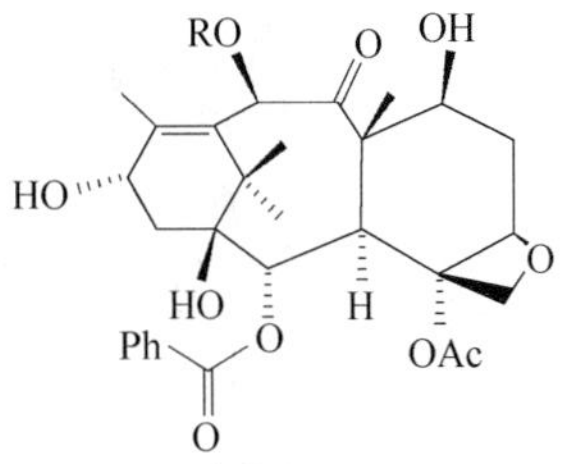

巴卡亭Ⅲ(R＝CH3CO)
10-脱乙酰基巴卡亭Ⅲ(R＝H)

图 5-12 紫杉醇半合成原料

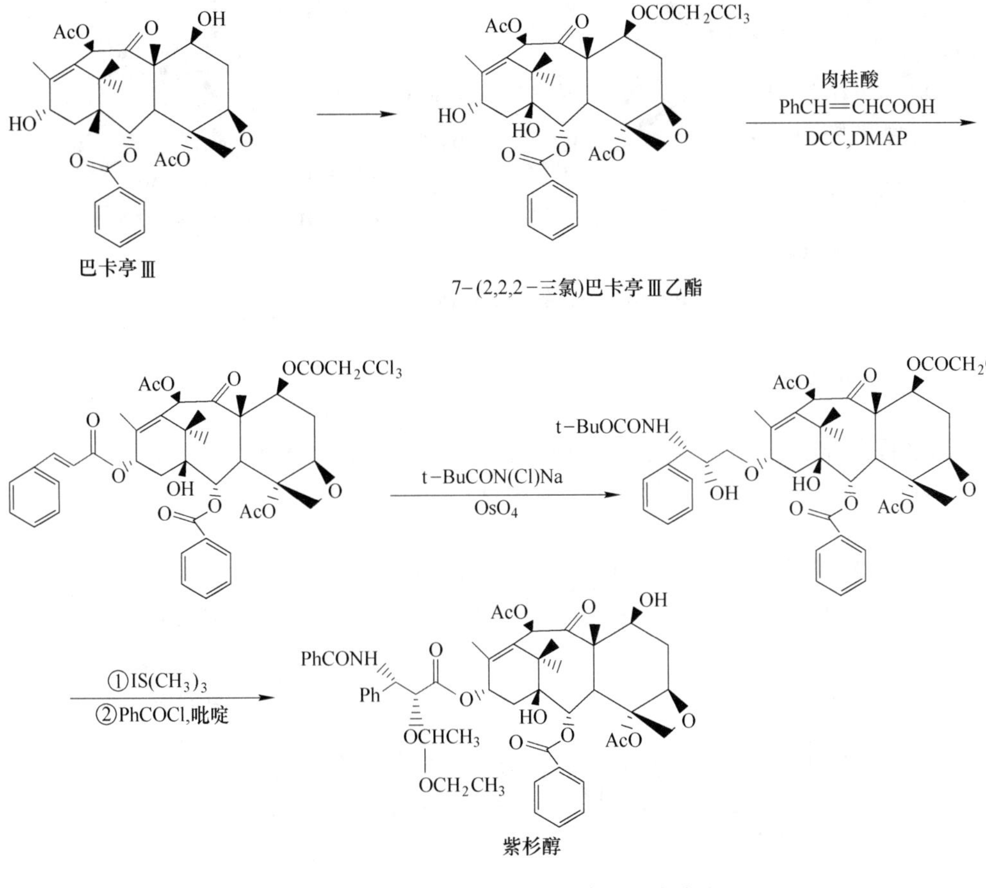

图 5-13 紫杉醇合成的肉桂酸成酯法

(二) Denis 的半合成紫杉醇

该方法是预先合成出光学活性紫杉醇侧链，然后再与二萜母环连接起来得到紫杉醇，这是半合成紫杉醇研究中探索最多的一种方法。以 10-DAB 为原料，通过选择性保护 C7 位羟基和酯化 C10 位羟基，然后在二-2-吡啶碳酸酯（DPC）和 DMAP 存在下，使侧链与保护的 10-DAB 连接起来，最后去掉保护基团即得到紫杉醇（图5-14）。该方法的缺点是反应条件较为苛刻，距离工业生产较远。

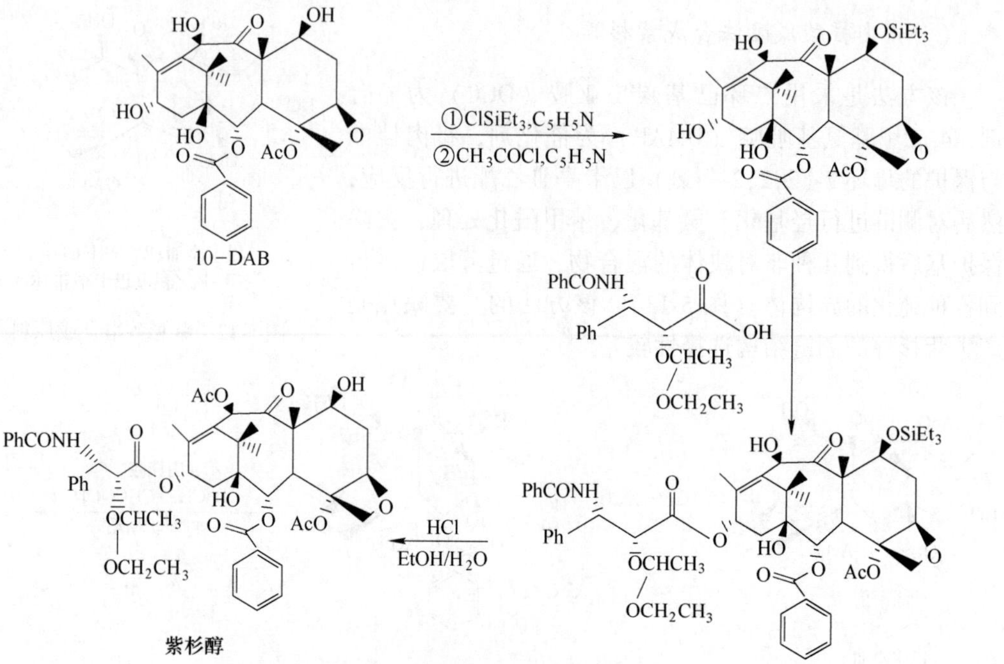

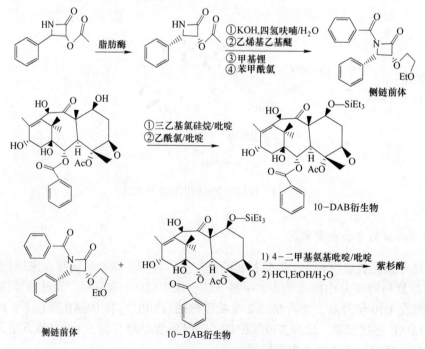

图 5-14　紫杉醇合成的 Denis 法

（三）侧链前体物法

该方法是首先合成出紫杉醇侧链前体物，前体物在与二萜母环连接过程中产生所需的构型（图 5-15）。环状前体物在紫杉醇的合成中具有明显的优势。

图 5-15　紫杉醇合成的侧链前体物法

【本章总结】

第五章　手性药物的制备技术		
第一节　概述	手性药物的概念	手性药物：指分子结构中含有手性中心或不对称中心的药物，它包括单一的立体异构体、2 个及以上立体异构体的不等量的混合物以及外消旋体
	手性药物的光学活性	手性药物的纯度主要考虑其光学纯度。光学纯度的表示方法是将一定条件下测定的该手性化合物的旋光度（$[\alpha]_{obs}$）与其同等条件下的标准旋光度（$[\alpha]_{max}$）相比，所得结果即为该手性化合物的光学纯度。 对于新手性化合物，因缺乏标准旋光度值，难以计算其光学纯度，故采用"对映体过量"或"非对映体过量"来表征手性化合物光学纯度
	手性药物的生理活性分类	根据对映体之间药理活性和毒副作用的差异，可将含手性结构的药物分为三大类。一是对映体之间有相同的某一药理活性，且作用强度相近。二是对映体具有相同的活性，但强弱程度有显著差异。三是对映体具有不同的药理活性
	手性药物的制备技术	手性药物的制备技术由化学控制技术和生物控制技术两部组成
第二节　外消旋体的拆分	外消旋体及其特性	外消旋体：是一种具有旋光性的手性分子与其对映体的等摩尔混合物。它由旋光方向相反、旋光能力相同的分子等量混合而成，其旋光性因这些分子间的作用相互抵消而不旋光。 根据分子间的亲和力差异，外消旋体可分为三类。即外消旋化合物、外消旋混合物、外消旋固溶体
	外消旋体的拆分方法	外消旋体拆分常采用普通化学合成法，可分为结晶拆分法、包络拆分、动力学拆分法、色谱分离等方法
第三节　手性药物的不对称合成	不对称合成的概念	Morrison 和 Mosher 将不对称合成定义为："一个反应，底物分子中的非手性单元在反应剂作用下以不等量地生成立体异构产物的途径转化为手性单元。" 不对称合成反应实际上一种立体选择反应，反应的产物既可以是对映体，也可以是非对映体，只是两种异构体的量不同而已，即主要产物为所需的产物
	不对称合成的途径	按照手性基团的影响方式和合成方法的发展情况，不对称合成的途径可划分为手性源法、手性辅助剂法、手性试剂法、不对称催化法等
第四节　手性药物紫杉醇的合成	紫杉醇的生产方法	可采用天然提取、化学合成、生物合成等方法。其中，化学半合成是目前最常用的方法
	紫杉醇的合成路线思路	紫杉醇分子是由一个二萜母环和一个苯基异丝氨酸组成，该二萜母环可来源于从红豆杉类植物中提取的巴卡亭Ⅲ或 10-脱乙酰基巴卡亭Ⅲ获得，故化学半合成的主要目标是合成作为侧链的苯基异丝氨酸片段（或称 C13 侧链），再去掉保护基得到紫杉醇

【习题练习】

一、选择题

1. 下列分子含手性碳原子的是（　　　）。

　　A. 氯乙酸　　　　　　B. 甘油醛　　　　　C. 3-氨基丙酸　　　　　D. 苯乙酮

2. 对于对映异构体过量百分率 e.e. 值，描述正确的是（　　　）。

　　A. 外消旋体的 e.e. =50%

　　B. e.e =0% 表明为单一光学纯物质

　　C. 仅含 R 构型的物质 e.e. =100%

　　D. 仅含 S 构型的物质 e.e. =0%

3. 如果申请上市药物的化学结构中含有一个手性中心，开发者就得做该药物（　　　）的药效学、毒理学和临床等试验。

　　A. 左旋体　　　　　　　　　　　B. 右旋体

　　C. 左旋体和右旋体　　　　　　　D. 左旋体、右旋体和外消旋体

4. 下列哪一个药物的对映体之间有相同的某一药理活性，且作用强度相近？（　　　）

　　A. 抗组胺药异丙嗪　　　　　　　B. 减肥药芬氟拉明

　　C. 抗结核药乙胺丁醇　　　　　　D. 利尿药茚达立酮

5. 按照使用原料性质的不同，手性药物的化学控制技术不包括（　　　）。

　　A. 普通化学合成　　B. 天然物提取　　C. 手性源合成　　　D. 不对称合成

6. 一般简单的糖、氨基酸可以用（　　　）命名。

　　A. Z/E 命名法　　　B. D/L 命名法　　　C. R/S 命名法　　　　D. A/B 命名法

7. 下列手性药物的制备不属于化学控制技术的是（　　　）。

　　A. 天然提取物　　　B. 手性源合成　　C. 包络拆分　　　　D. 色谱分离

8. 20 世纪 60 年代欧洲和日本一些孕妇因服用外消旋的沙利度胺而造成数以千计的胎儿畸形，其致畸的原因是（　　　）。

　　A. (S)-沙利度胺的致畸性　　　　B. (R)-沙利度胺的致畸性

　　C. 沙利度胺的内消旋　　　　　　D. 沙利度胺的外消旋

9. 合成手性紫杉醇侧链的最具有代表性的方法有哪些？（　　　）

　　（1）双键不对称氧化法　　　（2）醛醇反应法　　　（3）肉桂酸成酯法　　　（4）半合成法

　　A.（1）（2）　　　B.（2）（3）　　　C.（3）（4）　　　　D.（1）（4）

10. 氯霉素有几个手性中心？（　　　）

　　A. 1 个　　　　　　B. 2 个.　　　　　C. 3 个　　　　　　D. 8 个

二、填空题

1. 一个物体不能与其镜像相重合，只能相对映，这一特性叫_____。

2. 外消旋体是一种具有旋光性的手性分子与其对映体的_____混合物。它由旋光方向_____、旋光能力_____的分子等量混合而成，其旋光性因这些分子间的作用相互抵消而表现出_____。

3. 按照手性基团的影响方式和合成方法的发展情况，不对称合成可分为＿＿＿＿＿＿、
＿＿＿＿＿＿、＿＿＿＿＿＿、＿＿＿＿＿＿等。

4. 根据分子间的亲和力差异，外消旋体可分为＿＿＿＿＿、＿＿＿＿＿、＿＿＿＿＿。

5. 不对称合成是将前手性单元转化为手性单元，并产生＿＿＿＿＿的立体异构产物，即
主产物为目标产物才具有实践意义。

三、判断题

1. 反应停事件的发生，是因为其一个对映体具有治疗作用，而另一个对映体有毒性。
（　　　　）

2. 利尿药依托唑啉的 S-依托唑啉有利尿作用，而 R-依托唑啉具有抗利尿作用。（　　　）

3. 非对映体的旋光方向可以相同或不同，但比旋光度是不同的。（　　　）

4. 外消旋体的旋光方向相反、旋光能力相同，所以具有旋光性。（　　　）

5. 乙胺丁醇 S 构型有抗结核菌作用，而其对映体 R 构型有致盲作用。（　　　）

6. 结晶拆分和非对映体结晶法相同的地方是利用物质的溶解度不同进行结晶析出。
（　　　　）

7. 外消旋体肾上腺素经化学拆分获得左旋异构体，可使用（+）—酒石酸为拆分剂，甲苯
为溶剂。（　　　）

8. 外消旋体是由旋光方向相反、旋光能力相同的分子等量混合而成，最终表现出不旋光。
（　　　　）

9. 若不对称合成的产物是等量的，那就不具备手性药物不对称合成研究的意义。（　　　）

10. e.e =50% 表明其是外消旋体。（　　　）

四、简答题

1. 简述手性药物的定义及生理学分类。
2. 什么是外消旋体？根据分子间的亲和力差异，可分为哪几类？
3. 简述非对映体结晶拆分的原理。
4. 简述不对称催化法的原理。
5. 比较外消旋体拆分和不对称合成各自的优劣。

第六章　制药反应设备

【素质目标】

具有选用设备时经济可靠、高效环保的意识。

【知识目标】

(1) 掌握釜式反应器、鼓泡塔反应器的分类、结构及其特点。
(2) 熟悉理解釜式反应器的工艺计算公式和方法。
(3) 了解制药设备、制药反应设备的分类，设备设计与选型的原则。

【能力目标】

(1) 能根据化学反应的特点合理选择反应器形式。
(2) 能根据反应特性合理选择搅拌器形式。
(3) 能根据釜式反应器的工艺参数设计一个车间或一套装置。

制药过程就是基本原料经过一系列的单元反应和单元操作制得原料药，原料药通过加工得到各种剂型的过程。这一系列化学变化和物理操作是在设备中进行的。设备不同，提供的条件不一样，对设备生产能力、产品成本和质量等都有重大的影响。可见，药品生产的工艺设计是核心，而适宜设备的选型是主体。选择适当型号的设备，是保证完成生产任务、获得良好生产效应的重要前提。因此，本章主要围绕制药反应过程中的釜式反应器、鼓泡塔反应器进行介绍。

第一节　概　　述

一、制药设备

制药设备是指用于制药工艺生产过程的相关设备，包括制药专用设备和非制药专用设备。设备的大小、结构和形式多种多样，按 GB/T 15692 可将制药设备分为以下 8 类，即原料药设备及机械、制剂机械、药用粉碎机械、饮片机械、制药用水设备、药品包装机械、药物检测设备、制药辅助设备。

(1) 原料药设备及机械。该类设备用于实现生物、化学物质转化或利用动物、植物、矿物来制取医药原料。其中有反应设备、分离设备、换热设备、药用灭菌设备、存储设备等。

(2) 制剂机械。该类设备是将原料药制成各种剂型的机械与设备。有混合机、制粒机、压片剂、包衣机、干燥机等。

（3）药用粉碎机械。该类设备是用于将药物粉碎（含研磨）并符合药品生产要求的机械。

（4）饮片机械。该类设备用于将天然药用动物、植物、矿物通过选、洗、润、切、烘、炒、煅等方法制取中药饮片。

（5）制药用水设备。该类设备为采用各种方法制取制药用水的设备。

（6）药品包装机械。该类设备为完成药品包装过程及与包装过程相关的机械和设备。

（7）药物检测设备。该类设备为检测各种药物产品或半产品质量的仪器和设备，如水分测定仪、高效液相色谱仪等。

（8）制药辅助设备。该类设备为执行非主要制药工序的有关机械和设备。

二、制药反应设备

制药工业的生产过程是由一系列化学反应过程与物理处理过程有机组合而成的。生产过程中化学反应器往往是生产的关键设备，反应器中进行较复杂反应，在进行反应的同时，兼有动量、热量和质量的传递发生，是非常复杂的体系。因此，反应器设计选型是否合理关系到产品生产的成败。

由于各单位反应特点各异，所以对反应器的要求各不相同。反应器既可以按照反应的特性分类，也可以按照设备的特性分类，图6-1所示为反应器的分类。

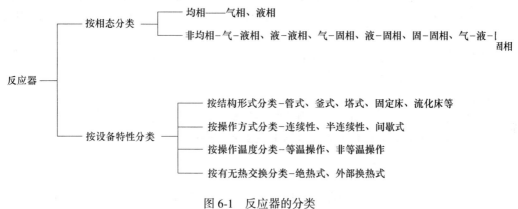

图6-1 反应器的分类

（一）按反应器结构分类

按反应器结构可以把反应器分为釜式（槽式）、管式、塔式、固定床、流化床、移动床等各种反应器（图6-2）。釜式反应器应用十分广泛，除气相反应外适用于其他各类反应。管式反应器大多用于气相和液相均相反应过程，以及气-固、气-液非均相反应过程；塔式反应器多应用于参与反应的中速、慢速反应和放热量大的反应，固定床、流化床、移动床大多用于气-固相反应过程。

（二）按操作方式分类

按操作方式可以把反应器分为间歇式、半间歇式和连续式。

间歇式（或称批量式）操作，一般都是在釜式反应器中进行。其操作特点是将反应

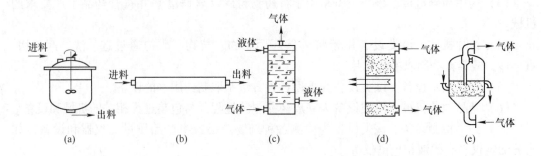

图 6-2　不同类型的反应器
（a）釜式；（b）管式；（c）塔式；（d）固定床；（e）流化床

物料一次加入反应器中，按一定条件进行反应，在反应期间不加入或取出物料。当反应物达到所要求的转化率时停止反应，将物料全部放出，进行后续处理，清洗反应器进行下一批生产。此类反应器适用于小批量、多品种以及反应速率慢、不适于采用连续操作的场合，在制药、染料和聚合物生产中应用广泛。间歇式反应器的操作简单，但体力劳动量大、设备利用率低，不宜自动控制。

连续式反应器是指将物料连续投入，产物连续排出，当达到稳定操作时，反应器内各点的温度、压力及浓度均不随时间而变化。此类反应器设备利用率高、处理量大，产品质量均匀，需要较少的体力劳动，便于实现自动化操作，适用于大规模的生产场合，常用于气相、液相和气-固相反应体系。

半间歇式（或称半连续式）介于间歇式和连续式两者之间，其特点是先在反应器中加入一种或几种反应物（但不是全部反应物），其他反应物在反应过程中连续加入，反应结束后物料一次全部排出。此类反应器适用于反应激烈的场合，或者要求一种反应物浓度高、另一种反应物浓度低的场合。器内的物料组成既随时间变化，又随位置变化。釜式、管式、塔式以及固定床反应器等都有采用半连续方式操作的。

（三）按反应物相态分类

按反应物系相态可以把反应器分为均相与非均相两种类型。均相反应器又可分为气相反应器和液相反应器两种，其特点是没有相界面，反应速率只与温度，浓度（压力）有关；非均相反应器中有气-固、气-液、液-液、液-固、气-液-固五种类型，在非均相反应器中存在相界面，总反应速率不但与化学反应本身的速率有关，而且与物质的传递速率有关，因而受相界面积的大小和传质系数大小的影响。

（四）按操作温度分类

按操作温度可以把反应器分为恒温式（等温式）反应器和非恒温式反应器。恒温式反应器是反应器内各点温度相等且不随时间变化的反应器，此类反应器多用于实验室中，工业上多用非恒温式反应器。

（五）按有无热量交换分类

按反应器与外界有无热量交换，可以把反应器分为绝热式反应器和外部换热式反应器。绝热式反应器在反应进行过程中不向反应区加入或取出热量，当反应吸热或放热强度较大时常把绝热式反应器做成多段，在段间进行加热或冷却，此类反应器中温度与转化率之间呈直线关系；外部换热式有直接换热式（混合式，蓄热式）和间接换热式两种，此类反应器应用甚广。此外还有自热式反应器，利用反应本身的热量来预热原料，以达到反应所需的温度，此类反应器开工时需要外部热源。

三、设备设计与选型的原则

在选择设备时，要选用运行可靠、高效、节能、操作维修方便、符合 GMP 要求的设备。选用设备时要贯彻先进可靠、经济合理、系统最优等原则。（1）设备的选择和设计须满足药物生产工艺的要求。如选用的设备能与生产规模相适应，有合理的温度、压力、流量、液位的检测、控制系统等。（2）满足《药品生产质量管理规范》中有关设备选型、选材的要求。（3）设备要成熟可靠。对生产中需使用的关键设备，一定需要广泛调研，到设备生产和使用工厂去考察，在调查研究和对比的基础上做出科学选定。（4）要满足设备结构上的要求。如具有合理的强度、刚度、耐腐蚀性，易于操作与维修，容器的尺寸、形状及质量等应考虑到水陆运输的可能性。（5）要考虑技术经济指标。如生产强度，指设备的单位体积或单位面积在单位时间内所能完成的任务。

第二节　釜式反应器

在制药工业的生产中，几乎所有的单元操作都可以在釜式反应器内进行。釜式反应器的结构简单、加工方便、传质效率高，温度分布均匀，操作条件如温度、浓度等的可控范围广，操作灵活性大，能适应多样化的生产，其应用范围广。

一、釜式反应器的分类

（一）按操作方式分

根据操作方式，釜式反应器可分为间歇式（或分批式）、半连续式和连续式操作。

（1）间歇式操作。间歇式操作的搅拌釜式反应器因间歇式操作，设备利用率不高，劳动强度大，只适用于小批量、多品种生产（图 6-3（a））。

（2）半连续式操作。半连续式操作的搅拌釜式反应器可进行半间歇操作，适用于要求一种反应物的浓度高而另一种反应物的浓度低的化学反应，或者通过调节加料速率来控制所要求的反应温度的反应（图 6-3（b）、（c））。

（3）连续式操作。连续式操作的搅拌釜式反应器是以单釜或多釜串联进行连续操作，连续加入反应物和取出产物。连续操作设备利用率高，产品质量稳定，易于自动控制，适用于大规模生产（图 6-3（d）、（e））。

（二）按材质分类

根据设备材质，可分为钢制（或衬瓷板）反应釜、铸铁反应釜及搪玻璃反应釜（搪瓷锅）。

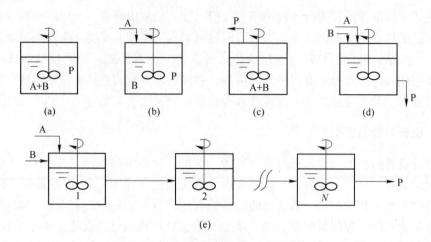

图 6-3 搅拌釜式反应器的操作方式

(a)—间歇式釜式反应器；(b)，(c)—半连续式釜式反应器；(d)，(e)—连续式釜式反应器

(1) 钢制反应釜。钢制反应釜的特点是制造工艺简单、造价费用较低、维护检修方便、使用范制广泛，因此，化工生产普遍采用。由于材料 Q235A 不耐酸性介质腐蚀，常用的还有不锈钢材料制的反应釜，可以耐一般酸性介质。经过镜面抛光的不锈钢制反应釜还特别适用于高黏度体系聚合反应。

(2) 铸铁反应釜。一般在氯化、磺化、硝化、缩合、硫酸增浓等反应过程中使用较多。

(3) 搪玻璃反应釜（搪瓷锅）。在碳钢锅的内表面涂上含有二氧化硅玻璃釉，经900℃左右的高温焙烧，形成玻璃搪层。由于搪玻璃反应锅对许多介质具有良好的耐腐蚀性、耐热性、耐冲击性等优良性能，所以被广泛用于精细化工生产中的卤化反应及有盐酸、硫酸、硝酸等存在时的各种反应。

（三）按反应釜承受的操作压力分类

根据反应釜承受的操作压力可分为低压釜和高压釜。

(1) 低压釜。低压釜是最常见的搅拌釜式反应器。在搅拌轴与壳体之间采用动密封结构，在低压（1.6MPa 以下）条件下能够防止物料的泄漏。

(2) 高压釜。目前高压釜常采用磁力搅拌釜。磁力釜的主要特点是代替了传统的填料密封或机械密封，实现整台反应釜在全密封状态下工作，保证无泄漏。因此，更适合于各种极毒、易燃、易爆以及其他渗透力极强的化工工艺过程，是合成制药工艺中进行硫化、氟化、氢化、氧化等反应的理想设备。

二、釜式反应器的结构

釜式反应器主要由壳体、搅拌装置、轴封和换热装置四大部分组成。釜式反应器的结构如图 6-4 所示。

（一）壳体

壳体提供反应器有效体积以保证完成生产任务，并且有足够的强度和耐腐蚀能力以保

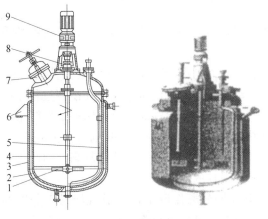

扫一扫看更清楚

图 6-4 釜式反应器的基本结构
1—搅拌器；2—釜体；3—夹套；4—搅拌轴；5—压料管；6—支座；7—人孔；8—轴封；9—传动装置

证运行可靠。它由圆形筒体、上盖、下封头构成。上盖与筒体连接有两种方法，一种是盖子与筒体直接焊死构成一个整体；另一种形式是考虑拆卸方便用法兰连接。上盖开有人孔、手孔和工艺接孔等。壳体材料根据工艺要求确定，最常用的是铸铁和钢板，也有的采用合金钢或复合钢板。当用于处理有腐蚀性介质时，则需用耐腐蚀材料制造反应釜，或者将反应釜内表搪瓷、衬瓷板或橡胶。

釜底常用的形状有平面形、碟形、椭圆形和球形，如图 6-5 所示。平面结构简单，容易制造，一般在釜体直径小、常压（或压力不大）条件下操作时采用；椭圆形或蝶形应用较多；球形多用于高压反应器；当反应后物料需用分层法使其分离时可用锥形底。

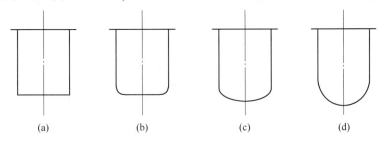

图 6-5 常见反应釜底的形状
（a）平面形；（b）碟形；（c）椭圆形；（d）球形

（二）搅拌装置

搅拌器是搅拌设备的核心组成部分。搅拌器由传动装置、搅拌轴和叶轮组成，是搅拌反应釜的一个关键部件。搅拌器的选型及计算是否正确，直接关系到搅拌反应釜的操作和反应的结果。如果搅拌器不能使物料混合均匀，可能会导致某些副反应的发生，使产品质量恶化、转化率下降，反应结果严重偏离小试结果，即产生所谓的放大效应。另外，不良的搅拌还可能会造成生产事故。例如某些硝化反应，如果搅拌效果不好，可能使某些反应区域的反应非常剧烈，严重时会发生爆炸。由于搅拌的存在，使釜式反应器物料侧的给热系数增大，因此搅拌对传热过程也有影响。

1. 搅拌器的工作原理

搅拌效果主要取决于搅拌器的结构尺寸、操作条件、物料性质及其工作环境。搅拌器通常具有 4 项作用：

（1）将能量传递给液体。搅拌器将能量传递给被搅拌的物料，并迫使流体按一定的流动状态流动。流体的运动总是伴随着能量消耗，在搅拌过程中机械能转化为热能。流体达到和维持一定的运动状态必须依靠搅拌器所能提供的最低能量消耗。

（2）使气体在液体中分散。气泡产生和分散也需要消耗能量。在通气速度一定的情况下，气泡尺寸越小，气液界面积越大，传质速率越高。因此，搅拌器的气体分散作用就是保证需要的气液界面积和最佳的界面积分布。

（3）使气液分离。搅拌器分离作用是指形成气液易于分离的气泡直径和运动状况。分离过程比分散过程更为复杂。分离过程除了与气泡大小有关之外，还与流体在釜内的流动状态和釜内的结构有关。

（4）使液体中各组分混合。搅拌器的最后一个作用最为重要。液体中各组分的均匀混合是搅拌的根本目的。为达到均匀混合，搅拌器应具备两种功能，即在釜内形成一个循环流动，称为总体流动；同时希望产生强剪切或湍动。

实际操作中，一个搅拌器常常可同时起到几种作用。例如，在气液相催化反应器中，搅拌既使固体颗粒催化剂在液体中悬浮，又使气体以小气泡形式均匀地在液体中分散，从而大大加快传质过程；在生化反应过程中，除了培养基内各组分之外，悬浮的微生物和气泡在发酵液中应尽可能达到完全混合。

2. 搅拌器的形式及性能

目前工业生产中常用的是机械搅拌器，主要分为旋桨式搅拌器、涡轮式搅拌器、桨式搅拌器、锚式搅拌器、螺带式搅拌器等，图 6-6、表 6-1 为工业上常用搅拌器的结构图和适用条件。

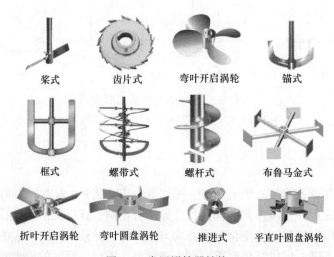

桨式　　　　齿片式　　　弯叶开启涡轮　　　锚式

框式　　　螺带式　　　螺杆式　　　布鲁马金式

折叶开启涡轮　　弯叶圆盘涡轮　　推进式　　平直叶圆盘涡轮

图 6-6　常用搅拌器结构

（1）旋桨式搅拌器。旋桨式搅拌器由 2~3 片推进式螺旋桨叶构成，工作转速较高，叶片外缘的圆周速度一般为 5~15m/s。旋桨式搅拌器主要造成轴向液流，产生较大的循环量，适用于搅拌低黏度（小于2Pa·s）液体、乳浊液及固体微粒含量低于10%的悬浮液。

（2）涡轮式搅拌器。涡轮式搅拌器由在水平圆盘上安装2~4片平直的或弯曲的叶片构成。桨叶的外径、宽度与高度的比例一般为20∶5∶4，圆周速度一般为3~8m/s。涡轮在旋转时造成高度湍动的径向流动，适用于气体及不互溶液体的分散和液液相反应过程，被搅拌液体的黏度一般不超过25Pa·s。

（3）桨式搅拌器。桨式搅拌器有平桨式和斜桨式两种。平桨式搅拌器由两片平直桨叶构成。桨叶直径与高度之比在4~10之间，圆周速度为1.5~3m/s，所产生的径向液流速度较小；斜桨式搅拌器的两叶相反折转45°或60°，因而产生轴向液流。桨式搅拌器结构简单，常用于低黏度液体的混合以及固体微粒的溶解和悬浮。

（4）锚式搅拌器。锚式搅拌器桨叶外缘形状与搅拌槽内壁要一致，其间仅有很小的间隙，可清除附在槽壁上的黏性反应产物或堆积于槽底的固体物，保持较好的传热效果。桨叶外缘的圆周速度为0.5~1.5m/s，可用于搅拌黏度高达200Pa·s的牛顿型流体和拟塑性流体。

（5）螺带式搅拌器。螺带式搅拌器螺带的外径与螺距相等，专门用于搅拌高黏度液体（200~500Pa·s）及拟塑性流体，通常在层流状态下操作。

表6-1　常见搅拌器的适用条件

适用条件	涡轮式	桨式	推进式	布鲁马金氏	锚式	螺带式	螺杆式
转速/r·min⁻¹	10~300	10~300	100~500	0~300	1~100	0.5~50	0.5~50
低黏度混合	√	√	√	√			
高黏度混合	√	√		√	√	√	√
分散	√		√				
溶解	√	√	√	√	√	√	
固体悬浮	√	√	√				
气体吸收	√						
结晶	√	√	√				
传热	√	√		√	√	√	
液相反应	√	√		√			

3. 搅拌器的选型要求

搅拌器的选型主要根据物料性质、搅拌目的及各种搅拌器的性能特征等进行。

（1）按物料黏度选型。在影响搅拌状态的各种物理性质中，液体黏度影响最大。所以，一般而言，对于低黏度液体，应选用小直径、高转速的搅拌器，如推进式、涡轮式；对于高黏度液体，应选用大直径、低转速的搅拌器，如锚式、框式和桨式。

（2）按搅拌目的选型。搅拌目的、工艺过程对搅拌的要求是选型的关键。对于低黏度均相液体，应优选推进式搅拌器；对于非均相液-液分散过程，应优选涡轮式搅拌器；对于气-液分散体系，优选涡轮式搅拌器。

（三）轴封装置

轴封装置是用来防止釜的主体与搅拌轴之间的泄漏，为动密封结构。主要有填料密封和机械密封两种。

1. 填料密封

填料密封结构如图 6-7 所示，填料箱由箱体、填料、油环、衬套、压盖和压紧螺栓等零件组成。旋转压紧螺栓时，压盖压紧填料，使填料变形并紧贴在轴表面上，达到密封目的。在化工生产中，轴封容易泄漏，一旦有毒气体逸出会污染环境，因而需控制好压紧力。压紧力过大，轴旋转时轴与填料间摩擦增大，会使磨损加快，在填料处定期加润滑剂可减少摩擦，并能减少因螺栓压紧力过大而产生的摩擦发热。填料要富于弹性，有良好的耐磨性和导热性。填料的弹性变形要大，使填料紧贴转轴，对转轴产生收缩力，同时还要求填料有足够的圈数。使用中由于磨损应适当增补填料，调节螺栓的压紧力，以达到密封效果。填料压盖要防止歪斜。有的设备在填料箱处设有冷却夹套，可防止填料摩擦发热。

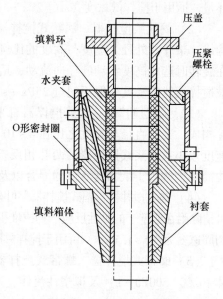

图 6-7　填料密封的结构

2. 机械密封

机械密封在反应釜上广泛应用，它的结构和类型繁多，但它们的工作原理和基本结构都是相同的。图 6-8 所示的机械密封由动环、静环、弹簧加荷装置、密封装置组成。由于弹簧力的作用使动环紧紧压在静环上，当轴旋转时，弹簧座、弹簧、动环等零件随轴一起旋转，而静环则固定在座架上静止不动，动环与静环相接触的密封端面阻止了物料的泄漏。机械密封结构较复杂，但密封效果甚好。

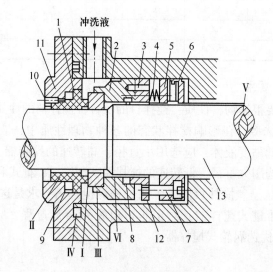

图 6-8　机械密封的结构

1—静环；2—动环；3—传动销；4—弹簧；5—弹簧座；6—紧定螺钉；7—传动螺钉；8—动环 O 形圈；
9—静环 O 形圈；10—防转销；11—压盖；12—推环；13—轴套；Ⅰ、Ⅱ、Ⅲ、Ⅳ、Ⅴ、Ⅵ—泄漏点

（四）换热装置

化学反应需要维持在一定的温度下进行，在反应过程中常伴随着热效应的产生（放热或吸热），因此搅拌釜式反应器需要配有传热装置。釜式反应器的传热，对于维持最佳的反应条件、取得最好的反应效果是很重要的。不良的传热不仅会影响反应效果，有时甚至引起爆炸。因此，反应器的传热操作对于维持化学反应顺利进行极其重要。

1. 传热装置

反应釜的传热装置主要是夹套和蛇管，如图 6-9 所示。

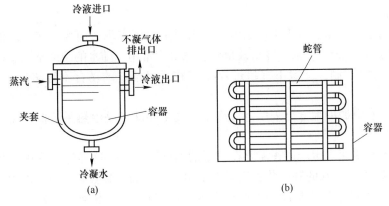

图 6-9　常见的夹套式和蛇管式换热器

（a）夹套式换热器；（b）蛇管式换热器

扫一扫看更清楚

（1）夹套。传热夹套是一个套在反应器筒体外面能形成密封空间的容器，一般由钢板焊接而成，既简单又方便。夹套上设有水蒸气、冷却水或其他加热、冷却介质的进出口。如果加热介质是水蒸气，进口管应靠近夹套上端，冷凝液从底部排出；如果传热介质是液体，则进口管应安置在底部，液体从底部进入上部流出，使传热介质能充满整个夹套的空间。夹套内通蒸汽时，其蒸汽压力一般不超过 0.6MPa。当反应器的直径大或者加热蒸汽压力较高时，夹套必须采取加强措施。

（2）蛇管。当工艺需要的传热面积大，单靠夹套传热不能满足要求时，或者是反应器内壁衬有橡胶、瓷砖等非金属材料时，可采用蛇管、插入套管、插入 D 形管等传热。

工业上常用的蛇管有两种：水平式蛇管和直立式蛇管。排列紧密的水平式蛇管能同时起到导流筒的作用，排列紧密的直立式蛇管同时可以起到挡板的作用，它们对于改善流体的流动状况和搅拌的效果起积极的作用。

2. 加热剂

用一般的低压饱和水蒸气加热时温度最高只能达 150~160℃，需要更高加热温度时则应考虑加热剂的选择问题。常用的加热剂如下。

（1）高压饱和水蒸气。其来源于高压蒸汽锅炉、利用反应热的废热锅炉等。蒸汽压力可达一至数兆帕。用高压蒸汽作为加热剂的缺点是需高压管道输送蒸汽，其建设投资费用大，尤其需远距离输送时热损失大，很不经济。

（2）有机载热体。利用某些有机物常压沸点高、熔点低、热稳定性好等特点作为高温的热源。如联苯道生油、YD 导热油、SD 导热油等都是良好的高温载热体。联苯道生油是含联苯 26.5%、二苯醚 73.5% 的低共沸点混合物，熔点 12.3℃，沸点 258℃。它的突出优点是能在较低的压力下得到较高的加热温度。在同样的温度下，它的饱和蒸气压力只有水蒸气压力的几十分之一。

（3）熔盐。反应温度在 300℃ 以上可用熔盐作载热体。熔盐的组成为 KNO_3 53%、$NaNO_3$ 7%、$NaNO_2$ 40%（熔点 142℃）。

（4）电加热法。这是一种操作方便、热效率高、便于实现自控和遥控的一种高温加热方法。常用的电加热方法可以分为电阻加热法、感应电流加热法、短路电流加热法。

3. 冷却剂

（1）直接冷却方式。

1）冷却水。如河水、井水、城市水厂给水等，水温随地区和季节而变。深井水的水温较低而稳定，一般在 15~20℃。水的冷却效果好，也最为常用。随水的硬度不同，对换热后的水出口温度有一定限制，一般不宜超过 60℃，在不宜清洗的场合不宜超过 50℃，以免水垢的迅速生成。

2）空气。在缺乏水资源的地方可采用空气冷却，其主要缺点是给热系数低、需要的传热面积大。

3）低温冷却剂。有些化工生产过程需要在较低的温度下进行，这种低温采用一般冷却方法难以达到，必须采用特殊的制冷装置进行人工制冷。在制冷装置中一般多采用直接冷却方式，即利用制冷剂的蒸发直接冷却被冷却物体。制冷剂一般有液氨、液氮等。由于需要额外的机械能量，故成本较高。

（2）间接冷却方式。在有些情况下需采用间接冷却方式，即被冷却对象的热量是通过中间介质传送给在蒸发器中蒸发的制冷剂。这种中间介质起着传送和分配冷量的媒介作用，称为载冷剂。常用的载冷剂有盐水及有机物载冷剂。

1）盐水。即氯化钠及氯化钙等盐的水溶液，通常称为冷冻盐水。盐水的起始凝固温度随浓度而变。氯化钙盐水的共晶温度（-55℃）比氯化钠盐水低，可用于较低温度，故应用较广。氯化钠盐水无毒，传热性能较氯化钙盐水好。

2）有机物载冷剂。有机物载冷剂适用于比较低的温度，常用的有乙二醇、丙二醇的水溶液，以及乙醇的水溶液。

第三节　鼓泡塔反应器

鼓泡塔是在塔体下部装上分布器，将气体分散在液体中进行传质、传热的一种塔式反应器。其以结构简单、无机械传动部件、易密封、传热效率高、操作稳定、操作费用低等优点，被广泛应用于加氢、脱硫、烃类氧化和卤化、废气和废水处理及菌种培养发酵等工业过程。

鼓泡塔反应器是常见的塔式反应器。广泛应用于液体相参与反应的中速、慢速反应和放热量大的反应中。例如，在氯霉素的生产中，中间产物对硝基苯乙酮的制备，是利用对硝基乙苯在固相催化剂作用下与氧气进行氧化反应，属于气液非均相反应，而且是强烈的放热反应，故宜采用鼓泡塔式氧化器，其中单段鼓泡氧化塔常用于半间歇操作，对强放热反应操作易于控制，其结构简单。

鼓泡塔反应器的优点：（1）气体以小的气泡形式均匀分布，连续不断地通过气液反应层，保证气液接触面，使气液充分混合反应良好。（2）结构简单、容易清理、操作稳定、投资和维修费用低。（3）具有极高的储液量和相际接触面积，传质和传热效率较高，适用于缓慢化学反应和高度放热的情况。（4）在塔的内外都可以安装换热装置。（5）和填料塔相比较，鼓泡塔能处理悬浮液体。鼓泡塔反应器也有难以克服的缺点，表现在：（1）为了保证气体沿截面的均匀分布，鼓泡塔的直径不宜过大，一般在2~3m以内。（2）鼓泡反应器液相轴向返混很严重，在不太大的高径比情况下，可认为液相处于理想混合状态，因此较难在单一连续反应器中达到较高的液相转化率。（3）鼓泡时所耗压降较大。

一、鼓泡塔反应器的分类

鼓泡塔反应器按其结构可分为空心式、多段式、气提式和液体喷射式（图6-10）。

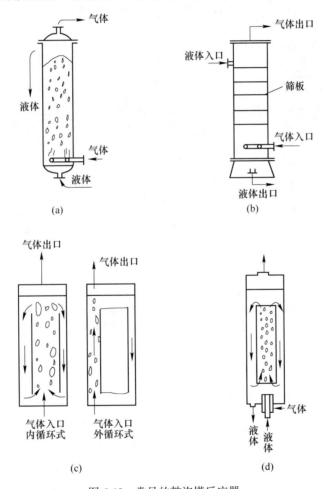

图6-10　常见的鼓泡塔反应器

（a）气提式鼓泡塔；（b）液体喷射式鼓泡塔；（c）空心式鼓泡塔；（d）多段式鼓泡塔

空心式鼓泡塔反应器在工业上广泛应用，适用于缓慢化学反应系统或伴有大量热效应的反应系统。

为克服鼓泡塔中的液相返混现象，当高径比较大时，亦常采用多段鼓泡塔，以提高反应效果。

　　高黏性物系常采用气体提升式鼓泡反应器或液体喷射式鼓泡反应器，利用气体提升和液体喷射形成有规则的循环流动，可以强化反应器传质效果，并有利于固体催化剂的悬浮。此类反应器又统称为环流式鼓泡反应器。

二、鼓泡塔反应器的结构

　　图 6-11 所示为简单的鼓泡塔反应器。其基本组成部分有：

　　（1）塔底部的气体分布器。使气体均匀地分布在液层中。

　　（2）塔筒体部分。是气液鼓泡层，反应物进行化学反应和物质传递的气液层。如果需要加热或冷却时，在筒体外部加上夹套，或在气液层中加上蛇管均可。

　　（3）塔顶部的气液分离器。塔顶的扩大部分，内装一些液滴捕集装置，以分离从塔顶出来气体中夹带的液滴，达到净化气体和回收反应液的作用。

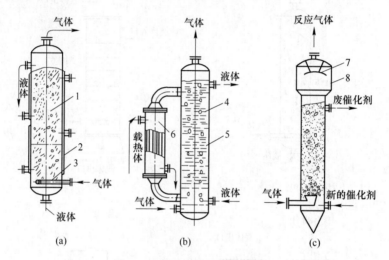

图 6-11　简单的鼓泡塔反应器

（a）空气式鼓泡塔；（b）具有塔内热交换单元的鼓包塔；（c）多段式气液鼓泡塔

1—塔体；2—夹套；3—气体分布器；4—塔体；5—挡板；6—塔外换热器；7—液体捕集器；8—扩大段

【本章总结】

第六章　制药反应设备		
第一节　概述	制药设备分类	按 GB/T 15692 将制药设备分为原料药设备及机械、制剂机械、药用粉碎机械、饮片机械、制药用水设备、药品包装机械、药物检测设备、制药辅助设备 8 类
	反应设备分类	按反应器结构可以把反应器分为釜式（槽式）、管式、塔式、固定床、流化床，移动床等各种反应器。 按操作方式可以把反应器分为间歇式、半间歇式和连续式。 按反应物系相态可以把反应器分为均相与非均相两种类型。 按操作温度可以把反应器分为恒温式（等温式）反应器和非恒温式反应器。 按反应器与外界有无热量交换，可以把反应器分为绝热式反应器和外部换热式反应器
	设备设计与选型原则	要选用运行可靠、高效、节能、操作维修方便、符合 GMP 要求的设备

续表

第六章　制药反应设备		
第二节　釜式反应器	釜式反应器的分类	根据操作方式，可分为间歇式（或分批式）、半连续式和连续式操作的釜式反应器； 根据设备材质，可分为钢制（或衬瓷板）反应釜、铸铁反应釜及搪玻璃反应釜（搪瓷锅）； 根据反应釜承受的操作压力，可分为低压釜和高压釜
	釜式反应器的结构	釜式反应器由壳体、搅拌装置、轴封和换热装置四大部分组成。 壳体由圆形筒体、上盖、下封头构成。 机械搅拌器分为旋桨式搅拌器、涡轮式搅拌器、桨式搅拌器、锚式搅拌器、螺带式搅拌器等。 轴封装置有填料密封和机械密封。 反应釜的传热装置主要是夹套和蛇管
第三节　鼓泡塔反应器	鼓泡塔反应器的分类	按其结构可分为空心式、多段式、气提式和液体喷射式
	鼓泡塔反应器的结构	基本组成：塔底部的气体分布器、塔筒体部分、塔顶部的气液分离器

【习题练习】

一、选择题

1. 下列搅拌器中，搅拌过程循环流量最大的是（　　　）。
　　A. 推进式　　　　　　B. 涡轮式　　　　　C. 桨式　　　　　D. 螺杆式
2. 釜式反应器可采用的操作方法有（　　　）。
　　A. 连续操作和间歇操作　　　　　　B. 间歇操作和半连续操作
　　C. 连续操作和半连续操作　　　　　D. 间歇操作、半连续及连续操作
3. 釜式反应器串联操作时，串联的釜数以不超过（　　　）个为宜。
　　A. 2　　　　　　　B. 3　　　　　　　C. 4　　　　　　　D. 5
4. 对于黏度大于50Pa·s的液体搅拌，为了提高轴向混合效果，则宜采用（　　　）。
　　A. 螺旋桨式搅拌器　　　　　　　　B. 螺带式搅拌器
　　C. 锚式搅拌器　　　　　　　　　　D. 框式搅拌器
5. 某反应体系的温度为260℃，宜采用（　　　）。
　　A. 低压饱和水蒸气加热　　　　　　B. 导热油加热
　　C. 植物油加热　　　　　　　　　　D. 电加热
6. 【多选】按反应器结构，可以把反应器分为（　　　）。
　　A. 槽式　　　　　B. 管式　　　　　C. 塔式
　　D. 固定床　　　　E. 流化床　　　　F. 移动床
7. 【多选】根据设备材质，釜式反应器可分为（　　　）。
　　A. 钢制反应釜　　B. 铸铁反应釜　　C. 搪玻璃反应釜　　D. 铝质反应釜
8. 【多选】釜式反应器的换热装置，采用直接冷却方式的是（　　　）。
　　A. 空气　　　　　B. 盐水　　　　　C. 冷却水
　　D. 有机物载冷剂　　E. 低温冷却剂

9.【多选】鼓泡塔反应器的优点描述正确的是（　　　）。

　　A. 传质和传热效率较高　　　　B. 投资和维修费用高

　　C. 结构简单，容易清理　　　　D. 气液混合良好

10.【多选】对于低黏度液体，应选用哪类搅拌器（　　　）。

　　A. 推进式　　　　B. 涡轮式　　　　C. 锚式　　　　D. 桨式

二、填空题

1. 釜式反应器的结构由_____、_____、_____和换热装置四大部分组成。

2. 化学工业中，鼓泡塔反应器按其结构可分为空心式、多段式、_____和_____。

3. 搅拌的目的是使物料混合均匀，强化_____和_____。

4. 反应釜的传热装置主要是_____和_____。

5. 适用于缓慢化学反应系统或伴有大量热效应的是_____鼓泡塔反应器。

三、简答题

1. 搅拌器的作用是什么？有哪些类型？

2. 简述制药设备的分类。

3. 按操作方式可以把反应器分为哪几类？并简述每一类反应器的操作特点和适用范围。

4. 简述釜式反应器的结构及其作用。

5. 简述反应器换热装置的重要性，有哪些类型的传热装置？

第七章　制药工艺放大

【素质目标】

具有按照工艺规程进行生产操作的严谨工作态度。

【知识目标】

（1）掌握中试放大的研究内容、物料衡算的计算过程。

（2）熟悉工艺放大、中试放大的概念和意义，生产工艺规程的定义、内容和意义。

（3）了解中试放大的研究方法、物料衡算的理论基础、生产工艺规程的制定流程。

【能力目标】

（1）能根据物料衡算结果，编制物料平衡表。

（2）能编写某药物的生产工艺规程。

当药物合成路线在理论层面完成设计和选择之后，药物的生产工艺路线还需要经过实验室小试研究、中试放大阶段的过渡研究，以最终实现药物的工业化生产。小试研究与工业化生产有巨大区别，必须有一个过渡的环节，使小试阶段的反应条件和设备条件适用于工业化生产。制药工艺放大就是从小试研究到工业化生产的过渡过程，包含了从小试到中试的放大，以及从中试到工业化生产的放大。通过工艺放大，可确定生产工艺流程，在此基础上可为物料衡算、能量衡算以及生产管理提供必要的数据。因此，本章主要围绕中试放大研究、物料衡算、生产工艺规程进行介绍。

第一节　中　试　放　大

一、中试放大及其重要性

（一）中试放大的概念

中试放大（pilot magnification）是指药物生产工艺在实验室小规模试验制作成功后，经过一个比实验室规模放大 50~100 倍的中间过程模拟工业化生产条件，从而验证该药物在此工业生产条件下的可行性。换言之，中试放大是根据实验室小试结果进一步研究在一定规模的装置中各步化学反应条件的变化规律，并解决实验室中所不能解决或发现的问题，为工业化生产提供设计依据，最终找到工业化可行的方案。对于实验室小试，由于许多工艺参数难以通过实验获得，其工艺和技术指标常常不能直接满足生产的需要，故最佳工艺条件会随着试验规模和设备的不同需要有所调整。中试放大是利用小型的生产设备基本完成由实验室小试向生产操作过程的过渡，确保按操作规程能始终生产出预定质量标准的产品。

（二）中试放大的重要性

药物研发初期主要在实验室中进行，其制备样品的规模一般从几克到几百克，但到达千克级时实验室装置已达到极限。如果将实验室小试工艺的最佳条件直接用于工业生产，经常会出现转化率降低和产品质量不合格等问题，严重时甚至发生溢料或爆炸等安全事故。这是由于实验室的条件和装置与工业化生产之间存在很大差别。这些差别不仅体现在厂房、设备、管道和仪器等硬件设施上，还表现在操作规程、生产周期和员工培训等软件环境上。通过中试放大研究，能够发现小试工艺在产业化过程中存在的问题，从而降低生产阶段风险。

中试放大在制药工业中的重要作用主要体现在：

（1）某些参数获取。中试放大在进行小规模生产的过程中，可以考查一些在实验室小试中难以得到的参数，如反应的放热、反应对设备的设计要求、"三废"的产生与处理等。

（2）设备可靠性验证。通过中试放大，对工业化生产所需的设备结构、材质、安装和车间布置等进行初步研究，为正式生产提供数据和最佳物料量和物料消耗。

（3）药品生产的保障。中试放大是产品在正式被批准投产前的最重要的模型化的生产实践，其不但为原料药的生产报批和新药审批提供最主要的实验数据，也为产品投产前的 GMP 认证打下坚实的基础。

总之，中试放大的目的是验证、复审和完善实验室工艺研究确定的合成工艺路线是否成熟合理，主要经济技术指标是否接近生产要求。中试放大要证明各个化学单元反应的工艺条件和操作过程，在使用规定的原材料的情况下，在模型设备上能生产出预定质量指标的产品，且具有良好的重现性和可靠性。中试放大是整个过程中承上启下、必不可少的一个重要环节。

二、中试放大的研究方法

常用的中试放大方法主要有经验放大法、相似放大法和数学模拟放大法。

（一）经验放大法

经验放大法（experience amplification method）是凭借开发者的经验，对化学反应和化学反应器进行摸索的过程。通过逐级加大试验规模，实现从试验装置、中间装置、中型装置到大型装置的过渡。在合成药物的工艺研究中，中试放大主要采用经验放大法，也是化工研究中的主要方法。该方法的优点是每次放大均建立在实验基础之上，可靠程度高。缺点是缺乏理论指导，放大过程中放大系数不宜过高，开发周期长；同时，每次放大都要建立装置，开发成本较高。

为达到一定的生产规模，若按保险的低放大系数逐级经验放大，开发周期长、人力物力耗费大；若提高放大系数，虽然理论上可省去若干中间环节，缩短开发周期，但相应地风险大。因此，确定合理的放大系数，是进行逐级经验放大的关键。通常需要依据化学反应类型、放大理论的成熟程度、对所研究过程规律的把握程度以及研究人员的工作经验等而定。放大系数较高的过程，主要是气相反应，因为人们对气体的性质研究较多，对其流动、传递规律也掌握较好；对液体和固体的性质、运动规律认识依次减少，涉及它们的放大依据更模糊；对复杂的多相体系，人们的认识更浅，缺乏足够数据，放大工作困难，甚至只能按 10~50 倍进行放大。

（二）相似放大法

相似放大法（similar amplification method）主要应用相似理论进行放大，即依据放大后体系与原体系之间的相似性进行放大。相似放大法一般只适用物理过程放大，而不适用于化学过程的放大。在复杂的化工工程中，往往涉及若干个相似准数，放大中无法做到使它们都对映相等，只能满足最主要的相似特征数相等。相似放大法只有在某些特殊情况下才有可能应用，例如反应器中的搅拌器与传热装置等的放大。

（三）数学模拟放大法

数学模拟放大法（mathematical simulation method）是用数学方程式表达实际过程和实际结果，然后用计算机进行模拟研究、设计放大。首先要对化学制药反应过程进行合理的简化，提出物理模型，用来模拟实际的反应过程，再对物理模型进行数学描述，从而得到数学模型。有了数学模型，就可以在计算机上研究各参数的变化对过程的影响。

数学模拟放大法以过程参数间的定量关系为基础，不仅可避免相似放大法中的盲目性与矛盾，而且能够较有把握地进行高倍数放大，缩短放大周期。但必须强调的是，模型的建立、检验、完善都必须依靠大量严密的试验工作基础才能完成。同时，数学模型本身并不能揭示放大规律，建模困难，成功的例子不多。

三、中试放大的研究内容

中试放大是对已确定的实验室小试工艺路线的实践验证，需要考查产品质量、经济效益以及操作人员的劳动强度。中试放大阶段对车间布置、车间面积、安全生产、设备投资、生产成本等也必须进行审慎地分析比较，最终确定工艺操作方法、工序的划分和生产的流程。中试放大的研究内容如下。

（一）生产工艺路线的复审

当实验室阶段选定生产工艺路线和单元反应方法之后，中试阶段就是进一步确定具体的反应条件和操作方法以适应工业化生产。当选定的工艺路线和工艺过程，在中试放大时暴露出难以克服的重大问题时，就需要复审实验室工艺路线，修正其工艺过程。

例如，20 世纪 40 年代，对乙酰氨基酚（扑热息痛，paracetamol）已在临床上有应用，它能使升高的体温降至正常水平，并可解除躯体的某些疼痛，是临床常用的解热镇痛药。

对乙酰氨基酚的化学名称为 4-乙酰氨基苯酚或为 N-(4-羟基苯基) 乙酰胺。其制备过程：首先用硝基苯电解还原生成对氨基酚，进一步酰化反应制备对乙酰氨基酚（图 7-1）。实验室工艺研究结果证明这是一条适合工业生产的方法。但在工艺路线复审中，发现存在铅阳极的腐蚀问题，电解过程中产生的大量硝基苯蒸汽的排除问题，以及在电解过程中产生的黑色黏稠状物附着在铜网上，需定期拆洗电解槽等问题。因此，在工业生产上优化为先采用催化氢化再酰化制得对乙酰氨基酚的工艺路线。具体思路为：在对氨基酚与冰乙酸进行酰化的工艺生产中，采用酰化母液套用的方法，先将 51.2% 稀乙酸、母液（含乙酸50.1%）和对氨基酚混合进行酰化反应，后加入冰乙酸使反应完全，将转化率提高到83%~85%，这条优化的工艺路线不仅显著降低冰乙酸的单耗，还降低对乙酰氨基酚的成本。

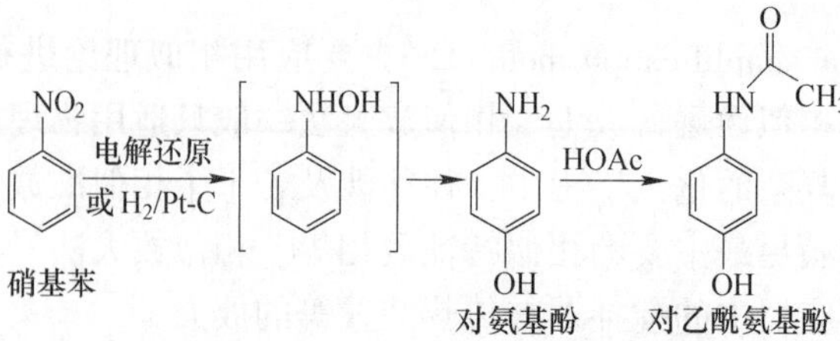

图 7-1　对乙酰氨基酚的合成过程

（二）反应装置是否合适的考查

1. 设备材质与形式的选择

开始中试放大时应考虑所需各种设备的材质和形式，并考查是否合适，尤其应注意接触腐蚀性物料的设备材质的选择。一般情况下，实验室制备样品一般都应用玻璃仪器，可耐酸碱、抗骤冷骤热，传热冷却也相对容易。而中试规模或工业生产的反应装置一般采用铝、铸铁、不锈钢或搪玻璃等材质。

铸铁和不锈钢反应设备耐酸能力差，反应液的酸浓度超过限度时可能会产生金属离子，因而需研究金属离子对反应的干扰。铝质容器除不耐酸外，还能与碱金属溶液发生反应。因此，当反应体系中存在强酸介质时，一般不能选用铝、铸铁和不锈钢材质的反应罐。除了强腐蚀性物质外，某些条件下溶剂种类不同或含水量不同，也可能对金属材质的反应设备产生不同影响。例如，含水量在 1% 以下的二甲基亚砜（DMSO）对钢板的腐蚀作用极微；但含水量达 5% 时，对钢板有很强的腐蚀作用。经中试放大，发现含水 5% 的二甲亚砜对铝的作用极微弱，故可用铝板制作其容器。

搪玻璃设备是将含硅量高的瓷釉涂在金属表面，950℃ 高温烧制制成的，具有类似玻璃的稳定性和金属强度高的双重优点。搪玻璃设备对于各种浓度的无机酸、有机酸、弱碱和有机溶剂均具有极强的抗腐蚀性；但对于强碱、氢氟酸及含氟离子的反应体系不适用。另外，搪玻璃反应器热量传导较慢且不耐骤冷骤热，因此加热和冷却时应当通过程序升温或程序降温，以避免反应设备的损坏。

2. 搅拌器形式与搅拌速度的选择

药物合成反应中的反应大多是非均相反应，其反应热效应较大。而反应的传质与传热问题在很大程度上与反应器的搅拌有关。中试放大时必须根据物料性质和反应特点注意研究搅拌器的形式，考察搅拌速度对反应规律的影响，特别是在固-液非均相反应时，要选择合乎反应要求的搅拌器形式和适宜的搅拌速度。

例如，儿茶酚与二氯甲烷和固体烧碱在含有少量水分的二甲基亚砜（DMSO）存在下，可制得小檗碱（berberine）的中间体胡椒环（图7-2）。中试放大时，起初采用180r/min的搅拌速度，反应过于激烈，发生溢料，将搅拌速度降至56r/min，并控制反应温度在90~100℃（实验室反应温度为105℃），结果胡椒环的转化率超过实验室水平，达到90%以上。说明有时搅拌速度过快也不一定最好。

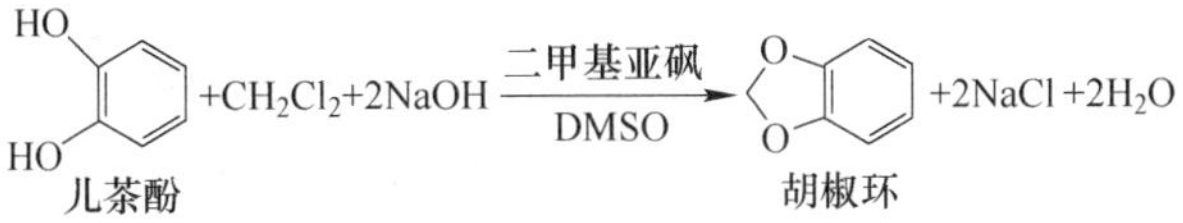

图 7-2 胡椒环的制备过程

（三）反应工艺参数的优化

实验室阶段获得的最佳反应条件不一定能符合中试放大要求。应该对其中主要的影响因素，如放热反应中的加料速度、反应罐的传热面积与传热系数，以及制冷剂等因素进行深入的试验研究，掌握它们在中试装置中的变化规律，以得到更合适的反应条件。

例如，磺胺-5-甲氧嘧啶生产的中间体甲氧基乙醛缩二甲酯是由氯乙醛缩二甲酯与甲醇钠反应制得（图7-3）。甲醇钠的浓度为20%左右，反应温度为140℃，反应罐内显示压力为$10×10^5Pa(10kg/cm^2)$，对反应设备的要求较高。在中试放大时，反应罐上端装备了分馏塔，这样随着甲醇馏分的馏出，罐内甲醇钠浓度逐渐升高，同时由于产物甲氧基乙醛缩二甲酯沸点较高，可在常压下顺利加热至140℃进行反应，从而把原来要求在加压条件下进行的反应变为常压反应。

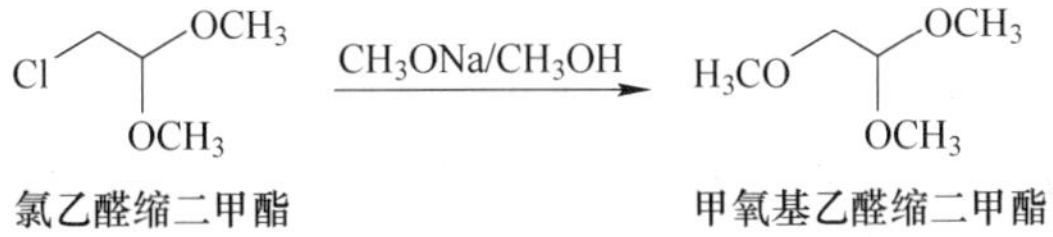

图 7-3 中间体甲氧基乙醛缩二甲酯的制备

（四）工艺流程与操作方法的确定

在中试放大阶段，由于处理物料增加，因而必须考虑如何使反应及后处理的操作方法适应工业生产的要求，不仅从加料方法、物料输送和分离等方面系统考虑，还要特别注意缩短工序、简化操作和减轻劳动强度。

例如，由邻位香兰醛经甲基化反应制备2,3-二甲氧基苯甲醛（图7-4），直接按小试操作方法放大需要将邻位香兰醛和水放于反应罐中，回流下交替加入18%氢氧化钠水溶液和硫酸二甲酯；反应结束后，先冷却再冷冻才能使产物结晶析出；水洗后自然干燥，再减压蒸出产品。该操作不仅非常繁杂，而且减压蒸馏时需要防止蒸出物在管道中凝固导致管道堵塞，严重时可引起爆炸。

若后处理改为萃取法，则易发生乳化而导致物料的损失较多，转化率也从小试83%降到78%。改用相转移催化（PTC）反应后，可将邻位香兰醛、水和硫酸二甲酯加入反应罐，再加入苯和相转移催化剂三乙基正丁基铵（TEBA）。搅拌下升温到60~75℃，滴加

40%氢氧化钠溶液。生成的产物在相转移催化剂的作用下很快转移到苯层，而硫酸一甲酯钠则在水反应完毕分出有机层，蒸除溶剂即得产品，转化率也稳定在90%以上。

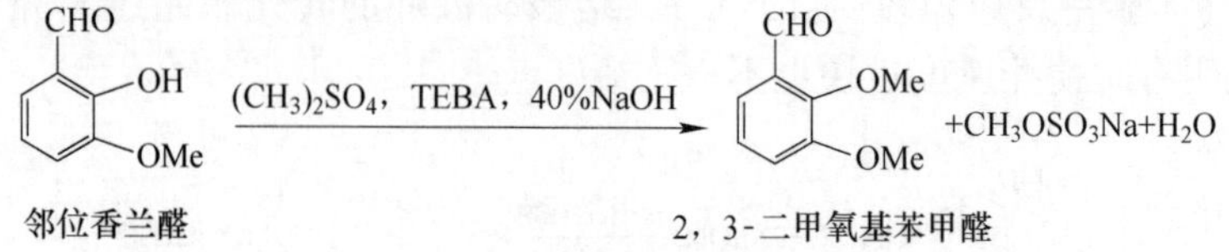

图 7-4　2,3-二甲氧基苯甲醛的制备

（五）原辅材料、中间体和产品的质量控制

为解决生产工艺和安全措施中可能出现的问题，需测定原辅材料、中间体的物理性质和化工参数，如比热、闪点和爆炸极限等。小试中原辅材料、中间体的质量标准未制订或虽制订但欠完善时，应根据中试放大阶段的实践进行制订或修改。

安全性、有效性和质量可控性是药品的三大特性，药品质量控制主要包括杂质、有机溶剂残留量及产品晶型的控制。在中试放大中，也要考虑产品的质量是否达标。

例如，制备磺胺异噁唑中间体 4-氨基-2,6-二甲基嘧啶可由乙腈在钠氨存在下缩合而得（图 7-5）。这里应用的钠氨量很少。

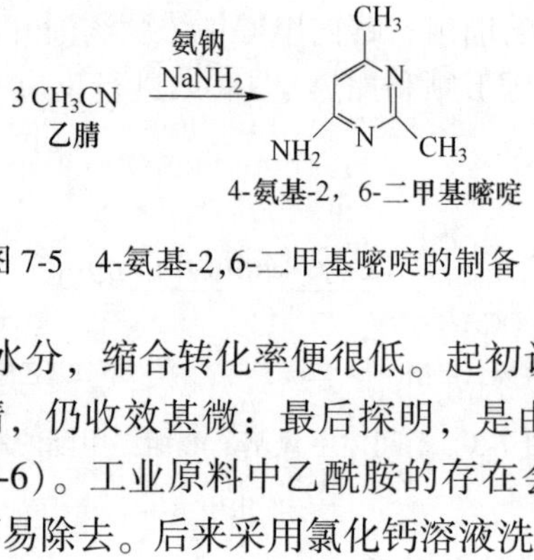

图 7-5　4-氨基-2,6-二甲基嘧啶的制备

若原料乙腈含有 0.5%的水分，缩合转化率便很低。起初认为是所含的水分使钠氨分解；后来，即使多次精馏乙腈，仍收效甚微；最后探明，是由于乙腈系由乙酸铵热解制得，中间产物为乙酰胺（图 7-6）。工业原料中乙酰胺的存在会使少量钠氨分解。但乙腈中少量的乙酰胺用精馏方法不易除去。后来采用氯化钙溶液洗涤方法除去乙酰胺，顺利地解决了这个问题。

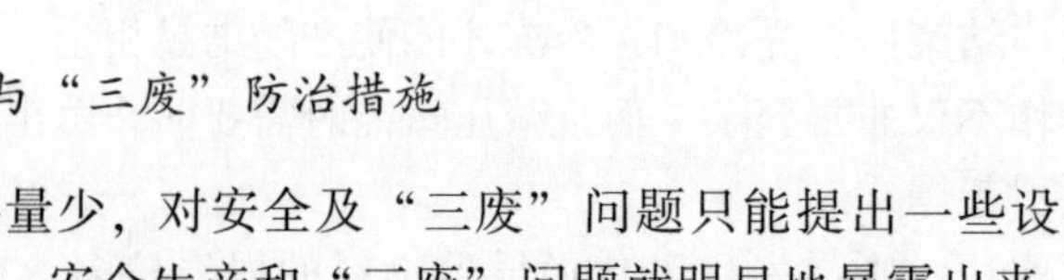

图 7-6　乙腈的制备

（六）安全生产与"三废"防治措施

小试时由于物料量少，对安全及"三废"问题只能提出一些设想，但到中试阶段，由于处理物料量增大，安全生产和"三废"问题就明显地暴露出来，因此，在该阶段应就使用易燃、易爆和有毒物质的安全生产和劳动保护等问题进行研究，提出妥善的安全技术措施。

（七）消耗定额、原料成本、操作工时与生产周期的计算

在中试研究中获得消耗定额、原料成本、操作工时、生产周期等指标的基础上，可以进行基础建设设计，制订设备型号的选购计划，进行非定型设备的设计制造，按照施工图进行生产车间的厂房建筑和设备安装。消耗定额是指生产 1kg 成品所消耗的各种原料的千克数；原料成本一般是指生产 1kg 成品所消耗各种物料价值的总和；操作工时是指每一操作工序从开始至终了所需的实际作业时间（以小时计）；生产周期是指从合成的第一步反应开始到最后一步获得成品为止，生产一个批号成品所需时间的总和（以工作天数计）。

第二节 物 料 衡 算

物料衡算（material balance）是比较产品理论产量与实际产量或物料的理论用量与实际用量间的差距。换言之，通过考查进入与离开某一过程，如一个车间、一个工段、一个或几个设备，各种物料的数量、组分及其含量的变化情况，从而能够较好地分析生产状况、确定实际产能、寻找薄弱环节、挖掘生产潜力，最终为改进生产提供依据。此外，物料衡算还为设备选型、设备尺寸、台套数以及辅助工程和公共设施的规模提供依据。总之，物料衡算是制药生产的基本依据，是衡量制药生产经济效益的基础，对改进生产和指导设计具有重大意义。

一、物料衡算的理论基础

物料衡算是研究某一体系内进出物料及组成的变化情况的过程。体系可以是一个设备或几个设备，也可以是一个单元操作或整个化工过程。物料衡算以质量守恒定律和化学计量关系为基础进行计算。

扫一扫看更清楚

在一个特定体系中，进入体系的全部物料质量加上所有生成量之和，必定等于离开该体系的全部产物质量加上消耗掉的和积累起来的物料质量之和。可表示为：

$$\sum G_{进料} + \sum G_{生成} = \sum G_{出料} + \sum G_{累积} + \sum G_{消耗}$$

式中，$\sum G_{进料}$ 为所有进入物系质量之和；$\sum G_{生成}$ 为物系中所有生成质量之和；$\sum G_{出料}$ 为所有离开物系质量之和；$\sum G_{消耗}$ 为物系中所有消耗质量之和（包括损失）；$\sum G_{累积}$ 为物系中所有积累质量之和。

若该体系中的物质无生成或消耗时（孤立的封闭系统），上式可简化为：

$$\sum G_{累积} = \sum G_{进料} - \sum G_{出料}$$

若该物系中没有累积量，则上式可简化为：

$$\sum G_{进料} = \sum G_{出料}$$

虽然实际生产条件下总是或多或少有些波动，并不是绝对稳定状态，但从总体考虑这些情况对过程影响一般属于次要因素，在设计中为了简化计算，都是按稳定状态考虑的。故上式方程式所表示的是稳态过程，对任何简单或复杂的生产过程都适用。

二、物料衡算的基本步骤

物料衡算时，尤其对那些复杂的衡算对象，为了避免错误，必须采取正确的计算步骤，做到计算迅速、结果准确，同时使计算条理化，便于检查核对。物料衡算的主要步骤如下。

（一）收集和计算所必需的基本数据

在计算前，要尽可能收集合乎实际的准确数据，通常也称为原始数据。这些数据是整个计算的基本数据与基础。原始数据的收集应根据不同计算性质来确定。对设计过程的计算，需要依据设定值，如年产量 100t 布洛芬的工艺设计，1 年以 330 天计，该数据即为设定值；对生产过程进行测定性计算，就需要根据现场采集的实际数据，这些数据包括物料投量、配料比、转化率、选择性、总转化率和回收套用量等。

（1）转化率。对某一组分来说，反应物所消耗的物料量与投入反应物料量之比称为该组分的转化率。一般用百分数表示，如用符号 X_A 表示组分的转化率，可表示为：

$$X_A = \frac{反应消耗的\ A\ 组分的量}{投入反应的\ A\ 组分的量} \times 100\%$$

（2）转化率（产率）。转化率即产率，表示某重要产物实际收得的量与投入原料计算的理论产量的百分比，若用符号 Y 表示，可表示为：

$$Y = \frac{产物实际得量}{按某一主要原料计算的理论产量} \times 100\%$$

或

$$Y = \frac{产物得量折算成原料量}{原料投入量} \times 100\%$$

（3）选择性。各种主、副产物中，主产物所占百分率，用符号 φ，可表示为：

$$\varphi = \frac{主产物生成量折算成原料量}{反应掉的原料量} \times 100\%$$

转化率、转化率与选择性三者之间还存在以下关系：

$$Y = X\varphi$$

（4）车间总转化率。生产每个化学合成药物都是由若干物理工序和化学反应工序所组成的。各工序都有一定的转化率，各工序的转化率之积即为总转化率，可表示为：

$$Y = Y_1 \times Y_2 \times Y_3 \times \cdots$$

例如，甲氧苄胺嘧啶（trimethoprim，甲氧苄啶）生产中（图 7-7），由没食子酸（3,4,5-三羟基苯甲酸）经甲基化反应制备三甲氧苯甲酸工序中，测得投料没食子酸 25.0kg，未反应的没食子酸 2.0kg，生成三甲氧苯甲酸 24.0kg，求转化率（X）、选择性（ϕ）和转化率（Y）。

解：根据相应公式，可得：

$$X = \frac{25.0 - 2.0}{25.0} \times 100\% = 92.0\%$$

$$\varphi = \frac{24.0 \times \dfrac{188}{212}}{25.0 - 2.0} \times 100\% = 92.5\%$$

$$Y = \frac{24.0}{25.0 \times \dfrac{212}{188}} \times 100\% = 85.1\%$$

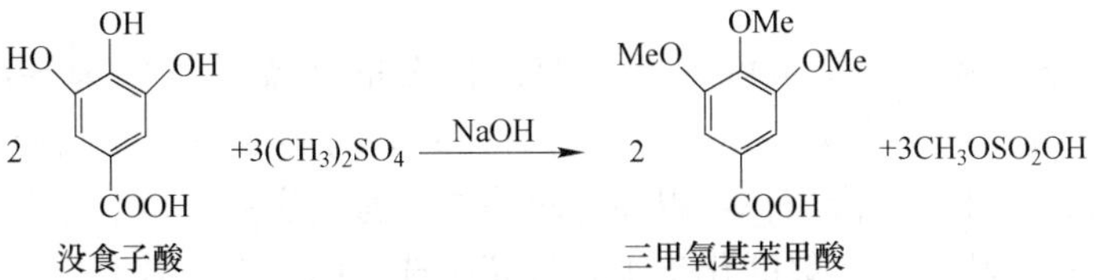

图 7-7 甲氧苄啶合成的化学反应

另外，还需要收集相关的物性数据，如流体的密度、原料的规格（主要指原料的有效成分和杂质含量、气体或者液体混合物的组成等）、临界参数、状态方程参数、萃取或水洗过程的分配系数、塔精馏过程的回流比、结晶过程的饱和度等。

（二）列出化学反应方程式

这一步需要列出各个过程的主、副化学反应方程式，明确反应前后的物料组成和各个组分之间的定量关系，明确反应的特点，必要时指明反应的转化率和选择性。这样便于分析反应产物的组成情况，为计算做好准备。

当副反应很多时，对那些次要的，而且所占的比重也很小的副反应，可以略去，或将相近的若干副反应合并，以其中之一为代表，以简化计算，但这样处理所引起的误差必须在允许误差范围之内。而对于那些产生有害物质或明显影响产品质量的副反应，其量虽小，却不能随便略去，因为这是进行某些分离、精制设备设计和"三废"治理设计的重要依据。

与此同时，为下一步进行热量衡算，应在书写化学反应方程式时表明反应过程的热效应。

（三）根据给定条件画出流程简图

确定物料平衡计算体系后需要画出流程示意图，标示出所有的物料线（主物料线、辅助物料线和次物料线），将原始数据（包括数量和组成）标注在物料线上，未知量也同时标注。绘制物料流程图时，要着重考虑物料的种类和走向，输入和输出要明确，通常主物料线为左右方向，辅助和次物料线为上下方向。如果物系不复杂，则整个系统用 1 个方框和若干进出线表示即可，使流程图一目了然（图 7-8）。

（四）选择物料计算的基准

1. 计算基准的确定

基准选择有两层含义：一个是以系统的哪一物流作基准，是进口还是出口，是整体还

图 7-8　物料平衡流程简图

注：A、B 和 C 分别表示物料的种类；x、y 和 z 分别表示物料的浓度

是物流中某一组分；另一个是量的概念，即以什么量（或单位）为基准，例如是质量（kg）还是物质的量（mol）或体积（L），有时以时间为基准也属于物质的一种形式。在物料衡算中，衡算基准选择恰当，可以使计算简便，避免出错，也利于各个过程计算上的相互配合。根据过程特点，一般的化工工艺计算中选择的基准大致有以下几种情况。

（1）一般可以用一釜或一批料的生产周期为基准，适用于间歇操作设备、标准或定型设备的物料衡算，化学制药产品的生产以间歇操作居多。以单位时间为基准计算 1h 或 1 天的投料量或生产的产品量，适用于连续操作设备的物料衡算。

（2）当系统介质为固体或液体时，如以煤、石油、矿石为原料的化工生产过程，一般采用一定量的原料，例如 1kg、1000kg 的原料等作为计算基准。对气体物料进行计算时，一般选体积作为计算基准。但必须用标准状况下的体积，即把操作条件下的体积换算为标准状况下的体积。这样可以不考虑温度、压力变化的影响。

2. 每年设备操作时间

每年设备正常开工生产的天数，一般以 330 天计算，其中余下的 36 天作为车间检修时间。对于工艺技术尚未成熟或腐蚀性大的车间一般采用 300 天或更少一些时间计算。连续操作设备也有按每年 7000~8000h 计算的。对于全厂检修时间较多的生产装置，年工作时数可采用 8000h。对于生产难以控制，易出不合格产品，或因堵、漏常常停修的生产装置，或者试验性车间，生产时数一般采用 7200h。如果设备腐蚀严重或在催化反应中催化剂活化时间较长，寿命较短，所需停工时间较多的，则应根据具体情况决定每年设备工作时间。

（五）进行物料衡算

在前几步工作的基础上，利用化学反应的关联关系、化学工程的有关理论、物料衡算方程等，列出数学方程式，进行物料衡算。

（六）列出物料平衡表

根据物料衡算结果，编制物料平衡表：（1）输入与输出的物料平衡表；（2）"三废"排量表；（3）计算原辅材料消耗定额（kg）。

三、物料衡算的实例

在乙苯用混酸硝化的反应中，原料乙苯（工业用）的纯度为 95%，混酸分别是 HNO_3 32%、H_2SO_4 56%、H_2O 12%，其中 HNO_3 过剩率为 5.2%（HNO_3 过剩量与理论消耗量之比），乙苯的转化率为 99%，转化为对、邻、间位分别为 52%、43% 和 4%，若年产 300t

对硝基乙苯，年工作日 300 天，试以一天为基准作硝化反应的物料衡算。

解：（1）根据给出的已知条件，梳理所必需的数据。

（2）列出化学反应方程式

（3）根据给定条件画出流程简图。若反应体系不复杂，可以省略此步。

（4）选择物料计算的基准。已知条件给出：年产 300t 对硝基乙苯，年工作日 300 天，以 1 天为基准。

（5）进行物料衡算。

1）先计算硝基化合物。

每天应生产的对硝基乙苯的量为：300/300＝1t＝1000kg

则总的"硝化物"为：1000/0.52＝1923.08kg

邻硝基乙苯为：1923.08×0.43＝826.92kg

间硝基乙苯为：1923.08×0.04＝76.92kg

其中含杂质 1 为：1923.08×0.01＝19.23

2）计算乙苯的相关量。

参加对位反应的乙苯为：$1000 \times \dfrac{106}{151} = 701.99$kg

则参加反应的乙苯为：701.99/0.52＝1350

总的纯乙苯为：701.99/0.52/0.99＝1363.61

剩余的乙苯为：1363.61－1350＝13.61 或 1363.61×0.01＝13.64

工业用乙苯为：1363.61/0.95＝1435.38kg，

其中含杂质 2 为：1435.38－1363.61＝71.77 或 1435.38×0.05＝71.77

3）计算混酸相关量。

参加反应的硝酸：$1350 \times \dfrac{63}{106} = 802.36$kg

则总的硝酸为：802.36×（1+0.052）＝844.08

未参加反应的硝酸为：802.36×0.052＝41.72

混酸有：844.08/0.32＝2637.75

H_2SO_4 为：2637.75×0.56＝1477.14

混酸中的 H_2O 为：2637.69×0.12＝316.53

4）计算水的量。

反应生成的 H_2O 为：$1350 \times \dfrac{18}{106} = 229.25$kg

总共有水：229.25+316.53＝545.78

（6）列出物料平衡表

根据上步的计算结果和相关数据，用表格形式编制物料衡算表（表7-1）。

表 7-1　物料衡算表

	组成	质量组成/%			组成	工业品质/kg	组分	质量组成/%	
输入	乙苯 1435.38	乙苯	95	1363.61	输出	油相	1936.71	对硝基乙苯	1000	51.63
		杂质	5	71.77				邻硝基乙苯	826.92	42.7
	混酸 2637.75	HNO₃	32	844.08				间硝基乙苯	76.92	3.97
								乙苯	13.64	0.70
								杂质1	19.23	0.99
		H₂SO₄	56	1477.14		水相	2136.41	HNO₃	41.72	1.95
								H₂SO₄	1477.14	69.14
		H₂O	12	316.53				H₂O	545.78	25.55
								杂质2	71.77	3.36

第三节　生产工艺规程

中试放大和工艺规程是互相衔接、不可分割的两个部分，制定生产工艺规程是在中试放大的基础上把生产工艺过程的各项内容归纳形成文件。即某个药物经过中试放大阶段的研究后，相关研究人员可根据需要着手拟定该药物的生产规程，并经过不断改进和完善，最终经过审批形成正式的文件，用于指导药物生产。

一、生产工艺规程的概念

药物的生产工艺规程指为生产一定数量成品所需起始原料和包装材料的数量，以及工艺、加工说明、注意事项，生产过程中控制的一个或一套文件。除了生产工艺规程，药物的生产规程还包含标准操作规程，是指经批准用以指示操作的通用性标准操作规程、文件或管理办法。生产工艺规程和标准操作规程一经制定，不得任意更改，如需更改时，应按照规定的程序办理更改审批手续。

二、生产工艺规程的重要性

一个化学药物的制备虽然可以采用不同的生产工艺，但在特定条件下，必有一条最为合理、经济且能保证产品质量的工艺适合相应的生产企业。由于生产的医药品种不同，药物生产规程的繁简程度也有很大的差别。对于一种药物的生产，通常需要根据制定的生产工艺路线拟定生产工艺规程，经审批后用于对该药物的生产进行指导，使生产过程有序、高效，最终生产的药物质量具有持续稳定性并符合相应的法律法规规定。因此，生产工艺规程既是指导生产的重要文件，也是组织管理生产的基本依据，更是药物生产企业进行质量管理的重要组成部分。生产工艺规程是内部资料，必须按密级妥善管理，注意保管，不得遗失，严防失密，任何人不得外传和泄露，印制时标明印数，做好印制和发放记录。

（一）是组织药品生产的指导性文件

药物生产的计划、调度只有根据生产工艺的安排，才能保持各个生产环节之间相互协调，才能按计划完成生产任务。如抗坏血酸生产工艺中既有化学合成过程（如高压加氢、酮化、氧化等），又有生物合成（如发酵、氧化和转化等），还有精制及镍催化剂的制备、活化处理，菌种培育等，不同过程的操作工时和生产周期各不相同，原辅材料、中间体质量标准及各中间体和产品质量监控也各不相同，还需注意安排设备及时检修等，只有严格按照生产工艺规程组织生产，才能保证药品的生产质量，保证生产安全、提高生产效率、降低生产成本。

（二）是生产准备工作的依据

生产前原辅料的准备、生产场所和所用设备的说明、关键设备的准备（如清洗、组装，校准，灭菌等）所采用的方法或相应操作规程编号、待包装产品的储存要求、所需全部包装材料的完整清单等均在 2010 年版 GMP 中明确要求在生产工艺规程中进行详细说明。

（三）是新建和扩建生产车间或工厂的基本技术条件

在新建和扩建生产车间成工厂时，必须以生产工艺规程为依据，先确定生产所需品种的年产量，其次是反应器、辅助设备的大小和布置，进而确定车间或工厂的面积。此外，还需根据原辅材料的储运、成品的精制、包装等具体要求，最后确定生产工人的工种、等级、数量，岗位技术人员的储备，各辅助部门（如能源、动力保障部门等）也都要以生产工艺规程为依据逐项进行布置。

三、生产工艺规程的内容

把生产工艺过程的各项内容写成文件形式即为生产工艺规程。工艺规程包含表头和正文，工艺规程正文基本内容主要包含以下几个方面：

（1）产品介绍。描述本产品基本信息及质量标准。包括：1）名称（商品名、化学名、英文名）；2）化学结构式，分子式、相对分子质量；3）性状（物化性质）；4）质量标准及检验方法（鉴别方法、准确的定量分析方法、杂质检查方法和杂质最高限度检验方法等）；5）药理作用、毒副作用（不良反应）、用途（适应证、用法）；6）包装与储存。

（2）化学反应过程。写出各工序主反应、副反应、辅助反应（如催化剂的制备、副产物处理、回收套用等）及其反应原理；还包括反应终点的控制方法和快速化验方法。

（3）生产工艺流程图。以生产工艺过程中的化学反应为中心，用图解形式描述冷却、加热、过滤、蒸馏、提取分离、中和、精制等物理化学过程。

（4）设备一览表。列举生产本产品所需的全部设备（包括名称、数量、材质、容积、性能、所附电动机的功率等），以及主要设备能力计算表（根据各台主要设备的单位时间负荷能量及昼夜使用时间算得的单个设备批号产量与主要设备利用率）和生产设备流程图（用设备示意图的形式表示在生产过程中各设备的衔接关系）。

（5）设备流程和设备检修。设备流程图是用设备示意图的形式来表示生产过程中各设备的衔接关系。

（6）操作工时与生产周期。记叙各岗位中工序名称、操作时间。按照各岗位的操作单元、操作时间和岗位生产周期，可计算出产品生产总周期。

（7）原辅材料和中间体的质量标准和检验方法。由生产岗位和车间共同商定或修改中间体和半成品的规格标准。以中间体和半成品名称为序，将外观，性状、含量指标、检验方法以及注意事项等内容列表，同时规定可能存在的杂质含量限度。

（8）生产工艺过程。包含生产工艺过程的重要问题。如：1）原料配比（投料量、折纯、重量比和摩尔比）；2）主要工艺条件及详细操作过程，包括反应液配制、反应、后处理、回收、精制和干燥等；3）重点工艺控制点，如加料速度、反应温度、减压蒸馏时的真空度等；4）异常现象的处理和有关注意事项，如停水、停电、产品质量不好等异常现象。

（9）生产技术经济指标。列出药物生产技术经济指标。包括生产能力（年，月）、中间体、成品转化率、分步转化率和产品总转化率、转化率计算方法，劳动生产率及成本，原辅材料及中间体消耗定额、成本。

（10）技术安全与防火防爆。一方面制药工业生产过程中，经常使用腐蚀性、刺激性和剧毒物质，损害操作人员的身体健康；另外，很多原料是易燃、易爆物质，极易酿成火灾和爆炸。因此，需要列出与安全有关的所有物料的性质（如熔沸点、闪点、爆炸极限、毒性）、使用注意事项、安全防护措施和车间的安全防火制度。

（11）主要设备的使用与安全注意事项。如离心机使用时必须采用启动加料的方式，离心泵严禁先关闭出料门后停车。

（12）成品、中间体、原料检验方法。指明成品、中间体和原料主要指标的检验方法。如抗坏血酸工艺规程中，发酵液中山梨酸的测定、山梨糖水分含量测定、古龙酸含量测定、转化母液中抗坏血酸含量测定等中间体检验方法，以及硫酸、氢氧化钠、冰醋酸、丙酮、活性炭、工业葡萄糖等原辅材料的检验方法等。

（13）"三废"处理和资源利用。说明废弃物的处理和回收品的处理。

1）废弃物的处理。将生产岗位，废弃物的名称及主要成分、排放情况（日排放量、排放系数和 COD 浓度）和处理方法等列表。

2）回收品的处理。将生产岗位、回收品名称、主要成分及含量、日回收量和处理方法等列表，均载入生产工艺流程。

（14）附录。列出有关常数及计算公式等。如所用酸、碱溶液的比重和重量百分比浓度，转化率计算公式等。

【本章总结】

<table>
<tr><td colspan="3" align="center">第七章 制药工艺放大</td></tr>
<tr>
<td rowspan="3">第一节
中试放大</td>
<td>中试放大概念</td>
<td>中试放大指药物生产工艺在实验室小规模试验制作成功后，经过一个比实验室规模放大 50～100 倍的中间过程来模拟工业化生产条件，从而验证该药物在此工业生产条件下的可行性。
中试放大的目的：验证、复审和完善实验室工艺研究确定的合成工艺路线是否成熟合理，主要经济技术指标是否接近生产要求</td>
</tr>
<tr>
<td>中试放大的研究方法</td>
<td>常用的中试放大方法主要有经验放大法、相似放大法和数学模拟放大法</td>
</tr>
<tr>
<td>中试放大的研究内容</td>
<td>研究内容主要有：（1）生产工艺路线的复审；（2）反应装置是否合适的考查；（3）反应工艺参数的优化；（4）工艺流程与操作方法的确定；（5）原辅材料、中间体和产品的质量控制；（6）安全生产与"三废"防治措施的研究；（7）消耗定额、原料成本、操作工时与生产周期的计算</td>
</tr>
<tr>
<td rowspan="3">第二节
物料衡算</td>
<td>物料衡算的理论基础</td>
<td>物料衡算以质量守恒定律和化学计量关系为基础进行计算。即：
$$\sum G_{进料} = \sum G_{出料}$$</td>
</tr>
<tr>
<td>收集有关计算数据</td>
<td>根据制药工厂操作记录和中间试验数据收集反应物的配料比，原辅材料、半成品、成品及副产品等的浓度、纯度或组成，车间总产率，阶段产率，转化率等数据</td>
</tr>
<tr>
<td>物料衡算的基本步骤</td>
<td>主要步骤：（1）收集和计算所必需的基本数据；（2）列出化学反应方程式；（3）根据给定条件画出流程简图；（4）选择物料计算的基准；（5）进行物料衡算；（6）列出物料平衡表</td>
</tr>
<tr>
<td rowspan="3">第三节
生产工艺规程</td>
<td>生产工艺规程的概念</td>
<td>药物的生产工艺规程指为生产一定数量成品所需起始原料和包装材料的数量，以及工艺、加工说明、注意事项，生产过程中控制的一个或一套文件</td>
</tr>
<tr>
<td>生产工艺规程的重要性</td>
<td>重要性体现在：（1）是组织药品生产的指导性文件；（2）是生产准备工作的依据；（3）是新建和扩建生产车间或工厂的基本技术条件</td>
</tr>
<tr>
<td>生产工艺规程的内容</td>
<td>包含产品介绍，化学反应过程，生产工艺流程图，设备一览表，设备流程和设备检修，操作工时与生产周期，原辅材料和中间体的质量标准和检验方法，生产工艺过程，生产技术经济指标，技术安全与防火防爆，主要设备的使用与安全注意事项，成品、中间体、原料检验方法，"三废"处理和资源利用，附录</td>
</tr>
</table>

【习题练习】

一、选择题

1. 在反应系统中，反应消耗掉的反应物的摩尔系数与反应物起始的摩尔系数之比称为（　　）。

A. 瞬时转化率　　　　B. 总转化率　　　　C. 选择率　　　　D. 转化率

2. 以时间"天"为基准进行物料衡算就是根据产品的年产量和年生产日计算出产品的日产量，再根据产品的总转化率折算出1天操作所需的投料量，并以此为基础进行物料衡算。一般情况下，年生产日可按天来计算，腐蚀较轻或较重的，年生产日可根据具体情况增加或缩短。工艺尚未成熟或腐蚀较重的可按照_____天来计算。（　　）

　　A. 330 天、240 天　　　　　　　　　B. 280 天、240 天

　　C. 300 天、280 天　　　　　　　　　D. 330 天、300 天

3. 假设 4 个工序的转化率分别为 Y_1、Y_2、Y_3、Y_4，则车间的总转化率为（　　）。

　　A. $Y_1 + Y_2 + Y_3 + Y_4$　　　　　　B. $Y_1 Y_2 Y_3 Y_4$

　　C. $(Y_1 + Y_2)(Y_3 + Y_4)$　　　　　　D. $Y_1 Y_2 + Y_3 Y_4$

4. 关于中试放大的规模，下列叙述正确的是（　　）。

　　A. 比小型试验规模放大 50~100 倍　　B. 比小型试验规模放大 500~1000 倍

　　C. 比小型试验规模放大 10~50 倍　　D. 比小型试验规模放大 100~500 倍

5. 下列哪种材质适合储存浓硫酸（　　）。

　　A. 玻璃钢　　　　　　　　　　　　B. 铁质

　　C. 铝质　　　　　　　　　　　　　D. 都可以

6. 【多选】中试放大研究方法包括（　　）。

　　A. 逐级经验放大　　　　　　　　　B. 化学反应器放大

　　C. 数学模拟放大　　　　　　　　　D. 生物反应器放大

7. 【多选】下列关于生产工艺规程描述正确的是（　　）。

　　A. 生产工艺规程是在中试放大基础上产生

　　B. 生产工艺规程是药物生产的指导性文件

　　C. 生产工艺规程虽然是内部资料，但可以公开

　　D. 生产工艺规程可以随工艺的改变随意更改

8. 【多选】根据物料衡算结果，编制物料平衡表（　　）。

　　A. 输入与输出的物料平衡表　　　　B. "三废"排量表

　　C. 设备一览表　　　　　　　　　　D. 原辅材料消耗定额（kg）

9. 【多选】生产工艺规程的重要性描述正确的是（　　）。

　　A. 是组织药品生产的指导性文件

　　B. 是生产准备工作的依据

　　C. 是新建和扩建生产车间或工厂的基本技术条件

　　D. 是中试放大的指导性文件

10. 【多选】进行物料衡算一般需要收集哪些数据？（　　）

　　A. 转化率　　　　　B. 基准　　　　　　C. 纯度　　　　　　D. 配料比

二、填空题

1. 中试放大的目的是_____、_____和_____实验室工艺研究确定的合成工艺路线是否成熟合理，主要经济技术指标是否接近生产要求。

2. 物料衡算以_____为基础进行计算，用公式表示为_____。

3. 车间总转化率用公式表示为：_____。

4. 一般来讲，如果反应是在酸性介质中进行，则应采用_____反应釜；如果反应是在碱性介质中进行，则应采用_____反应釜。

5. 生产工艺规程是_____，必须按密级妥善管理，严防失密，任何人不得外传和泄露。

三、判断题

1. 在实验室中进行药物研发，其制备样品的规模一般从几克到几百克。（　　　）

2. 物料衡算时可以忽略副反应的影响。（　　　）

3. 生产工艺规程是内部资料，但在公司内部可以公开。（　　　）

4. 中试放大是药物研发在实验室阶段向工业化生产的过渡环节，起承上启下的作用。（　　　）

5. 中试放大研究能够发现小试工艺在产业化过程中存在的问题，从而降低生产阶段风险。（　　　）

四、简答题

1. 简述中试放大的研究内容。

2. 为什么药物研发需要进行中试放大。

3. 物料衡算的基准是什么？什么是转化率、转化率和选择性，三者之间的关系怎样？

4. 物料衡算的作用有哪些？

5. 什么是生产工艺规程？生产工艺规程的重要性及主要内容。

五、计算题

1. 邻氯甲苯经 α-氯化、氰化、水解工序可制得邻氯苯乙酸，邻氯苯乙酸再与 2，6-二氯苯胺缩合即可制得消炎镇痛药——双氯芬酸钠。已知各工序的转化率分别为：氯代工序 $y_1 = 83.6\%$，氰化工序 $y_2 = 90\%$，水解工序 $y_3 = 88.5\%$，缩合工序 $y_4 = 48.4\%$。试计算以邻氯甲苯为起始原料制备双氯芬酸钠的总转化率。

2. 甲苯用浓硫酸磺化制备对甲苯磺酸。已知甲苯的投料量为 1000kg，反应产物中含对甲苯磺酸 1460kg，未反应的甲苯 20kg。试分别计算甲苯的转化率、对甲苯磺酸的转化率和选择性。

3. 用 1876kg 混酸（HNO_3 32%、H_2SO_4 56%、H_2O 12%）对 1052.6kg 含量为 95% 的乙苯进行硝化，乙苯的转化率为 100%，全部生成一硝基乙苯，其中对位、邻位与间位比例为 50∶44∶6。已知硝化反应温度为 40℃，求硝化过程的物料衡算。反应方程式如下：

第八章 药厂"三废"的处理技术

【素质目标】

（1）培养对大自然的热爱之情。

（2）具有保护生态环境的意识。

【知识目标】

（1）掌握药厂"三废"污染的排放特点、主要措施，活性污泥和生物膜法的原理和流程。

（2）理解废水、废气、废渣的处理方法及其优缺点。

（3）了解制药厂对环境污染的现状、废水的污染控制指标。

【能力目标】

（1）能根据"三废"防治措施，改进生产工艺，开发绿色生产工艺，降低环境污染。

（2）能设计简单的废水处理方案。

随着现代工业的高速发展，环境污染严重，环境保护问题已引起人们的极大关注。目前，我国的经济持续高速发展，能源和资源消耗强度过大，加上人们对环境污染严重性的认识不足，致使我国工业污染的治理远远落后于工业生产的发展。面对日益严重的环境污染，传统的先污染后治理的治污方案往往难以奏效，必须采取切实可行的措施，治理和保护好环境，才能促进我国经济的可持续发展。

第一节 "三废"排放与防治措施

一、药厂"三废"的污染现状

环境污染直接威胁人类的生命和安全，也影响经济的顺利发展，已成为严重的社会问题。其中，化学制药厂常是环境污染较为严重的企业。在许多发达国家，如美国、德国、日本等国家，由于对环境保护的要求日益严格，目前已经逐渐放弃了高消耗、高污染的原料药生产，转而专注于下游制剂的开发与生产。我国作为一个发展中国家，制药工业刚刚起步，自然成为原料药的生产和出口大国。此举虽然能够促进我国制药工业的进步，提高经济效益，但同时也产生大量严重污染环境的物质。制药工业的生产过程既是原料的消耗过程和产品的形成过程，也是污染物的产生过程，产生的废水、废气和废渣，简称"三废"，所采用的生产工艺决定了污染物的种类、数量和毒性。

从总体上看，我国目前化学制药行业的污染仍然十分严重，治理的形势相当严峻。全行业污染治理的程度不平衡,条件设施好的制药厂已达二级处理水平,即大部分污染物得到了妥善的处理;但仍有相当数量的制药厂仅仅是一级处理,甚至还有一些制药厂没能做到清污分流。个别制药厂的法治观念不强,环保意识不深,随意倾倒污染物,或者将污染物转交不具备处理资质的企业或个人处理,甚至偷排的现象也时有发生,对环境造成了严重的污染。

二、药厂"三废"的污染特点

与其他工业排放物类似,制药产生的"三废"组成复杂,毒性大且浓度高,不易治理。此外,由于化学药物品种多、工艺复杂,不同产品产污情况不同,同一产品也会因工艺、原料不同而产生不同污染物,故制药产生的"三废"具有数量少、种类多、变动性大、间歇排放、化学需氧量高等特点。

(一)数量少、组分多、变动性大

制药工业对环境的污染主要来自原料药的生产。原料药生产规模较小,污染物的数量相对不大;且原辅材料的种类较多,反应形成的副产物也多,有的副产物甚至连结构都难以搞清,这给污染的综合治理带来很大的困难。

(二)间歇排放形式

化学制药厂大多采用间歇式生产方式,污染物的排放自然也是间歇性的。间歇排放是一种短时间内高浓度的集中排放,而且污染物的排放量、浓度、瞬时差异都缺乏规律性,这给环境带来的危害要比连续排放严重得多。如生物处理法要求流入废水的水质、水量比较均匀,若变动过大,会抑制微生物的生长,导致处理效果显著下降。

(三)pH 值不稳定

化学制药厂排放的废水,有时呈强酸性,有时呈强碱性,pH 值很不稳定,对水生生物、构筑物和农作物都有极大的危害。在生物处理或排放之前必须进行中和处理,以免影响处理效果或者造成环境污染。

(四)化学需氧量(COD)高

化学制药厂产生的污染物一般以有机污染物为主,其中有些有机物能被微生物降解,而有些则难以被微生物降解。因此,一些废水的化学需氧量(COD)很高。对废水进行生物处理前,一般先要进行生物可降解性试验,以确定废水能否用生物法处理。

三、防治"三废"的主要措施

防治制药生产污染时首先应从生产过程入手,尽量采用那些污染少或没有污染的绿色生产工艺,改造那些污染严重的落后生产工艺,以消除或减少污染物排放;其次,对于必须排放的污染物,要积极开展综合利用,尽可能化害为利;最后才考虑对污染物进行无害化处理。

（一）开发绿色生产工艺

　　20 世纪 90 年代，人们已经认识到环境保护的首选对策是从源头上消除或减少污染物的排放，即在对环境污染进行治理的同时，更要努力采取措施从源头上消除环境污染。当前的主要任务是针对生产过程的主要环节和组分，重新设计较小污染甚至无污染的工艺过程，并通过优化工艺操作条件、改进操作方法及后处理方式等措施，实现制药过程的节能、降耗、消除或减少环境污染的目的。

　　绿色生产工艺是在绿色化学的基础上开发的从源头上消除污染的生产工艺。这类工艺最理想的方法是采用"原子经济反应"，即在获取新物质的过程中充分利用每个原料原子，使原料中的每一个原子都转化成产品，不产生任何废弃物和副产品，实现"零排放"，不仅充分利用资源，而且不产生污染。绿色化学的研究主要是围绕化学反应、原料、催化剂、溶剂和产品的绿色化而开展的。

　　1. 设计少污染或无污染的生产工艺

　　在药物合成中，许多药品常常需要多步反应才能得到。尽管有时单步反应的转化率很高，但反应的总转化率一般不高。在重新设计生产工艺时，简化合成步骤，可以减少污染物的种类和数量，从而减轻处理系统的负担，有利于环境保护。

　　例如，非甾体消炎镇痛药布洛芬的合成曾采用 Boots 公司的 Brown 合成路线，须通过六步反应才能从原料异丁苯得到产品。每一步反应中的原料只有一部分进入产物，而另一部分则变成了废物。合成路线如图 8-1 所示。

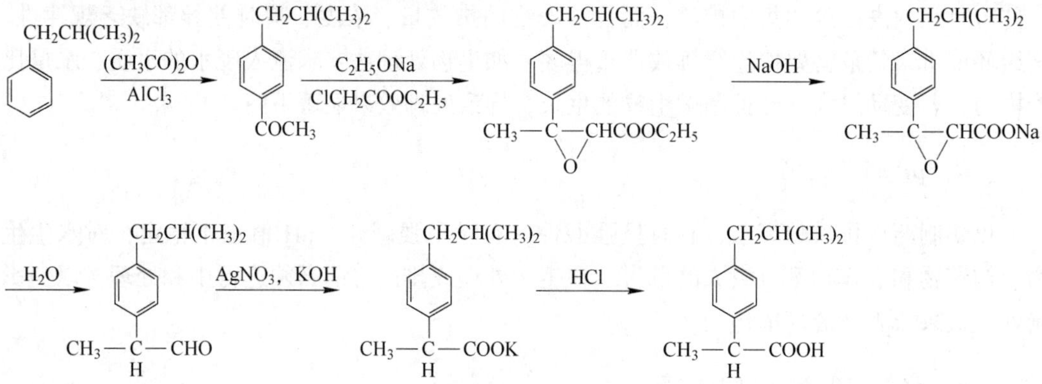

图 8-1　布洛芬的 Brown 合成路线

　　BHC 公司发明了生产布洛芬的新方法，该方法只采用三步反应即可得到产品布洛芬（图 8-2）。采用新发明的方法生产布洛芬，其中布洛芬的转化率为 83%，选择性为 82%。原子经济性达到 77.44%（如果考虑副产物乙酸的回收则达到 99%），也就是说新方法产生的废物量减少了 37%，BHC 公司因此获得了 1997 年度美国"总统绿色化学挑战奖"的变更合成路线奖。其成功之处在于尽量避免采用纯的有机合成，而是采用了过渡金属催化反应，如 Raney Ni 催化氢化反应和金属钯催化的羰基化反应。

　　又如，苯甲醛是一种重要的中间体，传统的合成路线是以甲苯为原料通过亚苄基二氯水解而得（图 8-3）。

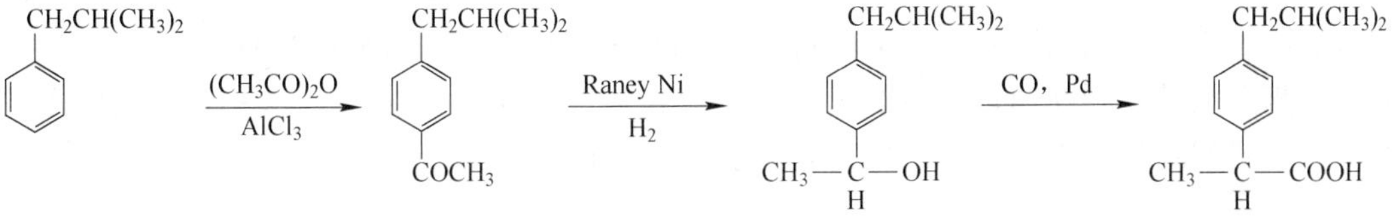

图 8-2 布洛芬过渡金属催化合成

该生产工艺不仅要产生大量须治理的废水，而且由于有伴随光和热的大量氯气参与反应，因此，会对周围的环境造成严重的污染。后来，改进生产工艺，采用间接电氧化法，其基本原理是在电解槽中将 Mn^{2+} 电解氧化成 Mn^{3+}，然后将 Mn^{3+} 与甲苯在槽外反应器中定向生成苯甲醛，同时 Mn^{3+} 被还原成 Mn^{2+}。经油水分离后，水相返回电解槽电解氧化，油相经精馏分出苯甲醛后返回反应器。反应方程式如图 8-4 所示：

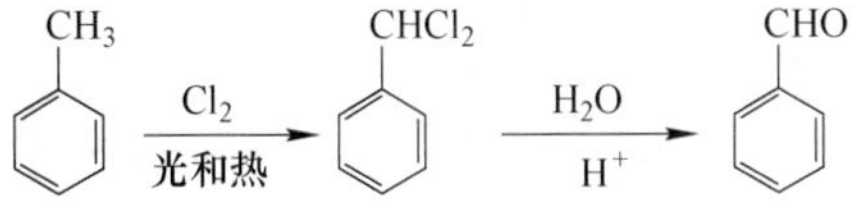

图 8-3 苯甲醛的合成方法 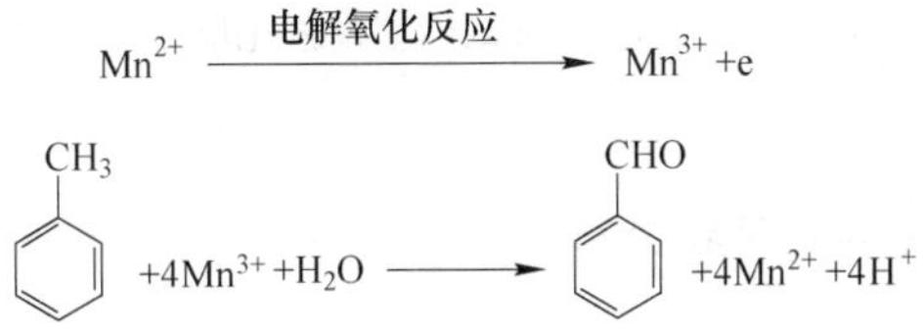　　图 8-4 苯甲醛的间接电氧化法合成

上述工艺中油相和水相分别构成闭路循环，整个工艺过程无污染物排放，是一条绿色生产工艺。

2. 有毒有害原料的替代技术

在重新设计药品的生产工艺时应尽可能选用无毒或低毒的原辅材料来代替有毒或剧毒的原辅材料，以降低或消除污染物的毒性。

例如在氯霉素的合成中（图 8-5），原来采用氯化高汞作催化剂制备异丙醇铝，后改用三氯化铝代替氯化高汞作催化剂，从而彻底解决了令人棘手的汞污染问题。

$$2Al+6(CH_3)_2CHOH \xrightarrow{催化剂} 2Al[(CH_3)_2CHO]_3+3H_2\uparrow$$

图 8-5 异丙醇铝的制备

3. 改进操作方法

在生产工艺已经确定的前提下，可从改进操作方法入手，减少或消除污染物的形成。

例如，在抗菌药诺氟沙星（norfloxacin）合成中（图 8-6），其中的对氯硝基苯氟化反应，原工艺采用二甲基亚砜（DMSO）作溶剂。由于 DMSO 的沸点和产物与氟硝基苯的沸点接近，难以直接用精馏方法分离，需采用水蒸气蒸馏才能获得对氟硝基苯，因而不可避免会产生一部分废水。后改用高沸点的环丁砜作溶剂，反应液除去无机盐后，可直接精馏获得对氟硝基苯，避免了废水的生成。

4. 采用新技术

使用新技术不仅能显著提高生产技术水平，而且有时也十分有利于污染物的防治和环境保护。

例如，对治疗糖尿病的新药西他列汀（sitagliptin）的重要中间体 2,4,5-三氟苯乙酸的合成中，传统方法是采用取代苯乙腈水解来制备，而取代苯乙腈又是由取代苄氯和氢氰酸反应来合成的。现在通过相应的苄氯羰基化合成苯乙酸（图 8-7）。这一合成路线不仅经济，而且避免使用剧毒的氰化物，减少了对环境的污染。

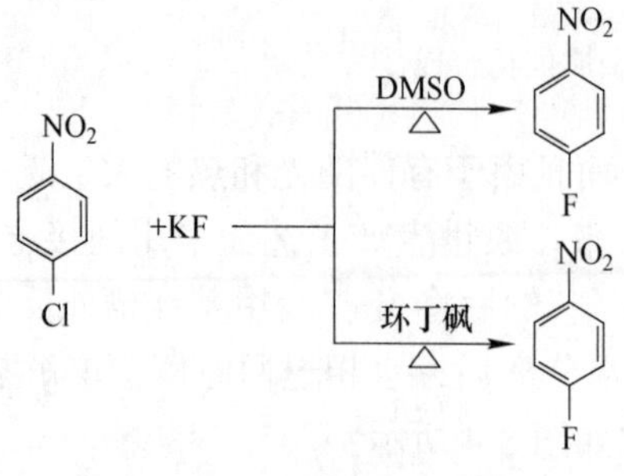

图 8-6　对氯硝基苯氟化反应 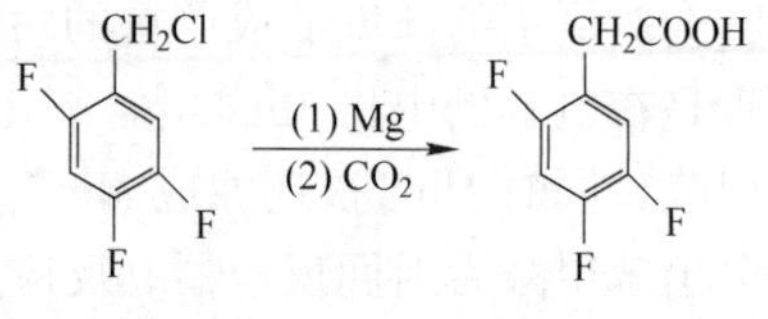　　　　图 8-7　2,4,5-三氟苯乙酸的合成

（二）循环套用

在药物合成中，大多数反应不完全，且存在副反应，产物也不可能从反应混合物中完全分离出来。因此，反应母液中常含有一定数量的未反应原料、副产物和产物。通过合理的设计实现反应母液的循环套用或经适当处理后套用，不仅可以降低原辅材料的单耗，提高产品的转化率，而且还可以减少环境污染。

例如，在氯霉素合成的乙酰化反应中（图 8-8），原工艺是在反应后对母液进行蒸发、浓缩、结晶、过滤等操作，回收乙酸钠，废弃残液。改进工艺后，将母液按含量代替乙酸钠直接应用于下一批反应，实现了母液的循环利用。此外，由于母液中含有一些反应产物，循环使用母液不仅可降低原料消耗量，还提高了产物转化率。

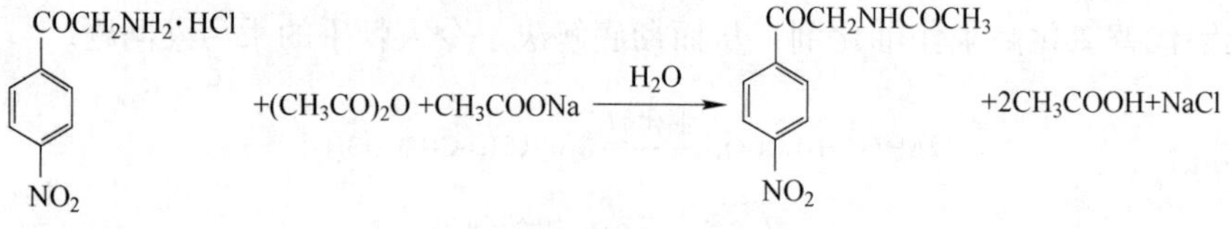

图 8-8　氯霉素合作中的乙酰化反应

（三）综合利用

从某种意义上讲，制药过程中产生的废弃物也是一种"资源"。从排放的废弃物中回收有价值的物料，开展综合利用，是控制污染的一个重要措施。

例如，氯霉素生产中的副产物邻硝基乙苯是重要的污染物之一，将其制成杀草胺（Shacaoan），就是一种优良的除草剂（图 8-9）。

又如，叶酸（Folic acid）合成中的丙酮氯化反应会放出大量的氯化氢废气，直接排放将对环境造成严重污染。经依次用水和液碱吸收后，既消除了氯化氢气体造成的污染，又可回收得到一定浓度的盐酸（图 8-10）。

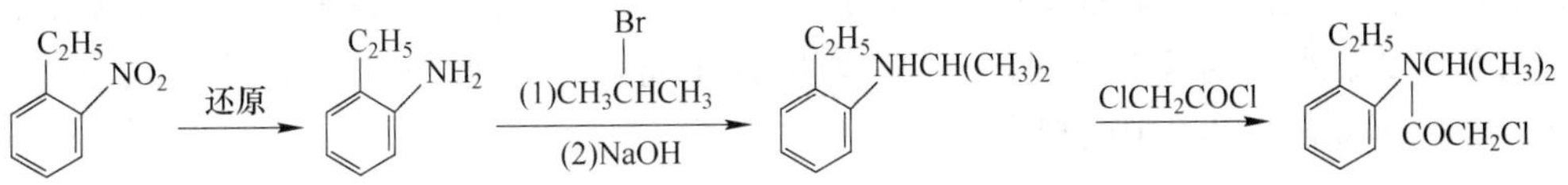

图 8-9 邻硝基乙苯制成杀草胺

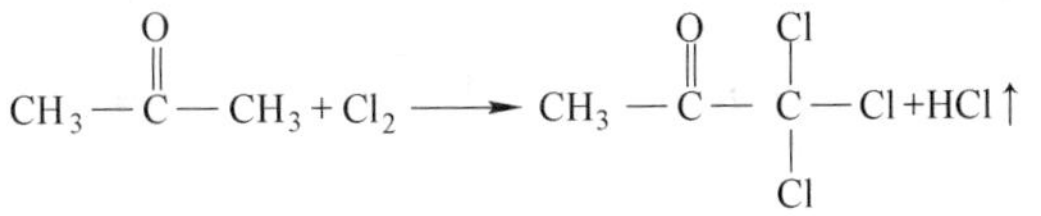

图 8-10 叶酸合成中的丙酮氯化反应

（四）改进生产设备，加强设备管理

在制药工业中，系统的"跑、冒、滴、漏"往往是造成环境污染的一个重要原因，必须引起足够的重视。在药品生产中，从原料、中间体到产品，以至排出的污染物，往往具有易燃、易爆、有毒和有腐蚀性等特点。就整个工艺过程而言，改进生产设备、加强设备管理是药品生产中控制污染源、减少环境污染的又一个重要途径。

设备的选型是否合理、设计是否得当，与污染物的数量和浓度有很大的关系。例如，甲苯磺化反应中，用连续式自动脱水器代替人工的间歇式脱水器，可显著提高甲苯的转化率，减少污染物的数量。又如，在直接冷凝器中用水直接冷凝含有机物的废气，会产生大量低浓度的废水。若改用间壁式冷凝器用水间接冷却，可以显著减少废水的数量，废水中有机物的浓度也显著提高，数量少而有机物浓度高的废水有利于回收处理。再如，用水吸收含氯化氢的废气可以获得一定浓度的盐酸，但用水吸收塔排出的尾气中常含有一定量的氯化氢气体，直接排放对环境造成污染。实际设计时，在水吸收塔后再增加一座液吸收塔，可使尾气中的氯化氢含量降至 $4mg/m^3$ 以下，低于国家排放标准。

第二节 废水处理技术

在处理"三废"时，必须把那些数量大、毒性高、腐蚀性强、刺激性大的物质处理放在首要地位。在药物生产的"三废"排放中，以废水的排放数量最大、种类最多、危害最严重。因此，废水处理也是化学制药厂污染物无害化处理的重点和难点。

一、废水的污染控制指标

在《国家污水综合排放标准》中，按污染物对人体健康的影响程度，将污染物分为两类。

（一）第一类污染物

第一类污染物指能在环境或生物体内积累，对人体健康产生长远不良影响的污染物。《国家污水综合排放标准》中规定的此类污染物有 9 种，即总汞、烷基汞、总镉、总铬、

6价铬、总砷、总铅、总镍和苯并〔α〕芘。含有这一类污染物的废水不分行业和排放方式，也不分受纳水体的功能差别，一律在车间或车间处理设施的排出口取样，其最高允许排放浓度必须符合表8-1中的规定。

表8-1　第一类污染物的最高允许排放浓度　　　　　　　　　（mg/L）

序号	污染物	最高允许排放浓度	序号	污染物	最高允许排放浓度
1	总汞	0.05	6	总砷	0.5
2	烷基汞	不得检出	7	总铅	1.0
3	总镉	0.1	8	总镍	1.0
4	总铬	1.5	9	苯并〔α〕芘	0.00005
5	6价铬	0.5			

（二）第二类污染物

第二类污染物长远影响比第一类污染物小。在《国家污水综合排放标准》中规定的有pH值、化学需氧量、生化需氧量、色度、悬浮物、石油类、挥发性酚类、氰化物、硫化物、氟化物、硝基苯类和苯胺类等共20项。含有第二类污染物的废水在排污单位排出口取样，根据受纳水体的不同，执行不同的排放标准。部分第二类污染物的最高允许排放浓度见表8-2。

表8-2　第二类污染物的最高允许排放浓度　　　　　　　　　（mg/L）

污染物	一级标准		二级标准		三级标准
	新扩建*	现有	新扩建	现有	
pH 值	6~9	6~9	6~9	6~9	6~9
悬浮物（SS）	70	100	200	250	400
生化需氧量（BOD_5）	30	60	60	80	300
化学需氧量（COD_{cr}）	100	150	150	200	500
石油类	10	15	10	20	30
挥发性酚	0.5	1.0	0.5	1.0	2.0
氰化物	0.5	0.5	0.5	2.0	1.0
硫化物	1.0	1.0	1.0	2.0	2.0
氟化物	10	15	10	15	20
硝基苯类	2.0	3.0	3.0	5.0	5.0

注：新扩建是指1998年1月1日后建设的单位。

二、废水处理的基本方法

废水处理的技术很多，按作用原理一般可分为物理法、化学法、生物法或几种方法的结合使用。

（1）物理法。利用物理作用将废水中呈悬浮状态的污染物分离出来，在分离过程中不改变其化学性质，如沉降、气浮、过滤、离心、蒸发、浓缩等。物理法常用于废水的一级处理。

（2）化学法。利用化学反应原理来分离、回收废水中各种形态的污染物，如中和、凝聚、氧化和还原等。化学法常用于有毒、有害废水的处理，使废水达到不影响生物处理的条件。

（3）生物法。利用微生物的代谢作用，使废水中呈溶解和胶体状态的有机污染物转化为稳定、无害的物质。生物法能够去除废水中的大部分有机污染物，是常用的二级处理法。

在废水处理中，很难利用单一的方法就能达到废水的处理效果。因此，必须利用各种处理方法的特点，取长补短、相互补充，即将几种处理方法组合在一起，形成一个处理流程。流程的组织一般遵循先易后难、先简后繁的规律，即首先使用物理法进行预处理，然后再使用化学法和生物法等处理方法。

三、废水的生物处理法

（一）生物处理法的原理

1. 好氧生物处理的原理

在有氧条件下，利用好氧微生物的作用将废水中的有机物分解为 CO_2 和 H_2O，并释放出能量的代谢过程。有机物（$C_xH_yO_z$）在氧化过程中释放出的氢与氧结合生成水，如下式所示：

$$C_xH_yO_z + O_2 \xrightarrow{\text{酶}} CO_2 + H_2O + 能量$$

好氧生物处理过程中，有机物的分解比较彻底，最终产物是含能量最低的 CO_2 和 H_2O，故释放的能量较多，代谢速度较快，代谢产物也很稳定。该方法的优点在于处理过程中没有臭气产生，处理时间短，在适宜的条件下，有机物的生物去除率在 $80\% \sim 90\%$；缺点是对高浓度有机废水要供给氧气比较困难，需先进行稀释，从而处理的成本较高。

2. 厌氧生物处理的原理

厌氧生物处理主要依靠水解产酸细菌、产氢产乙酸细菌和产甲烷细菌的联合作用来完成。厌氧生物处理过程可粗略地分为 3 个连续的阶段，即水解酸化阶段、产氢产乙酸阶段和产甲烷阶段。

第一阶段为水解酸化阶段。在细胞外酶作用下，大分子及不溶性有机物水解为溶解性小分子，然后进到细胞体内，分解为简单的挥发性有机酸、醇类和醛类物质等。

第二阶段为产氢产乙酸阶段。在产氢产乙酸细菌的作用下，废水中的各种简单有机物被分解转化成乙酸和 H_2，在分解有机酸时还有 CO_2 生成。

第三阶段为产甲烷阶段。在产甲烷菌的作用下，将乙酸、乙酸盐、CO_2 和 H_2 等转化为 CH_4。

厌氧生物处理不需要供给氧气，故动力消耗少、设备简单，并能回收一定数量的甲烷气体作为燃料，因而运行费用较低；该法的缺点是处理时间较长，处理过程中常有硫化氢或其他一些硫化物生成，需要进一步处理。

（二）好氧生物处理法

1. 活性污泥法

活性污泥法又称为曝气法，是一种重要的废水好氧生物处理法。活性污泥是在含粪便的污水池中注入空气（曝气），经过一段时间培养后，由于污水中微生物的生长和繁殖，逐渐形成褐色的污泥状絮凝体，具有很强的吸附和分解有机物的能力。活性污泥法处理废水时，就是让这些生物絮凝体悬浮在废水中形成混合液，废水中呈悬浮状态和胶态的有机物被活性污泥吸附后，利用活性污泥的生物凝聚、吸附和氧化作用，分解去除污水中的有机污染物，从而使废水得到净化。

活性污泥法的基本工艺流程如下（图 8-11）：（1）废水首先进入初次沉淀池中进行预处理，以除去较大的悬浮物及胶体状颗粒等，然后进入曝气池。（2）在曝气池内，通过充分曝气，一方面使活性污泥悬浮于废水中，以确保废水与活性污泥充分接触；另一方面可使活性污泥混合液始终保持好氧条件，保证微生物的正常生长和繁殖。（3）废水中的有机物被活性污泥吸附后，其中的小分子有机物可直接渗入到微生物的细胞体内，而大分子有机物则先被微生物的细胞外酶分解为小分子有机物，然后再渗入到细胞体内。（4）在微生物的细胞内酶作用下，进入细胞体内的有机物一部分被吸收形成微生物有机体，另一部分则被氧化分解，转化成 CO_2、H_2O、NH_3 等简单无机物或酸根，并释放出能量。（5）处理后的废水和活性污泥由曝气池流入二次沉淀池进行固液分离，上清液即是被净化了的水，由二次沉降池的溢流堰排出。二次沉淀池底部的沉淀污泥，一部分回流到曝气池入口，与进入曝气池的废水混合，以保持曝气池内具有足够数量的活性污泥；另一部分则作为剩余污泥排入污泥处理系统。

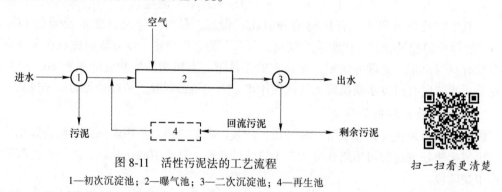

图 8-11　活性污泥法的工艺流程

1—初次沉淀池；2—曝气池；3—二次沉淀池；4—再生池

扫一扫看更清楚

活性污泥法从 20 世纪初开始创建至今，已发展出多种类型。以其曝气方式的不同，可分为普通曝气法、逐步曝气法、加速曝气法、旋流式曝气法、纯氧曝气法、深井曝气法等多种方法。其中普通曝气法是最基本的曝气方法，其他方法都是在普通曝气法的基础上逐步发展起来的，国内以加速曝气法居多。下面仅就常用的逐步曝气法、加速曝气法和深井曝气法逐一介绍。

A　逐步曝气法

为改进普通曝气法供氧不能被充分利用的缺点，将废水改为由几个进口入池，如图 8-12 所示。该法可使有机物沿池长分配比较均匀，池内需氧量也比较均匀，从而避免了普通曝气池前段供氧不足、池后段供氧过剩的缺点。逐步曝气法适用于大型曝气池及高浓度有机废水的处理。

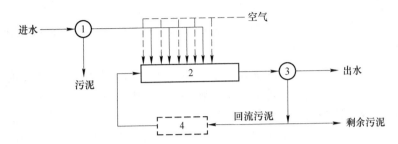

图 8-12　逐步曝气池工艺流程
1—初次沉淀池；2—曝气池；3—二次沉淀池；4—再生池

B　加速曝气法

加速曝气法属完全混合型的曝气法，曝气、二沉、污泥回流集中于一池，充氧设备使用表面曝气叶轮。这是目前应用较多的活性污泥处理法，它与普通曝气池的区别在于混合液在池内循环流动，废水和回流废水进入曝气池后立即与池内混合液混合，进行吸收和代谢活动。由于废水和回流污泥与池内大量低浓度、水质均匀的混合液混合，因而进水水质的变化对活性污泥的影响很小，适用于水质波动大、浓度较高的有机废水的处理。常用的加速曝气池如图 8-13 所示，称为圆形表面曝气沉淀池。

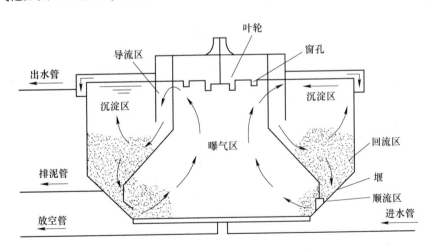

图 8-13　圆形表面曝气沉淀池

C　深井曝气法

深井曝气是以地下深井作为曝气池的一种废水处理技术。井内水深可达 50~150m，深井的纵向被分隔为下降管和上升管两部分，混合液在沿下降管和上升管反复循环的过程中，废水得到处理。深井深度大、静水压力高，可大大提高氧传递的推动力，井内有很高的溶解氧，氧的利用率可达 50%~90%。此外，深井内水流紊动大，气泡停留时间长，更使深井具有其他方法不可比拟的高充氧性能，允许深井以极高的污泥浓度运行，可处理高浓度废水。深井曝气工艺具有充氧能力强、效率高，耐冲击负荷性能好，运行管理简单，占地少及污泥产量少等优点,适合于高浓度的有机废水的处理。此外,因曝气筒在地下,故在寒冷地区也可稳定运行。所以深井曝气法普遍受到全国各行业的注目,已广泛应用于工业废水、城市污水及制药行业废水的处理。

深井曝气的缺点是投资较大,施工亦较难。深井曝气的装置如图 8-14 所示。

2. 生物膜法

生物膜法是依靠生物膜吸附和氧化废水中的有机物并同废水进行物质交换,从而使废水得到净化的另一类好氧生物处理法。生物膜是由废水中的胶体、细小悬浮物、溶质物质及大量微生物组成。这些微生物包括大量细菌、真菌、原生动物、藻类等,但生物膜主要是由菌胶团及丝状菌组成。微生物群体所形成的一层黏膜状物即生物膜,附于载体表面,一般厚 1~3mm,需经历一初生、生长、成熟及老化剥落的过程。生物膜净化有机废水的原理如图 8-15 所示,由于生物膜的吸附作用,其表面总是吸附着一薄层水,此水层基本上是不流动的,故称为"附着水"。其外层为能自由流动的废水,称为"运动水"。当附着水的有机质被生物膜吸附并氧化分解时,附着水层的有机质浓度随之降低,而此时运动水层中的浓度相对高,因而发生传质过程,废水中的有机质不断地从运动水层转移到附着水层,被生物膜吸附后由微生物氧化分解。与此同时,微生物所消耗的氧,沿着空气→运动水层→附着水层进入生物膜;而微生物分解有机物产生的二氧化碳及其他无机物、有机酸等则沿相反方向排出。

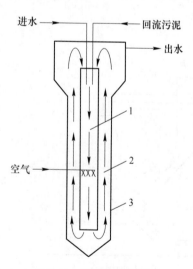

图 8-14　深井曝气的装置

1—下降区;2—上升区;3—衬筒

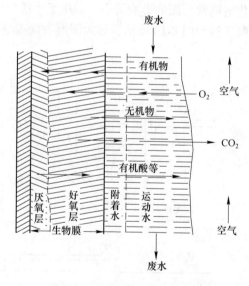

图 8-15　生物膜净化处理示意图

开始形成的生物膜是需氧性的,但当生物膜的厚度增加,扩散到膜内部的氧很快被膜表层中的微生物所消耗,离开表层稍远(约 2mm)的生物膜由于缺氧而形成厌氧层。这样,生物膜就分成了两层,外层为好氧层,内层为厌氧层。生物膜也是一个复杂的生态系统,存在着有机质→细菌、真菌→原生动物的食物链。

进入厌氧层的有机物在厌氧微生物的作用下分解为有机酸和硫化氢等产物,这些产物将通过膜表面的好氧层而排入废水中。当厌氧层厚度不大时,好氧层能够保持自净功能。

随着厌氧层厚度的增大，代谢产物将逐渐增多，最后生物膜老化而整块剥落；此外，也可因水力冲刷或气泡振动不断脱下小块生物膜，然后又开始新的生物膜形成的过程。这是生物膜的正常更新。

生物膜不同于活性污泥悬浮于废水中，它是附着于固体介质（滤料）表面上的一层黏膜状物。由于生物膜法比活性污泥法具有生物密度大、适应能力强、不存在污泥回流与污泥膨胀、剩余污泥较少和运行管理方便等优点，用生物膜法代替活性污泥法的情况不断增加。目前，生物膜法已广泛应用于石油、印染、造纸、医药、农药等工业废水的处理。实践证明，生物膜法是一种富有生命力和广阔的发展前景的生物净化手段。根据处理方式与装置的不同，生物膜法可分为生物滤池法、生物转盘法、生物流化床法等多种方法。

A 生物滤池法

生物滤池法是利用需氧微生物对污水或有机性废水进行生物氧化处理的方法。其工艺流程如图8-16所示。废水首先在初次沉淀池中除去悬浮物、油脂等杂质，这些杂质会堵塞滤料层；经预处理的废水进入生物滤池进行净化，净化后的废水在二次沉淀池中除去生物滤池中剥落下的生物膜，以保证出水的水质。

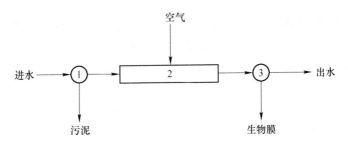

图8-16 生物滤池法工艺流程
1—初次沉淀池；2—曝气池；3—二级沉淀池

负荷是衡量生物滤池工作效率高低的重要参数，生物滤池的负荷有水力负荷和有机物负荷两种。水力负荷是指单位体积滤料或单位滤池面积每天处理的废水量，单位为 $m^3/(m^3 \cdot d)$ 或 $m^3/(m^2 \cdot d)$，后者又称为滤率。有机物负荷是指单位体积滤料每天可除去废水中的有机物的量（BOD_5），单位为 $kg/(m^3 \cdot d)$。根据承受废水负荷的大小，生物滤池可分为低负荷生物滤池（如普通生物滤池）和高负荷生物滤池（如塔式生物滤池），两种生物滤池的工作指标见表8-3。

表8-3 生物滤池的负荷量

生物滤池类型	水力负荷/$m^3 \cdot m^{-2} \cdot d^{-1}$	有机物负荷/$kg \cdot m^{-3} \cdot d^{-1}$	有机物的生物去除率（5d）/%
低负荷生物滤池	1~3	100~250	80~95
高负荷生物滤池	10~30	800~1200	75~90

注：本表适用于生活污水处理的负荷，高负荷生物滤池进水的 BOD_5 应小于 200mg/L。

B 生物转盘法

生物转盘又称浸没式生物滤池，是一种由传统的生物滤池演变来的新型膜法废水处理装置，其工作原理和生物滤池法基本相同，但结构形式却完全不同。生物转盘是由装配在水平横轴上的、间隔很近的一系列大圆盘组成，结构如图 8-17 所示。工作时，圆盘近一半的面积浸没在废水中。当废水在池中缓慢流动时，圆盘也缓慢转动，盘上很快生长一层生物膜。圆盘浸入水中时，其生物膜吸附水中的有机物；转出水面时，生物膜又从大气中吸收氧气，从而将有机物分解破坏。这样，圆盘每转动一圈，即进行一次吸附—吸氧—氧化分解过程，如此反复，使废水得到净化处理。

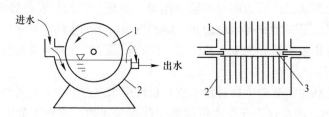

图 8-17　单轴四级生物转盘构造示意图

1—圆盘；2—废水处理槽；3—横轴

　　与一般的生物滤池相比，生物转盘的优点是：它对突变负荷忍受性强，事故少而恢复快，既可处理 BOD$_5$ 大于 10000mg/L 的高浓度废水（当停留时间 1h 以内时，废水的BOD$_5$ 去除率可达 90% 以上），又可处理 BOD$_5$ 小于 10mg/L 的低浓度废水。生物转盘的缺点是：（1）适应性差，生物转盘一旦建成后，很难通过调整其性能来适应进水水质的变化或改变出水的水质。（2）传氧速率有限，如处理高浓度的有机废水，单纯用转盘转动来提供全部的需氧量较为困难。（3）处理量小，寒冷地区需保温。

　　C　生物流化床法

　　生物流化床是将固体流态化技术应用于废水的生物处理，使处于流化状态下的载体颗粒表面上生长、附着生物膜，是一种新型的生物膜法废水处理技术。生物流化床主要由床体、载体和布水器等组成。床体通常为一圆筒形塔式反应器，其内装填一定高度的无烟煤、焦炭、活性炭或石英砂等，其粒径一般为 0.5~1.5mm，比表面积较大，微生物以此为载体形成生物膜，构成"生物粒子"。废水和空气由反应器底部通入，从而形成气、液、固三相反应系统。当废水流速达到某一定值时，生物粒子可在反应器内自由运动，形成流化状态，从而使废水中的有机物在载体表面上的生物膜作用下充分氧化分解，废水得到净化。布水器是生物流化床的关键设备，其作用是使废水在床层截面上均匀分布。图 8-18 所示为三相生物流化床处理废水的工艺流程示意图。

　　从本质上说，生物流化床属于生物膜法范畴，但因生物粒子在被处理水中做激烈的相对运动，传质、传热情况良好，因

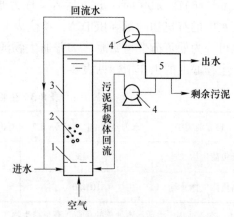

图 8-18　三相生物流化床工艺流程

1—布水器；2—载体；3—床体；

4—循环泵；5—二次沉淀池

此又有活性污泥法的某些特点。同时由于在流化床操作条件下，载体不停地流动，传质速率比普通生物膜法可高几倍，甚至近十倍，可有效地防止生物膜的堵塞现象。总之，生物流化床法兼有生物膜法和活性污泥法的优点，而又远胜于它们。它具有高浓度生物量、高比表面积、高传质速率等特点，因此对水质、负荷、床温变化的适应性也较强。近年来，由于生物流化床具有处理效果好、有机物负荷高、占地少和投资少等优点，已越来越受到人们的重视。

（三）厌氧生物处理法

1. 传统厌氧消化池

传统厌氧消化池适用于处理有机物及悬浮物浓度较高的废水，处理方法采用完全混合式。其工艺流程如图8-19所示。废水或污泥定期或连续加入消化池，经消化的污泥和废水分别从消化池的底部和上部排出，所产的沼气也从顶部排出。

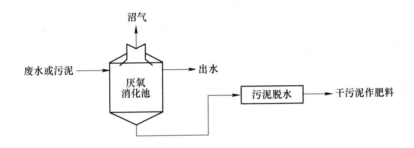

图8-19　传统厌氧消化工艺流程

传统厌氧消化池的特点是在一个池内实现厌氧发酵反应以及液体与污泥的分离过程。为了使进料与厌氧污泥充分接触，池内可设置搅拌装置，一般情况下每隔2~4h搅拌一次。此法的缺点是缺乏保留或补充厌氧活性污泥的特殊装置，故池内难以保持大量的微生物，且容积负荷低、反应时间长、消化池的容积大、处理效果不佳。

2. 厌氧接触法

厌氧接触法是在传统消化池的基础上开发的一种厌氧处理工艺。与传统消化法的区别在于增加了污泥回流。由消化池排出的混合液通过真空脱气，使附着于污泥上的小气泡分离出来，有利于泥水分离。混合液在沉淀池中进行固液分离，废水由沉淀池上部排出，厌氧污泥回流至消化池，可保证污泥不会流失，提高了设备的负荷和处理效率（图8-20）。厌氧接触法可直接处理含较多悬浮物的废水，而且运行比较稳定，并有一定的抗冲击负荷的能力。此工艺的缺点是污泥在池内呈分散、细小的絮状，沉淀性能较差，因而难以在沉淀池中进行固液分离，所以出水中常含有一定数量的污泥。

3. 上流式厌氧污泥床

上流式厌氧污泥床是一种悬浮生长型的生物反应器，主要由反应区、沉淀区和气室三部分组成（图8-21）。反应器的下部为浓度较高的污泥层，称为污泥床。由于气体（沼气）的搅动，污泥床上部形成一个浓度较低的悬浮污泥层，通常将污泥区和悬浮层统称为反应区。在反应区的上部设有气、液、固三相分离器。待处理的废水从污泥床底部进

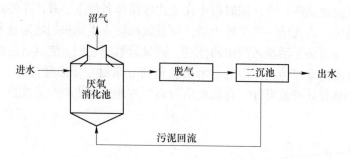

图 8-20　厌氧接触法工艺流程

入，与污泥床中的污泥混合接触，其中的有机物被厌氧微生物分解产生沼气，微小的沼气气泡在上升过程中不断合并形成较大的气泡。由于气泡上升时产生的剧烈扰动，故在污泥床的上部形成悬浮污泥层。气、液、固（污泥颗粒）的混悬液上升至三相分离器内，沼气气泡碰到分离器下部的反射板时，折向气室而被有效地分离排出。污泥和水则经孔道进入三相分离器的沉淀区，在重力作用下，水和污泥分离，上清液由沉淀区上部排出，沉淀区下部的污泥沿着挡气环的斜壁回流至悬浮层中。

上流式厌氧污泥床的体积较小，且不需要污泥回流，可直接处理含悬浮物较多的废水，不会发生堵塞现象。但装置的结构比较复杂，特别是气、液、固三相分离器对系统的正常运行和处理效果影响很大，设计与安装要求较高。此外，装置对水质和负荷的突然变化比较敏感，要求废水的水质和负荷均比较稳定。

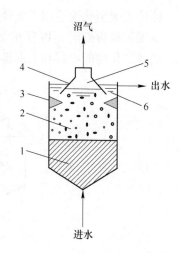

图 8-21　上流式厌氧污泥床
1—污泥床；2—悬浮层；3—挡气环；
4—集气罩；5—气室；6—沉淀区

第三节　废气处理技术

制药厂排出的废气具有种类繁多、组成复杂、数量大、危害严重等特点，需根据污染物各自的特点，采取相应的治理方法对其无害化处理。目前，根据废气含主要污染物的性质差异可将其分为含尘废气、含无机污染物废气和含有机污染物废气三类。

一、含尘废气处理

含尘废气主要来自化学制药中的粉碎、碾磨、筛分等机械过程产生的粉尘，以及锅炉燃烧产生的烟尘等。对含尘废气的处理其实就是气、固两相混合物的分离，利用粉尘质量较大的特点，通过外力作用将其分开。常用的除尘方法有机械除尘、洗涤除尘和过滤除尘。

（一）机械除尘

利用机械力（重力、惯性力、离心力）将悬浮物从气流中分离出来。这种设备结构简单，运转费用低，适用于处理含尘浓度高及悬浮物粒度较大 $[(5\sim10)\times10^{-6}\text{m}$ 以上] 的气体；缺点是细小粒子不易除去。为取得好的效率，可采用多级联用的形式，或在其他除尘器使用之前将机械除尘作为一级除尘使用。常见的机械除尘设备的基本结构如图 8-22 所示。

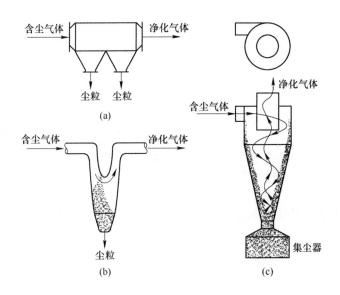

图 8-22　常见机械除尘设备的基本结构
(a) 单层重力沉降室；(b) 反转式惯性除尘器；(c) 旋风除尘器

（二）洗涤除尘

洗涤除尘即用水（或其他液体）洗涤含尘废气，使尘粒与液体接触而被捕获，尘粒随液体排出，气体得到净化。适用于极细尘粒 $[(0.1\sim100)\times10^{-6}\text{m}]$ 的去除。洗涤除尘器除尘效率较高，一般为 80%~95%。洗涤除尘器的结构比较简单，设备投资较少，操作维修比较方便。洗涤除尘过程中，水与含尘气体可充分接触，有降温增湿和净化有害有毒废气等作用，尤其适合高温、高湿、易燃、易爆和有毒废气的净化。洗涤除尘的明显缺点是除尘过程中要消耗大量的洗涤水，必须对洗涤后的水进行净化处理。此外，洗涤除尘器的气流阻力较大，因而运转费用较高。洗涤除尘的装置种类很多，常见的有喷雾塔、填充塔、旋风水膜除尘器等，图 8-23 所示为常见的填料式洗涤除尘器。

（三）过滤除尘

过滤除尘是将含尘气体经过过滤材料，把尘粒截留下来。药厂中最常用的是袋式过滤器（图 8-24）。在使用一定时间后，滤布的孔隙会被尘粒堵塞，气流阻力增加。因此，需要专门清扫滤布的机械（如敲打、振动）定期或连续清扫滤布。这类除尘器适用于处理含尘浓度低、尘粒较小 $[(0.1\sim20)\times10^{-6}\text{m}]$ 的气体，除尘率较高，一般为 90%~99%。但不适于温度高、湿度大或腐蚀性强的废气。

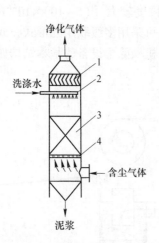

图 8-23　填料式洗涤除尘器
1—除尘器；2—分布器；3—填料；4—填料支承

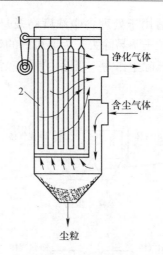

图 8-24　袋式除尘器
1—振动装置；2—滤袋

扫一扫看更清楚

　　各种除尘装置各有其优缺点。对于那些粒径分布范围较广的尘粒，常将两种或多种不同性质的除尘器组合使用。例如，某化学制药厂用沸腾干燥器干燥氯霉素成品，若直接排放不仅会造成环境污染，而且损失了排出气流中含有的一定量的氯霉素粉末产品。该厂采用图 8-25 所示的净化流程对排出气流进行净化处理。含有氯霉素粉末的气流首先经两只串联的旋风除尘器除去大部分粉末，再经一只袋式除尘器滤去粒径较小的细粉，未被袋式除尘器捕获的粒径极细的粉末经鼓风机出口处的洗涤除尘器除去。这样不仅使排出尾气中基本不含氯霉素粉末，保护环境，而且可回收一定量的氯霉素产品。

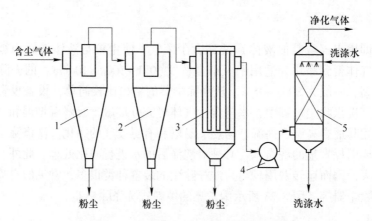

图 8-25　氯霉素干燥工段气流净化流程
1,2—旋风除尘器；3—袋式除尘器；4—鼓风机；5—洗涤除尘器

二、含无机物的废气处理

　　废气中常见的无机污染物包括氯化氢、硫化氢、二氧化硫、氢氧化物、氯气、氨气等。对于含无机污染物废气的处理，主要方法有吸收法、吸附法、催化法和燃烧法等，其中以吸收法最为常用。

吸收法是利用气体混合物中不同组分在吸收液中的溶解度不同，或者通过与吸收液发生选择性化学反应，将污染物从气流中分离出来的过程。吸收处理通常是在吸收装置中进行，其目的是使气体能与吸收液充分接触，实现气液两相之间的传质。用于气体净化的吸收装置主要有填料塔、板式塔和喷淋塔等（图8-26）。

填料塔（图8-26(a)）是在塔筒内装填一定高度的填料（散堆或规整填料），以增加气液两相间的接触面积。用作吸收的液体由液体分布器均匀分布于填料表面，并沿填料表面下降；需净化的气体由塔下部通过填料孔隙逆流而上，并与液体充分接触，其中的污染物由气相进入液相中，从而达到净化气体的目的。

板式塔（图8-26(b)）是在塔筒内装有若干块水平塔板，塔板两侧分别设有降液管和溢流堰，塔板上安设泡罩、浮阀等元件，或按一定规律开成筛孔，分别称为泡罩塔、浮阀塔和筛板塔等。操作时，吸收液首先进入最上层塔板，然后经各板的溢流堰和降液管逐步下降，每块塔板上都积有一定厚度的液体层；需净化的气体由塔底进入，通过塔板向上穿过液体层，鼓泡而出，其中的污染物被板上的液体层所吸收，从而达到净化的目的。

喷淋塔（图8-26(c)）既无填料也无塔板，是一个空心吸收塔。操作时，吸收液由塔顶进入，经喷淋器喷出后，形成雾状或雨状下落。需净化的气体由塔底进入，在上升过程中与雾状或雨状的吸收液充分接触，所含污染物进入吸收液，从而使气体得到净化。

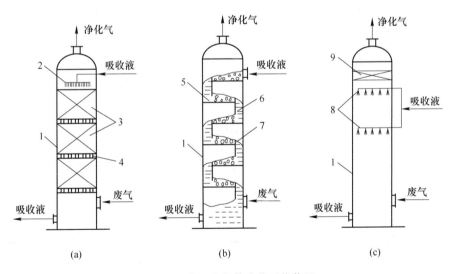

图8-26 常见的气体净化吸收装置

1—塔筒；2—分布器；3—填料；4—支承；5—筛板；6—降液管；7—溢流堰；8—喷淋器；9—除沫器

三、含有机物的废气处理

一般情况，制药厂有机物废气主要是胺类化合物、吡啶类化合物、醇类化合物、酚类化合物、醛类化合物以及某些有机溶剂等。处理含有机污染物废气的方法主要有冷凝法、吸附法、燃烧法和生物法等方法。

（一）冷凝法

冷凝法即通过冷却的方法使废气中所含的有机污染物凝结成液体而分离出来。冷凝法的特点是设备简单、操作方便，适用于处理有机污染物含量较高的废气。冷凝法常用作燃烧或吸附净化废气的预处理，当有机污染物的含量较高时，可通过冷凝回收的方法减轻后续净化装置的负荷。但此法对废气的净化程度受冷凝温度的限制，当要求的净化程度很高或处理低浓度的有机废气时，需要将废气冷却到很低的温度，经济上通常是不合算的。

冷凝法有直接冷凝与间接冷凝两种工艺流程（图 8-27）。直接冷凝的工艺流程，由于使用了直接混合式冷凝器，冷却介质与废气直接接触，冷却效率较高；但被冷凝组分不易回收，且排水一般需要进行无害化处理。间接冷凝由于使用了间壁式冷凝器，冷却介质和废气由间壁隔开，彼此互不接触，因此可方便地回收被冷凝组分，但冷却效率较低。

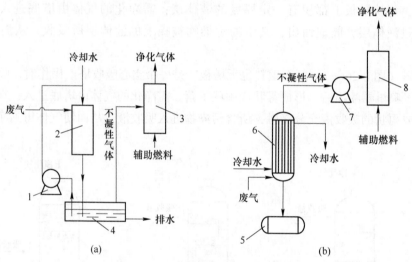

图 8-27　常见的冷凝装置工艺流程

1—冷凝液储罐；2—间壁式冷凝器；3—燃烧净化炉；
4—水槽；5—循环泵；6—直接混合式冷凝器；7—风机；8—燃烧净化炉

（二）吸附法

吸附法是将废气与表面多孔性固体物质（吸附剂）接触，使废气中的有害成分吸附到固体表面上，从而达到净化气体的目的。其中，吸附剂是吸附法处理含有机污染物废气的关键。常用的吸附剂有活性炭、活性氧化铝、硅胶、分子筛和褐煤等。吸附法的净化效率较高，特别是当废气中的有机污染物浓度较低时仍具有很强的净化能力，因而特别适用于处理排放要求比较严格或有机污染物浓度较低的废气。但吸附法一般不适用于高浓度、大气量的废气处理；否则，需对吸附剂频繁地进行再生处理，影响吸附剂的使用寿命，并增加操作费用。

吸附法处理废气的工艺流程可分为间歇式、半连续式和连续式三种，其中以间歇式和半连续式较为常用。图 8-28 所示为常见的吸附装置工艺。间歇式吸附工艺流程适用于处理间歇排放，且排气量较小、排气浓度较低的气体。半连续式吸附工艺流程运行时，一台吸附器进行吸附操作，另一台吸附器进行再生操作，再生操作的周期一般小于吸附操作的周期，否则需增加吸附器的台数。再生后的气体可通过冷凝等方法回收被吸附的组分。

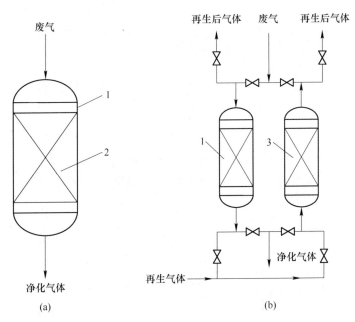

图 8-28　常见的吸附装置工艺
(a) 间歇式吸附工艺；(b) 半连续吸附工艺
1—吸附器；2—吸附剂；3—再生器

(三) 燃烧法

燃烧法是在有氧条件下，将废气加热到一定的温度，使其中的可燃污染物发生氧化燃烧或高温分解而转化为无害物质。燃烧法的特点是工艺比较简单，操作比较方便，并可回收一定的热量；缺点是不能回收有用物质，并容易造成二次污染。

燃烧过程一般需控制在 800℃ 左右的高温下进行。为降低燃烧反应的温度，可采用催化燃烧法，即在氧化催化剂的作用下，使废气中的可燃组分或可高温分解组分在较低的温度下进行燃烧反应而转化成 CO_2 和 H_2O。催化燃烧法处理废气的流程一般包括预处理、预热、反应和热回收等部分，如图 8-29 所示。

(四) 生物法

生物法处理废气的原理是利用微生物的代谢作用，将废气中所含的污染物转化成低毒或无毒的物质。生物处理法的设备比较简单，且处理效率较高、运行费用较低；但生物法只能处理有机污染物含量较低的废气，且不能回收有用物质。

图 8-30 所示为用生物过滤器处理含有机污染物废气的工艺流程。含有机污染物的废气首先在增湿器中增湿，然后进入生物过滤器。生物过滤器是由土壤、堆肥或活性炭等多孔材料构成的滤床，其中含有大量的微生物。增湿后的废气在生物过滤器中与附着在多孔材料表面的微生物充分接触，其中的有机污染物被微生物吸附吸收，并被氧化分解为无机物，从而使废气得到净化。

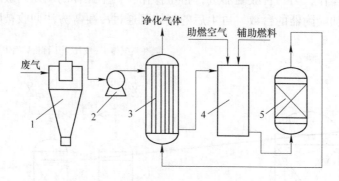

图 8-29　催化燃烧法废气处理工艺流程
1—预处理装置；2—风机；3—预热器；4—混合器；5—催化燃烧反应器

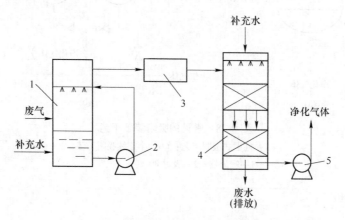

图 8-30　生物法处理废气的工艺流程
1—增湿器；2—循环泵；3—调温装置；4—生物过滤器；5—风机

第四节　废渣处理技术

　　药厂废渣是在制药过程中产生的固体、半固体或浆状废物。药厂废渣的数量比废水、废气的少，但废渣的组成复杂，且大多含有高浓度的有机污染物，有些还是剧毒、易燃、易爆的物质。因此，防治废渣污染应遵循"减量化、资源化和无害化"的"三化"原则。首先要采取措施，最大限度从"源头"减少废渣的产生和排放；其次，对于必须排出的废渣，要尽量综合利用，从废渣中回收有价值的资源和能量；最后，对无法综合利用或经综合利用后的废渣进行无害化处理。

　　目前，对于废渣的处理方法主要有化学法、焚烧法、热解法和填埋法等。

　　（1）化学法。利用废渣中所含污染物的化学性质，通过化学反应将其转化为稳定、安全的物质，是一种常用的无害化处理技术。例如，铬渣中常含有对环境有严重危害的可溶性六价铬，可利用化学法，添加还原剂将其还原为无毒的三价铬。又如，含有氰化物的废渣有剧毒，不能随意排放，可将氢氧化钠溶液加入含有氰化物的废渣中，再用氧化剂使其转化为无毒的氰酸钠，或再加热回流数小时后用次氯酸钠分解，使氰基转化为 CO_2 和 N_2，从而避免其对环境的危害。

（2）焚烧法。使被处理的废渣与过量的空气在焚烧炉内进行氧化燃烧反应，从而使废渣中所含的污染物在高温下氧化分解而破坏，是一种高温处理和深度氧化的综合工艺。焚烧法可使废渣中的有机污染物完全氧化成无害物质，有机物的化学去除率可达99.5%以上，因此，适宜处理有机物含量较高或热值较高的废渣。当废渣中的有机物含量较少时，可加入辅助燃料。此法的缺点是投资较大，运行管理费用较高。

（3）热解法。在无氧或缺氧的高温条件下，使废渣中的大分子有机物裂解为可燃的小分子燃料气体、油和固态碳等。热解法是一个吸热的过程，焚烧的产物主要是水和二氧化碳，无利用价值；而热解产物主要为可燃的小分子化合物，如气态的氢、甲烷，液态的甲醇、丙酮、乙酸、乙醛等有机物以及焦油和溶剂油等，固态的焦炭或炭黑，这些产品可以回收利用。

（4）填埋法。将一时无法利用、又无特殊危害的废渣埋入土中，利用微生物的长期分解作用而使其中的有害物质降解。此法的成本较低，且简便易行，但常有潜在的危险性。例如，废渣的渗滤液可能会导致填埋场地附近的地表水和地下水的严重污染；某些含有机物的废渣分解时会产生甲烷、氨气和硫化氢等气体，造成场地恶臭，严重破坏周围的环境卫生，而且甲烷的积累还可能引起火灾或爆炸。因此，要认真仔细选择填埋场地，并采取妥善措施，防止对水源造成污染。

【本章总结】

第八章 药厂"三废"的处理技术		
第一节 "三废"排放与防治措施	药厂"三废"的污染现状	"三废"指废水、废气和废渣。其中以废水的排放数量最大、种类最多、危害最严重
	药厂"三废"的污染特点	制药产生的"三废"具有数量少、种类多、变动性大、间歇排放、化学需氧量高等特点
	防治"三废"的主要措施	防治措施首先应从生产过程入手，尽量采用那些污染少或没有污染的绿色生产工艺，改造那些污染严重的落后生产工艺，以消除或减少污染物的排放；其次，对于必须排放的污染物，要积极开展综合利用，尽可能化害为利；最后才考虑对污染物进行无害化处理
第二节 废水处理技术	污染控制指标	在《国家污水综合排放标准》中，按污染物对人体健康的影响程度，将污染物分为第一类污染物和第二类污染物。第一类污染物有总汞、烷基汞、总镉、总铬、6价铬、总砷、总铅、总镍和苯并[α]芘9项。第二类污染物有pH值、化学需氧量、生化需氧量、色度、悬浮物、石油类、挥发性酚类、氰化物、硫化物、氟化物、硝基苯类和苯胺类等共20项
	废水处理的基本方法	废水处理按作用原理一般可分为物理法、化学法、生物法或几种方法的结合使用
	废水的生物处理法	生物处理法：好氧生物处理法和厌氧生物处理法。好氧生物处理法常见活性污泥法和生物膜法。厌氧生物处理法常见有传统厌氧消化池、厌氧接触法、上流式厌氧污泥床

第八章　药厂"三废"的处理技术

第三节　废气处理技术	含尘废气处理	含尘废气的处理是利用粉尘质量较大的特点，通过外力作用将气、固两相混合物的分开。常用的除尘方法有机械除尘、洗涤除尘和过滤除尘
	含无机物废气处理	无机污染物包括氯化氢、硫化氢、二氧化硫、氢氧化物、氯气、氨气等。对于含无机污染物废气的处理，主要方法有吸收法、吸附法、催化法和燃烧法等
	含有机物废气处理	有机物污染物主要是胺类化合物、吡啶类化合物、醇类化合物、酚类化合物、醛类化合物以及某些有机溶剂等。处理含有机污染物废气的方法主要有冷凝法、吸附法、燃烧法和生物法等方法
第四节　废渣处理技术	废渣处理的原则和方法	防治废渣污染应遵循"减量化、资源化和无害化"的三化原则。废渣的处理方法主要有化学法、焚烧法、热解法和填埋法等

【习题练习】

一、选择题

1. 关于药厂"三废"的论述，正确的是（　　　）。

　　A. "三废"处理较容易

　　B. "三废"是一种"资源"，可回收利用

　　C. 单一处理法可彻底治理"三废"

　　D. 生物法可去除所有污染物

2. 关于"三废"污染特点，描述正确的是（　　　）。

　　A. 数量少、组分少、变动性大

　　B. 间歇排放

　　C. 化学需氧量和生化需氧量都高

　　D. pH 值呈强酸性

3. 针对制药厂排出的"三废"，下列说法正确的是（　　　）。

　　A. 化学耗氧量高　　　　　　　　B. 生化耗氧量高

　　C. 化学耗氧量和生化耗氧量都高　　D. 化学耗氧量和生化耗氧量都不高

4. 将氯霉素生产中的副产物邻硝基乙苯制成杀草胺，该防治措施是（　　　）。

　　A. 绿色工艺　　　　　　　　　　B. 循环套用

　　C. 综合利用　　　　　　　　　　D. 改进设备

5. 废水的二级处理主要指的是（　　　）。

　　A. 物理处理法　　　　　　　　　B. 化学处理法

　　C. 生化处理法　　　　　　　　　D. 物理化学处理法

6. 属于第一类污染物的是（　　　）。

　　A. 硫化物　　　　　　　　　　　B. 挥发酚

　　C. 烷基汞　　　　　　　　　　　D. 氰化物

7. 对于高浓度的有机废水，一般采取的处理方法是（　　　）。
　　A. 好氧处理　　　　　　　　　B. 厌氧处理
　　C. 先好氧处理，再厌氧处理　　D. 先厌氧处理，再好氧处理

8. 对于低浓度的大多数有机废水，目前主要采用的处理方式是（　　　）。
　　A. 化学法　　　　　　　　　　B. 物理法
　　C. 生化法　　　　　　　　　　D. 焚烧法

9. 下列哪种处理方式属于活性污泥法？（　　　）
　　A. 生物滤池法　　　　　　　　B. 生物接触氧化法
　　C. 加速曝气法　　　　　　　　D. 生物转盘法

10. 药厂"三废"中，谁的排放数量最大，种类最多，危害最严重？（　　　）
　　A. 废水　　　　　B. 废渣　　　　　C. 废气　　　　　D. 以上都是

11. 一般情况下，废水经过几级处理可以达到规定的排放标准？（　　　）
　　A. 一级处理　　　B. 二级处理　　　C. 三级处理　　　D. 四级处理

12.【多选】有关绿色生产工艺描述正确的是（　　　）。
　　A. 设计或重新设计少污染或无污染的生产工艺
　　B. 优化工艺条件
　　C. 改进操作方法
　　D. 采用新技术

13.【多选】属于废水中的第一类污染物有（　　　）。
　　A. 烷基汞　　　　　B. 六价铬　　　　C. 氰化物
　　D. 苯胺类　　　　　E. 苯并〔α〕芘

14.【多选】含有机污染物废气的处理方法主要有（　　　）。
　　A. 冷凝法　　　　　B. 吸附法　　　　C. 过滤法
　　D. 燃烧法　　　　　E. 生物法

15.【多选】防治废渣污染遵循"三化"原则，即是（　　　）。
　　A. 减量化　　　　B. 资源化　　　　C. 生态化　　　　D. 无害化

二、填空题

1. 药厂废水的处理方法包括＿＿＿＿＿、＿＿＿＿＿和＿＿＿＿＿。废水的处理程度可分为＿＿＿＿＿、＿＿＿＿＿、＿＿＿＿＿。

2. 好氧生物处理的最终代谢产物是＿＿＿＿＿、＿＿＿＿＿，厌氧生物处理的最终代谢产物是＿＿＿＿＿。

3. 在防治"三废"时，必须把那些数量大、毒性高、＿＿＿＿＿、＿＿＿＿＿的"三废"的治理放在首要地位。

4. 绿色生产工艺是在绿色化学的基础上开发的从＿＿＿＿＿上消除污染的生产工艺。

5. 厌氧生物处理过程可分为＿＿＿＿＿、＿＿＿＿＿和＿＿＿＿＿三个连续的阶段。

三、判断题

1. 药厂产生的"三废"具有数量多、种类多、变动性大等特点。（　　　）

2. 好氧生物处理法中有机物分解较彻底，释放能量较多，代谢速度较快。（　　　　）

3. 厌氧生物处理最终的产物是甲烷。（　　　　）

4. 生物膜的表面吸附着不流动的"附着水"和能自由流动的"运动水"。（　　　　）

5. 生物膜有两层，内层为好氧层，外层为厌氧层。（　　　　）

四、简答题

1. 防治"三废"的主要措施有哪些？

2. 在水质指标中，BOD 和 COD 分别指的是什么？有何区别？

3. 什么叫好氧生物处理？其优缺点有哪些？

4. 简述活性污泥法处理工业废水的基本原理。

5. 简述含有机物废气的主要治理方法。

第九章　药物制剂工艺

【素质目标】

具有开发多种剂型的创新、研究精神。

【知识目标】

(1) 掌握药物制剂工艺的研究内容、制剂的处方设计方法、辅料的优选原则。
(2) 了解药物剂型的分类，以及研究药物剂型的重要性。

【能力目标】

(1) 能根据剂型选择合适的辅料。
(2) 能对某一药物的剂型设计合理的处方和工艺。

虽然药物本身对疗效起主要作用，但是在一定条件下，剂型对药物的疗效发挥也起着重要的作用。任何一种药物在供临床使用前，都必须制成适于治疗或者预防应用的、与一定给药途径相适应的给药形式，即药物剂型，如片剂、注射剂、胶囊剂、软膏剂、栓剂和气雾剂等。在设计药物剂型时，除了要满足医疗需要外，还必须综合考虑药物的性质、制剂稳定性、安全性、有效性、顺应性和质量控制以及生产、使用、携带、运输和储存等各方面的问题。

第一节　概　　述

药物制剂（pharmaceutical preparation）是根据药典或国家标准将药物制成适合临床要求并具有一定质量标准，用于预防、治疗、诊断疾病，有目的地调节受体对象生理功能并规定有适应证、用法和用量的物质，包括化学药物制剂、生物药物制剂、中成药、放射性药品和诊断药品等。

一、药物制剂的重要性

随着现代药剂学及相关学科的发展，药物制成剂型不再仅仅是赋予其一定的外形，而是逐渐认识到药物剂型和制剂工艺对药效的良好发挥也起着重要作用。具体体现在以下方面：

(1) 改变药物的作用性质。有些药物在剂型和给药途径不同时发挥的作用不同。如硫酸镁口服剂由于具有一定的渗透压，使肠内保持大量水分，机械地刺激肠蠕动而用作泻下药，同时刺激十二指肠黏膜，反射性引起胆汁排空而有利胆作用；但是 10% 的硫酸镁注射液能抑制大脑中枢神经，有镇静、解痉的作用。

（2）改变药物的吸收速率和生物利用度。剂型不同，药物从制剂中溶出的速度可能也不同，因而影响药物吸收速率和生物利用度。如吲哚美辛片剂溶出速率慢，影响吸收，每日所需量为 200~300mg，刺激性大，基本被淘汰；吲哚美辛胶囊剂，改善了药物的溶出速率，促进了药物吸收，剂量减少到 75~100mg，副作用大大降低。

（3）具有靶向作用。一些微粒分散系如脂质体、微乳、微囊、微球和纳米囊等具有被动靶向脾、肝、肾等单核吞噬细胞系统的作用，使靶部位药物浓度较高，其他组织浓度较低，从而降低毒副作用。

（4）减少毒副作用。某些普通制剂由于吸收特性造成血药浓度谷峰现象，使血药浓度超过药物的中毒量，发生严重的毒副作用。针对这一问题开发了新剂型如缓控释剂型释药缓慢，血药浓度平稳，在延长作用时间、减少毒副作用方面比普通制剂有较大的优越性。

二、药物制剂的分类

药物剂型（dosage form）种类很多，可以按照形态特征、分散系统、给药途径、制备过程等原则进行分类。按形态分类较为直观，形态相同的剂型其制备工艺也接近；按照分散系统分类便于应用物理化学的原理来阐明各类制剂的特征，但不能反映用药部位与用药方法对剂型的要求；按照给药途径分类可与临床密切结合，能反映给药途径和应用方法对剂型制备的特殊要求，但是同一剂型可能会在不同的给药途径中出现；按照制法，能反映剂型的制备过程。表 9-1 中列出了各分类制剂的特点以及实例。

表 9-1　药物制剂的类别

分类	特点	剂型	实例
形态特征	分类方法简单，对药物制备、储藏和运输有一定的指导意义	固体制剂	散剂、丸剂、片剂和胶囊剂等
		半固体制剂	软膏剂、凝胶剂、糊剂等
		液体制剂	注射剂、溶液剂、滴剂和洗剂等
		气体制剂	气体吸入剂
给药途径	将给药途径相同的剂型归为一类	经肠胃道给药的剂型	溶液剂、糖浆剂、乳剂、混悬剂、散剂、片剂、丸剂、胶囊剂
		经非胃肠道给药的剂型	注射剂、皮肤（贴剂、软膏剂等）、呼吸道（气雾剂、喷雾剂）、黏膜（滴鼻剂、滴眼剂、舌下片等）、腔道（直肠、尿道、耳道滴剂等）
分散系统	按照热力学稳定性进行分类	均匀分散体系	糖浆剂、甘油剂、注射剂、胶浆剂、涂膜剂
		粗分散体系	乳剂型、混悬型、气体分散剂
		聚集体分散体系	片剂、胶囊剂、颗粒剂、微囊剂等
制备过程	按制法进行分类	浸出制剂	酊剂、合剂、糖浆剂
		无菌制剂	注射剂、滴眼剂

三、药物制剂工艺的研究内容

药物制剂工艺是以药剂学、工程学以及相关科学理论和技术为基础研究制剂生产的科学技术。研究内容包括产品开发、工程设计、单元操作、生产过程及质量控制等环节，以实现规模化、规范化生产制剂产品。

第二节　药物制剂的处方设计与辅料筛选

药物制剂的设计是新药研究和开发的起点，是决定药品安全性、有效性、稳定性和顺应性的重要环节。药物制剂设计的目的是根据防病治病的需求，确定给药途径和药物剂型。

一、药物制剂的处方设计

通过对药物的化学性质、物理性质和生物学性质进行充分调查和研究，确定新制剂处方设计和工艺设计中应该重点解决的问题或应该达到的目标，选择应用辅料以及制剂技术或工艺，研究药物与辅料的相互作用，采用适宜的测试手段，进行初步的质量考察，并根据考察结果，修改、优化或完善设计，最后确定制剂的包装。认真周密和科学合理的设计工作是获得优质制剂的重要保证。

（一）药物制剂处方设计的基本原则

药物制剂处方设计的基本原则主要体现在安全性、有效性、稳定性和顺应性。

（1）药物治疗的安全性。药物剂型设计应以提高药物治疗的安全性、降低毒副作用和刺激性为基本前提。如紫杉醇（taxol）的溶解度低，用聚氧乙烯蓖麻油为增溶剂时制成的注射剂刺激性大，设计成紫杉醇脂质体制剂后，可避免使用增溶剂，刺激性降低，用药安全性提高。

（2）药效的有效性。设计药物剂型时，必须考虑到药效会受到剂型的限制。难溶药物可以通过加入增溶剂、助溶剂或潜溶剂，制成固体分散体，进行微粉化，制成乳剂等方法，增加药物溶解度与溶出速率，促进吸收，提高生物利用度。

（3）质量稳定性和可控性。稳定性包括物理、化学、生物学等方面的稳定性；药品质量可控体现在制剂质量的可预见性。

（4）顺应性及其他。顺应性是指患者或医护人员对所用药物的接受程度，包括制剂外观、气味、色泽和使用方法等；其他还要考虑降低生产成本、进行工艺简化等。

（二）药物剂型设计流程

药物剂型设计的目标是能够获得可预知的治疗效果，药品能规模化生产，并且产品质量稳定可控。具体流程为处方前工作、确定给药途径及剂型、处方设计和工艺优化及制剂评价、处方调整与确定4个步骤。

1. 处方前工作

在药物制剂处方与制备工艺研究之前，需要全面了解药物的理化性质、药理、药动学等必要的参数，其是药物剂型研究的基础。处方前工作的主要内容有通过文献检索及实验获取药物的相关理化参数（熔点、沸点、溶解度、分配系数、解离常数、多晶型和粉体学性质）；通过实验测定与处方有关的物理性质，测定药物与辅料之间的相互作用，掌握药物的稳定性及配伍研究；掌握药物的生物学性质（药物的膜通透性，毒副作用，药物在体内的吸收、分布、代谢和排泄等过程的动态变化规律）。

2. 确定给药途径及剂型

进行药物剂型设计时，应根据药物的理化性质、临床治疗的需要，综合各方面因素确定给药途径和剂型。药物的物理化学性质主要考虑溶解度与膜渗透性，难溶性的药物不宜制成溶液剂、注射剂；稳定性较差的药物不宜制成溶液剂。

剂型的选择要考虑临床治疗的需要。口服给药主要以全身治疗为目的，主要吸收部位在胃肠道，口服剂型要求胃肠道内吸收良好，固体制剂应该具有良好的崩解性、分散性、溶出性和溶解性，避免对胃肠的刺激作用，克服首关效应，外观、大小、形态等具有良好的顺应性。注射给药可通过皮下、肌内和血管给药，要求药物具有较好的稳定性，无菌、无热源，刺激性小。皮肤或黏膜给药要求制剂与皮肤有良好的亲和性、铺展性、黏着性、无明显刺激性，不影响皮肤正常功能，不同部位设计成不同剂型。临床用药的顺应性也是剂型选择的重要因素，缓释控释制剂可以减少给药次数，降低药物的毒副作用。另外，剂型设计还必须考虑制剂工业化生产的可行性及生产成本。

3. 处方设计和工艺优化及制剂评价

处方设计是在前期对药物和辅料研究的基础上，根据剂型的特点及临床应用的需要制订合理的处方，并开展筛选和优化。制剂处方筛选和优化包括制剂基本性能评价、稳定性评价、临床前和临床评价。

4. 处方调整与确定

通过制剂基本性能评价、稳定性评价和临床前评价，基本可确定制剂的处方。必要时可根据研究结果对制剂处方进行调整，调整的研究思路与上述的研究内容一致。调整的合理性必须通过实验进行证明，以最终确定制剂处方。

二、药物制剂的辅料筛选

辅料（pharmaceutical excipients）是药物制剂中经过合理安全评价的不包括有效成分或前体的组分，是药物发挥治疗作用的载体。辅料按用途分为溶剂、矫味剂、抛射剂、润滑剂、增溶剂、助流剂、助悬剂、助压剂、乳化剂、防腐剂、着色剂、黏合剂、崩解剂、填充剂、芳香剂以及包衣剂等。辅料的作用包括在药物制剂制备过程中有利于成品的加工；提高药物制剂的稳定性、生物利用度和患者的顺应性；有利于从外观上鉴别药物；改善药物制剂在储藏和应用时的安全性和有效性。

辅料选用需要遵循的基本原则：首先是满足制剂成型、有效、稳定、方便要求基础上的最低用量原则，最好可减少用药剂量，节约材料，降低成本；其次是无不良影响原则，要求不降低药品疗效，不产生毒副作用，不对质量监控产生干扰。以下按照剂型来阐述各自使用的辅料及其要求。

（一）固体制剂的辅料选择

固体制剂中常用的辅料要求具有较高的稳定性，不与主药发生任何物理化学反应，无生理活性，对人体无毒无害、无不良反应。不同剂型对辅料有不同的要求。

例如，片剂常用的辅料包括稀释剂、润湿剂、黏合剂、崩解剂和润滑剂等。

（1）稀释剂。稀释剂可用来增加片剂的重量或体积，有利于成型和分剂量。稀释剂的加入不仅可以保证一定体积的大小，还可减少主药成分的剂量偏差、改善药物的压缩成型性等。常用的稀释剂有乳糖、淀粉、糊精、微晶纤维素以及其他无机盐等。

（2）润湿剂。润湿剂指本身无黏性，但可使物料润湿产生足够的黏性以利于制粒的液体。常用的润湿剂有蒸馏水和乙醇。

（3）黏合剂。黏合剂指能使无黏性或黏性不足的物料聚集黏结成颗粒或压缩成型的具有黏性的辅料。片剂常用的黏合剂有羟丙基纤维素、羧甲基纤维素钠等纤维素衍生物、淀粉浆、聚乙二醇、聚维酮、蔗糖溶液、海藻酸钠溶液等。

（4）崩解剂。崩解剂是促使片剂在胃肠道中迅速崩解成细小颗粒的辅料。片剂常用的崩解剂有干淀粉、羧甲基淀粉钠、低取代羟丙基纤维素、交联羧甲基纤维素钠、交联聚维酮和泡腾崩解剂等。

（5）润滑剂。润滑剂是片剂压片时为了顺利加料和出片，并减少黏冲及降低颗粒与颗粒、药片与模孔壁之间的摩擦力，需要在颗粒中添加的辅料。润滑剂的作用机制复杂，普遍认为可改善粒子表面的粗糙度、静电分布，减弱粒子间的范德华力。目前常用的润滑剂有硬脂酸镁、滑石粉、氢化植物油、微粉硅胶、聚乙二醇类和月桂酸硫酸钠（镁）等。

此外，胶囊剂中制备胶囊的辅料包括明胶、增塑剂、防腐剂、遮光剂和色素等。滴丸剂中的基质常用聚乙二醇、甘油明胶、硬脂酸、十六醇和氢化植物油等；膜剂中的成膜材料可用聚乙烯醇（polyvinyl alcohol，PVA）等，增塑剂可用甘油、山梨醇等，表面活性剂可用十二烷基硫酸钠、豆磷酸等。

（二）半固体制剂的辅料选择

以软膏剂、眼膏剂、栓剂、气雾剂为例来说明半固体制剂辅料的选用。

（1）软膏剂。软膏剂中的基质不仅是软膏的赋形剂，也是药物的载体，选择合适的基质是制备软膏剂的关键。基质要求润滑无刺激、稠度适宜、易于涂布、性质稳定、具有吸水性、不妨碍皮肤的正常功能、具有良好的稀释药性、易清洗等。在具体使用时，应根据基质的性质和用药目的等灵活选择。常用的基质分为油脂性基质、乳剂型基质和水溶性基质。油脂性基质包括烃类（如凡士林、石蜡和二甲硅油等）、类脂类（如羊毛脂、蜂蜡等）和油脂类（植物油和动物油）；乳剂型基质包括肥皂类、高级脂肪醇类、多元醇酯类以及乳化剂 OP 等；水溶性基质包括甘油明胶、纤维素衍生物和聚乙二醇类。

（2）眼膏剂。眼膏剂性状、常用基质、制备方法等基本与软膏剂一致。但必须在净化条件下进行。常用基质为黄凡士林、液状石蜡和羊毛脂。

（3）栓剂。栓剂的基质要求室温下具有一定的硬度，塞入腔道时不变形、不破碎，在体温下容易软化、融化或熔化，不与药物发生反应，不妨碍药物测定，释药速率符合要求，对黏膜无刺激性、毒性和过敏性，具有乳化或润湿能力，与制备方法相适应且易于脱模，熔点与凝固点的间距不宜过大。常用的基质有可可豆脂、椰油酯、山油酯、棕榈油酯以及硬脂酸丙二醇酯等油脂性基质，以及甘油明胶、聚乙二醇、聚氧乙烯单硬脂酸酯和泊洛沙姆等亲水性基质。

（4）气雾剂。气雾剂中使用的辅料主要有抛射剂和附加剂。抛射剂主要有动力作用，兼作溶剂及稀释剂，一般分为压缩气体与液化气体两类。压缩气体有二氧化碳、氮气等，化学性质稳定，无毒，但由于蒸气压较高，要求容器有较高的耐压性；液化气体有氟氯烷烃类（氟利昂）和碳氢化合物（丙烷、正丁烷以及异丁烷等）。附加剂主要是作为助溶剂、稳定剂、抗氧化剂以及防腐剂等加入的物质。

（三）液体制剂的辅料选择

液体制剂中的辅料主要是溶剂、矫味剂、着色剂、防腐剂、助悬剂及乳化剂等。其中，液体制剂中的溶剂要求对药物具有较好的溶解性和分散性，化学性质稳定、毒性小、无刺激性、无臭味。

（1）溶剂。应根据药物的性质和用途等灵活选用适宜的溶剂，常用的溶剂有水、甘油、乙醇、丙二醇、聚乙二醇、二甲亚砜、脂肪油和液状石蜡。

（2）矫味剂。有甜味剂（蔗糖及单糖浆）、芳香剂（如挥发油等）、胶浆剂（亲水性高分子溶液）、泡腾剂（碳酸氢钠和有机酸）。

（3）着色剂。有天然色素和人工合成色素。

（4）防腐剂。包括酸类及其盐类（如苯酚、苯甲酸及其盐类、山梨酸及其盐类等）、一些中性化合物（如苯乙醇等）、汞化合物类（如硝酸苯汞等）和季铵化合物类（如溴化十六烷铵等）。

（5）助悬剂。包括低分子（如甘油、糖浆等）和高分子助悬剂（如阿拉伯胶、羧甲基纤维素钠、硅酸铝以及触变胶等）。

（6）乳化剂。包括天然乳化剂（阿拉伯胶、明胶、羊毛脂等）、表面活性剂类乳化剂（十二烷基硫酸钠、三甘油脂肪酸酯等）、固体微粒乳化剂（硬脂酸镁、二氧化硅等）和辅助乳化剂（甲基纤维素、蜂蜡等）。

（四）灭菌与无菌制剂的辅料选择

注射剂的辅料必须符合《中国药典》（2015年版）所规定的各项杂质检查与含量限度。如有时不易获得专供注射用规格的原料，临床上确实急需而必须采用化学试剂时，应严格控制质量，加强检验，特别是安全性试验和杂质检查项目证明安全时方可使用。附加剂和活性炭等亦应用"注射用"规格。

注射剂中的辅料有注射用水、注射用油以及其他附加剂（如 pH 调节剂、抗氧剂、抑菌剂、局部止痛剂、助悬剂和渗透压调节剂等）。注射用水除了要求符合一般蒸馏水的质量要求之外，还必须经过细菌、热原、内毒素等检查合格后才可使用。

【本章总结】

	第九章　药物制剂工艺	
第一节　概述	药物制剂的重要性	体现在：（1）改变药物的作用性质；（2）改变药物的吸收速率和生物利用度；（3）具有靶向作用；（4）减少毒副作用
	药物制剂的分类	按形态特征分为固体制剂、半固体制剂、液体制剂、气体制剂；按给药途径分为经胃肠道给药的剂型和经非胃肠道给药的剂型；按分散系统分为均匀分散体系、粗分散体系、聚集体分散体系；按制法分为浸出制剂和无菌制剂
	药物制剂工艺的研究内容	药物制剂工艺是研究产品开发、工程设计、单元操作、生产过程及质量控制等环节，实现规模化、规范化生产制剂产品
第二节　药物制剂的处方设计与辅料筛选	药物制剂的处方设计	基本原则：安全性、有效性、稳定性和顺应性。药物剂型设计的流程有处方前工作、确定给药途径及剂型、处方设计和工艺优化及制剂评价、处方调整与确定等步骤
	药物制剂的辅料筛选	辅料按用途分为溶剂、矫味剂、抛射剂、润滑剂、增溶剂、助流剂、助悬剂、助压剂、乳化剂、防腐剂、着色剂、黏合剂、崩解剂、填充剂、芳香剂以及包衣剂等

【习题练习】

一、选择题

1. 既可以经胃肠道给药又可以经非胃肠道给药的剂型是（　　　）。
   A. 合剂　　　　　　B. 胶囊剂　　　　　　C. 气雾剂　　　　　　D. 溶液剂

2. 以下哪种剂型服用后起效最快？（　　　）
   A. 颗粒剂　　　　　B. 散剂　　　　　　　C. 胶囊剂　　　　　　D. 片剂

3. 制备胶囊时，明胶中加入甘油是为了（　　　）。
   A. 延缓明胶溶解　　　　　　　　　　B. 减少明胶对药物的吸附
   C. 防止腐败　　　　　　　　　　　　D. 保持一定的水分防止脆裂

4. 过筛制粒压片的工艺流程是（　　　）。
   A. 制软材→制粒→粉碎→过筛→整粒→混合→压片
   B. 粉碎→制软材→干燥→整粒→混合→压片
   C. 混合→过筛→制软材→制粒→整粒→压片
   D. 粉碎→过筛→混合→制软材→制粒→干燥→整粒→压片

5. 湿法制粒工艺流程为（　　　）。
   A. 原辅料→粉碎→混合→制软材→制粒→干燥→压片
   B. 原辅料→粉碎→混合→制软材→制粒→干燥→整粒→压片
   C. 原辅料→粉碎→混合→制软材→制粒→整粒→压片
   D. 原辅料→混合→粉碎→制软材→制粒→整粒→干燥→压片

二、填空题

1. 药物制剂处方设计的基本原则主要体现在_____、_____、_____、_____。
2. 药物剂型设计的具体流程为_____、_____、_____、_____等步骤。
3. 半固体制剂常用的基质分为油脂性基质，_____和_____。
4. 辅料是药物制剂中经过合理安全评价的不包括有效成分或前体的组分，是药物发挥治疗作用的_____。
5. 根据给药形式，药物剂型分为_____和_____。

三、简答题

1. 剂型按形态分为哪几类？并举例说明。
2. 片剂的辅料主要包括哪几类？每类辅料的主要作用是什么？
3. 简述药物剂型的设计流程。

参 考 文 献

［1］赵临襄，赵广荣．制药工艺学 ［M］．北京：人民卫生出版社，2014.

［2］张秋荣，施秀芳．制药工艺学 ［M］．郑州：郑州大学出版社，2018.

［3］霍清．制药工艺学 ［M］．北京：化学工业出版社，2016.

［4］赵临襄．化学制药工艺学 ［M］．北京：中国医药科技出版社，2015.

［5］刘郁，马彦琴．化学制药工艺技术 ［M］．北京：化学工业出版社，2014.

［6］孙国香，汪艺宁．化学制药工艺学 ［M］．北京：化学工业出版社，2018.

［7］陆敏，蒋翠岚．化学制药工艺与反应器 ［M］．北京：化学工业出版社，2014.

［8］张珩，王存文，汪铁林．制药设备与工艺设计 ［M］．北京：高等教育出版社，2018.

［9］吴梧桐．生物制药工艺学 ［M］．北京：中国医药科技出版社，2015.

［10］陈平．中药制药工艺与设计 ［M］．北京：化学工业出版社，2009.